北京联合大学

BEIJING UNION UNIVERSITY

北京联合大学
科研专利集锦

2015-2020

主　编　周　彤
副主编　姜素兰　张树蕊　王　岩

Beijing Union University
PATENT COLLECTION

中国出版集团有限公司
研究出版社

图书在版编目（CIP）数据

北京联合大学科研专利集锦. 2015—2020 ／ 周彤主编. -- 北京：研究出版社，2023.9

ISBN 978 - 7 - 5199 - 1585 - 8

Ⅰ. ①北…　Ⅱ. ①周…　Ⅲ. ①北京联合大学-专利-汇编-2015-2020　Ⅳ. ①G306. 72

中国国家版本馆 CIP 数据核字（2023）第 177846 号

出　品　人：赵卜慧
出版统筹：丁　波
责任编辑：张立明

北京联合大学科研专利集锦 2015—2020
BEIJING LIANHE DAXUE KEYAN ZHUANLI JIJIN 2015—2020

研究出版社 出版发行

（100006　北京市东城区灯市口大街 100 号华腾商务楼）
北京中科印刷有限公司印刷　新华书店经销
2023 年 9 月第 1 版　2023 年 9 月第 1 次印刷
开本：710 毫米×1000 毫米　1/16　印张：24.25
字数：468 千字
ISBN 978 - 7 - 5199 - 1585 - 8　定价：98.00 元
电话：（010）64217619　64217612（发行部）

序

　　党的二十大报告指出教育、科技、人才是全面建设社会主义现代化国家的基础性、战略性支撑，要深入实施科教兴国战略、人才强国战略、创新驱动发展战略，并首次专门就科教兴国战略和人才在现代化建设中的支撑作用单独立章，为高校科研和人才培养工作指引了方向。一直以来，人才培养、科学研究、社会服务是高等学校的三大功能。人才培养与科学研究是大学的车之两轮、鸟之两翼，社会服务是前两大功能的延伸。于高校而言，科研是培养优秀人才的重要方法，是提高师资队伍素质的重要途径，是进行学科专业建设的重要手段、是发展和传播科学文化的重要方式，是社会与政府评价学校和教师的重要标准。无论对于哪种类型的高校，科研都有着重要的意义和深远的价值。

　　北京联合大学诞生于改革开放时期，因北京需求而生，伴北京需求而兴，以"办学为民，应用为本"为根和魂，自成立伊始即高度重视以服务社会为主的应用型科研，以解决行业和企业急需难题为己任。40余年来，学校持之以恒地结合社会需求提升科研实力，科研服务社会的能力呈飞跃式增长态势，科研水平和科研能力迈上一个又一个台阶。"十三五"以来，学校围绕服务北京"四个中心"城市战略定位及高精尖产业发展，创新政产学研用合作机制，深化拓展与国家部委、区域、行业和企业的合作，产生了众多高水平成果。2021年，"十四五"规划编制完成，开启学校建设高水平应用大学的新征程。如今，学校进入全面实施"十四五"规划和申博工作的重要时期，对科研工作提出了新的任务和更高要求，迫切需要全校上下拼搏奋进、锐意进取。为助力学校建设发展，档案（校史）馆编辑《北京联合大学科研专利集锦2015—2020》一书，以期借此启迪师生，为学交科研事业发展作出更大贡献。

　　本书收录"十三五"时期以北京联合大学教职工为主要完成人获得授权的发明、实用新型和外观设计专利。为与学校系列编研成果在内容上衔接，收录时限向前追溯一年，为2015年至2020年。全书按照专利获得授权的年份分成六个部分，每部分按专利类型划分并按获得授权的时间排序，在保留专利描述摘要的基础上，以文字概述各项专利的基本内容、所属技术领域、涉及或可解决的技术问题和用途等，配必要的结构图或技术图样。

这些专利成果涉及内容广泛，呈现了众多的创新思想和宝贵经验。期待它能为广大师生员工开拓学术思路、提供学术参考，使广大师生从中汲取智慧和力量，踔厉奋发，继续奋斗，齐心推进学校事业发展不断取得新进展、新成效，推动学校高水平应用型大学建设再上新台阶！

2022 年 11 月

目录

第一部分 2015 年专利

第二部分　2016 年专利

第三部分　2017 年专利

第四部分　2018 年专利

第五部分　2019 年专利

第六部分　2020 年专利

2015年专利

收录 2015 年北京联合大学获得国家知识产权局授权的专利 52 项，其中，发明专利 23 项、实用新型专利 27 项、外观设计专利 2 项。

发明专利

基于增强型混合功率控制的
无线传感器网络的节点的通信方法

发　明　人：田景文　何勇刚　高美娟
证　书　号：第 1576817 号
专　利　号：ZL 2012 1 0319775.6
专利申请日：2012 年 08 月 31 日
专利权人：北京联合大学
授权公告日：2015 年 01 月 28 日

摘要：

本发明提供一种基于增强型混合功率控制的无线传感器网络的节点，所述节点包括传感单元、处理单元、通信单元和电源，其中，所述电源与所述传感单元、所述处理单元、所述通信单元相连接，所述传感单元与所述处理单元相互连接，所述通信单元与所述处理单元相互连接。所述处理单元使用 ARM7TDMI-S LPC213X 微控制器；所述通信单元使用 CC2420 无线收发芯片。

本发明降低了传感器网络能量的消耗，延长无线传感器网络寿命。有效地减少了空闲侦听带来的功耗，克服了单一功率控制技术的不足之处，也能起到有效地调节发送功率和接收功率的作用。

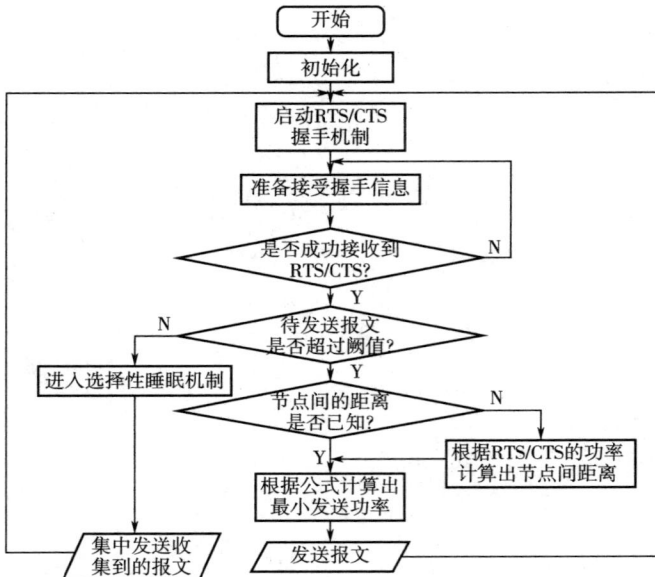

一种五自由度数控机械手

发 明 人： 程光
证 书 号： 第 1577048 号
专 利 号： ZL 2012 1 0025178.2
专利申请日： 2012 年 02 月 06 日
专 利 权 人： 北京联合大学
授权公告日： 2015 年 01 月 28 日

摘要：

本发明提供了一种五自由度数控机械手，包括底座、转台、大臂、小臂、手腕和手爪，所述底座与转台连接，转台与大臂通过肩部连接，大臂通过肘部与小臂连接，小臂通过腕部与手爪连接。

底座与转台之间设置第一自由度，肩部设置第二自由度，肘部设置第三自由度，腕部设置第四自由度，手爪设置第五自由度；所述自由度由伺服电机实现，伺服电机由数控系统控制。图 1 为结构示意图，图 2 为侧视图。

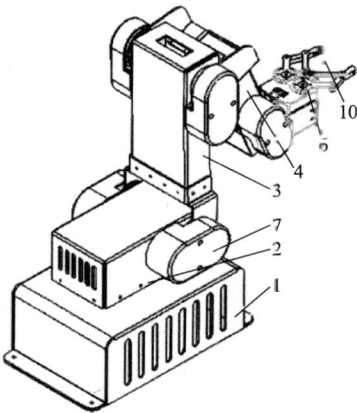

图 1

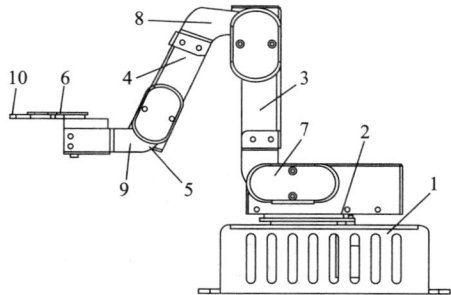

图 2

1—底座　2—转台　3—大臂　4—小臂　5—手腕　6—手爪　7—肩部　8—肘部　9—腕部　10—手指

一种模拟煤矿掘进巷道
瓦斯运移规律的方法以及实验系统

发 明 人：王淑芳　赵林惠　张建成　李一男
证 书 号：第 1576622 号
专 利 号：ZL 2011 1 0095250.4
专利申请日：2011 年 04 月 15 日
专利权人：北京联合大学
授权公告日：2015 年 01 月 28 日

摘要：

一种模拟煤矿掘进巷道瓦斯运移规律的方法以及实验系统，目的是奠定安全、迅速地排放瓦斯的理论基础。本发明公开了一种模拟煤矿掘进巷道瓦斯运移规律的方法以及实验系统，首先建立掘进巷道实验系统，然后通过定向和定量两种方法深入探索半封闭条件下紊动射流作用下瓦斯运移规律。其中定性方法为非接触测量，在不干扰流场运行特性的基础上进行定性分析，其分析结果可作为定量实验中传感器布置的依据。定量方法通过巷道模型上的多功能操作孔布置多种传感器，通过数据分析挖掘瓦斯运移规律。

本发明可为掘进巷道正常通风和瓦斯排放情况下风机控制策略提供理论和数据依据，也为预防掘进巷道内瓦斯爆炸事故提供指导。

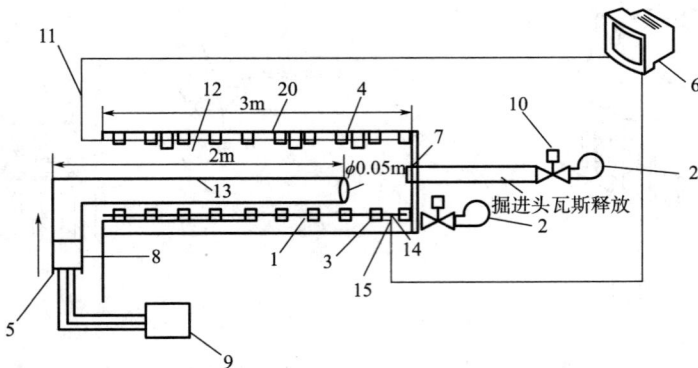

1—巷道模拟装置　2—瓦斯涌出源装置　3—数据采集装置　4—温度湿度测试及调节装置
5—通风装置　6—上位监控装置　7—多功能操作孔　8—风机　9—变频器　10—压力阀　11—挡板
12—巷道　13—风筒　14—瓦斯传感器　15—风扇传感器　20—图像采集装置

一种故障诊断实验教学方法

发　明　人：田文杰　刘继承　方建军
证　书　号：第 1596565 号
专　利　号：ZL 2011 1 0263064.7
专利申请日：2011 年 09 月 07 日
专 利 权 人：北京联合大学
授权公告日：2015 年 03 月 04 日

摘要：

本发明的目的是使故障诊断实验课程具有很好的教学效果和良好的互动性，同时又能提高学生的动手能力和解决问题的能力，我们设计了一种故障诊断实验教学系统及其方法，故障诊断实验教学系统包括教师机、RS485 通信线路、转换电路以及诸多实验箱。在教师机上可以任意设置故障点，这些故障点通过通信电路传到实验箱里，让学生查找故障，教师机里存有标准的故障排除方法和步骤，实验过程中可以适当给予动画提示，对于普遍存在的问题，教师可以结合答案进行讲解。

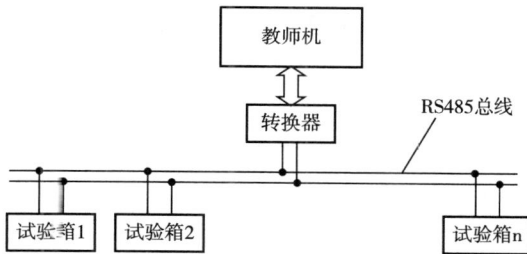

一种耳机内置结构及相应设备

发 明 人：王雪梅　王世华　姚淑娜
证 书 号：第 1672924 号
专 利 号：ZL 2012 1 0435274.4
专利申请日：2012 年 11 月 05 日
专 利 权 人：北京联合大学
授权公告日：2015 年 05 月 20 日

摘要：

本发明提供了一种耳机内置结构，包括：封闭容纳所述耳机内置结构的壳体内部空间的第一后盖，封闭耳机槽的第二后盖，至少部分外露的手动齿轮，供耳机线缠绕的可转动部件，与所述手动齿轮相咬合并且带动所述可转动部件转动以实现耳机线收放的传动齿轮，用于容纳耳机听筒的耳机槽，以及可容纳整个耳机插头的耳机插孔。本发明还提供了具有上述耳机内置结构的电子设备。图 1 为内部结构示意图，图 2 为外部结构示意图。

本发明实现了将耳机内置于电子设备的壳体内部空间中，解决了耳机携带的问题；并且可以有序地进行耳机线的收放，有利于延长耳机使用寿命。

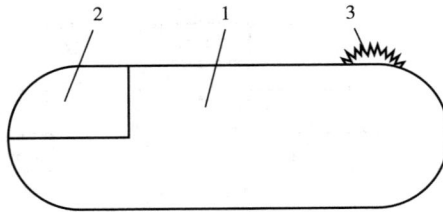

图 1

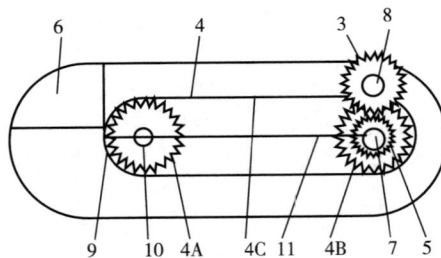

图 2

1—第一后盖　2—第二后盖　3—手动齿轮　4—可转动部件　4A—转动轮　4B—转动轮　4C—耳机线传送带
5—传动齿轮　6—耳机槽　7—耳机插孔　8—耳机线卡口　9—插孔座　10—圆柱体结合部件　11—耳机线

一种五自由度数控机械手的操作方法

发 明 人：季红益
证 书 号：第 1672400 号
专 利 号：ZL 2012 1 0025180. X
专利申请日：2012 年 02 月 06 日
专 利 权 人：北京联合大学
授权公告日：2015 年 05 月 20 日

摘要：

本发明提供了一种五自由度数控机械手的操作方法，机械手包括底座、转台、大臂、小臂、手腕和手爪，所述底座与转台连接，转台与大臂通过肩部连接，大臂通过肘部与小臂连接，小臂通过腕部与手爪连接。底座与转台之间设置第一自由度，肩部设置第二自由度，肘部设置第三自由度，腕部设置第四自由度，手爪设置第五自由度；所述自由度由伺服电机实现，伺服电机由数控系统控制；第一自由度为转台旋转、第二自由度为肩部抬起、第三自由度为肘部抬起、第四自由度为腕部抬起、第五自由度为手爪夹紧。图 1 为结构示意图，图 2 为侧视图。

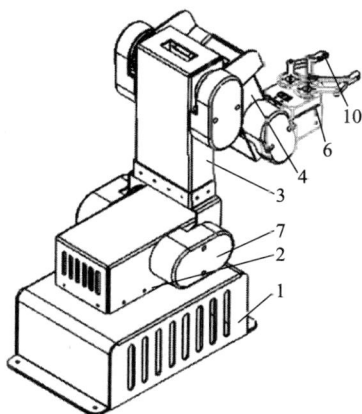

图 1

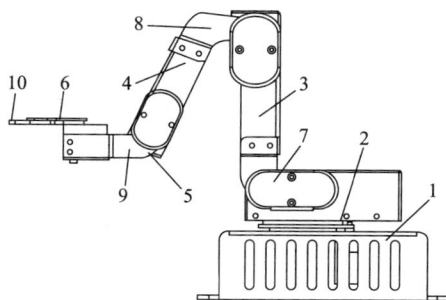

图 2

1—底座　2—转台　3—大臂　4—小臂　5—手腕
6—手爪　7—肩部　8—肘部　9—腕部　10—手指

制冷电器电子能效标识指示器

发 明 人：李月琴　张军　薛琳
证 书 号：第 1672509 号
专 利 号：ZL 2011 1 0093625.3
专利申请日：2011 年 04 月 14 日
专 利 权 人：北京联合大学
授权公告日：2015 年 05 月 20 日

摘要：

制冷电器能效自动标识方法及其电子能效标识指示器涉及一种自动测试制冷电器设备能效并指示的方法，以及利用该方法设计的电子能效标识指示器。本发明通过测量制冷剂进口和出口的温度及制冷剂的流量，以及制冷电器的电功率，得到制冷电器的能效比，根据能效比和能效等级及对应颜色之间的对应关系，控制指示灯的颜色来反映制冷电器的能效等级。

该指示器的硬件电路可加装在产品内部的电路板上，用于指示能效等级的指示灯镶嵌在产品的面板上，指示灯可以根据产品运行时实际工作状态所对应的能效等级变换不同的颜色。这样，在电器开启时，消费者就可以很方便地根据指示灯的颜色了解到产品的能效等级，并实时关注产品性能的变化。

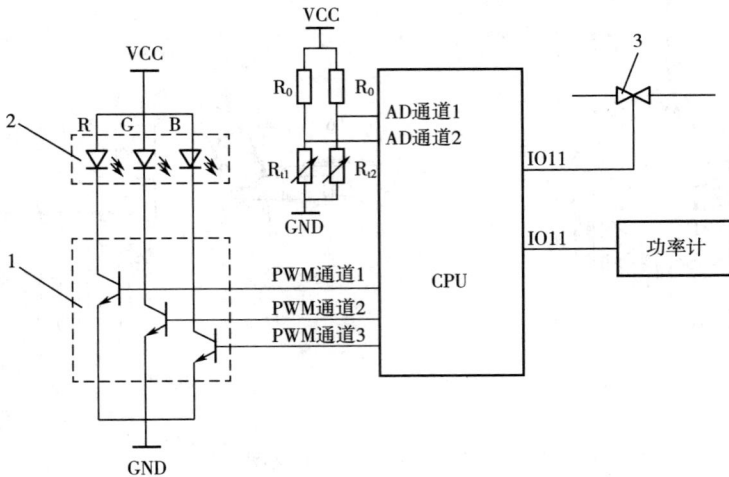

1—三基色　2—三路 LED 灯驱动电路　3—制冷剂阀门

一种双水相体系分离纯化表
没食子儿茶素没食子酸酯的方法

发　明　人：霍青　杨晓芳
证　书　号：第 1721342 号
专　利　号：ZL 2014 1 0054314. X
专 利 申 请 日：2014 年 02 月 18 日
专 利 权 人：北京联合大学
授权公告日：2015 年 07 月 08 日

摘要：

本发明公开了一种双水相体系分离纯化表没食子儿茶素没食子酸酯的方法，包括以下步骤：

（1）配液：以表没食子儿茶素没食子酸酯的含量为 40%～70% 的儿茶素为原料，将其溶解在乙醇的水溶液中，得到深茶红色溶液；

（2）双水相公离：将磷酸氢二钾溶解在水中，然后向溶液中加入有机溶剂，形成双水相体系，将步骤（1）得到的溶液加入该双水相体系，用 5%～15% 的盐酸溶液调节 pH 值至 6～7，用离心机以转速为 1000～2000 转/分钟的转速离心分离 2～5 分钟，分离有机相和水相，EGCG 在有机相富集，杂质在水相富集；

（3）浓缩干燥：将有机相旋转蒸发除去溶剂，得到黄色固体结晶。采用本发明获得的表没食子儿茶素没食子酸酯的纯度高，杂质项检测容易达到食品安全要求。

一种双向止回阀

发　明　人：佟世文　方建军　李红星
证　书　号：第 1730350 号
专　利　号：ZL 2013 1 0246540.3
专利申请日：2013 年 06 月 20 日
专利权人：北京联合大学
授权公告日：2015 年 07 月 22 日

摘要：

一种双向止回阀，其特征在于：包括阀体、第一阀瓣、第二阀瓣、第三阀瓣、第四阀瓣、阀杆、第一手柄、第二手柄、第一密封座、第二密封座、第三密封座、第四密封座、第一保险栓、第二保险栓、第二转轴、第一转轴、第一绞块、第一绞绳、第二绞绳、第二绞块、第一弹簧和第二弹簧。图 1 为横向剖视图，图 2 为俯视图（不含手柄）。

通过手柄的组合操作使阀瓣整体旋转 180 度，依靠阀瓣与阀体上密封座前后密封面的相互配合，在管路的两个方向上控制物料在管路中的单向流动。

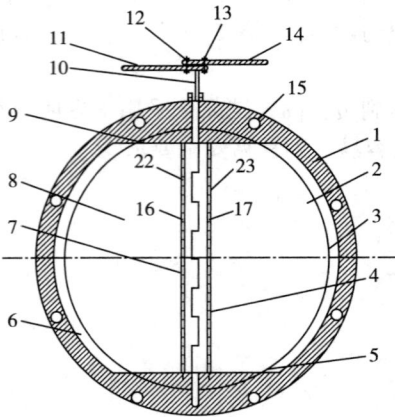

图 1

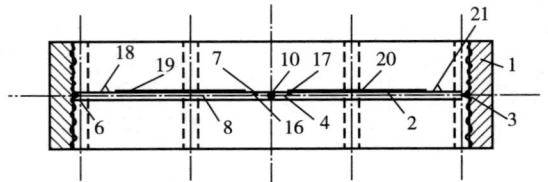

图 2

1—阀体　2—第一阀瓣　3—第一密封座　4—第二阀瓣　5—第二密封座　6—第三密封座
7—第三阀瓣　8—第四阀瓣　9—第四密封座　10—阀杆　11—第一手柄　12—第一保险栓
13—第二保险栓　14—第二手柄　15—螺栓口　16—第一转轴　17—第二转轴　18—第一绞块
19—第一绞绳　20—第二绞绳　21—第二绞块　22—第一弹簧　23—第二弹簧

带 WIFI 接收系统的电子公交站牌

发 明 人：姚淑妍　周丽莎
证 书 号：第 1736546 号
专 利 号：ZL 2012 1 0216877.5
专利申请日：2012 年 06 月 28 日
专 利 权 人：北京联合大学
授权公告日：2015 年 07 月 29 日

摘要：

本发明涉及一种带 WII 接收系统的电子公交站牌，包括底座、站牌箱体和顶盖，站牌箱体的顶端和底部分别与顶盖和底座固定连接，站牌箱体内装置有 Wi-Fi 接收系统，Wi-Fi 接收系统的信号输出端口分别与线路名称牌上的 LED 显示屏、站点指示灯的信号输入端接口相连接，Wi-Fi 接收模块通过 Wi-Fi 网络接收远程服务器发送的信息，并通过信号输出端口将接收到的信息传送至 LED 显示屏和站点指示灯。

这样，乘客在公交站台候车的时候，可以通过电子公交站牌实时掌握乘坐车辆的行驶情况，了解到上一辆车离开站台的时间、下一辆车预计到达的时间，以及车辆目前所在的方位、车内是否拥挤。

本发明的带 Wi-Fi 接收系统的电子公交站牌，结构简单，安装方便，功能多，实用性强。

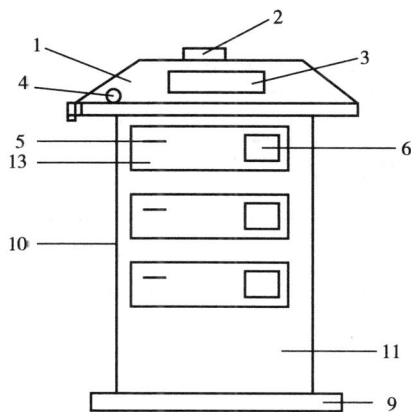

1—顶盖　2—摄像头　3—车站名称牌　4—扩音器　5—站点指示
6—LED 显示屏　9—底座　10—站牌箱体　11—正面板　13—线路名称牌

一种基于平板电脑的
模块化信息处理实验系统及方法

发　明　人：刘元盛　李哲英　路铭　张欢　彭涛　张军　刘振恒　张姝　孙连英

证　书　号：第 1746107 号

专　利　号：ZL 2012 1 0366488.0

专利申请日：2012 年 09 月 28 日

专利权人：北京联合大学

授权公告日：2015 年 08 月 05 日

摘要：

本发明涉及一种基于平板电脑的模块化信息处理实验系统和方法，该实验系统包括具有显示、触控和网络通信技术的平板电脑，还包括实验设备主机和实验模块。实验设备主机结构采用模块化的设计，其具有通用性，可以安装符合总线标准的各类实验模块。

本发明的一种基于平板电脑的模块化信息处理实验系统和方法，充分利用平板电脑的便携性和易开发性，在平板电脑上显示实验设备的实验内容及其开发与实验过程，使整个实验系统可以提供多层次的实验项目。

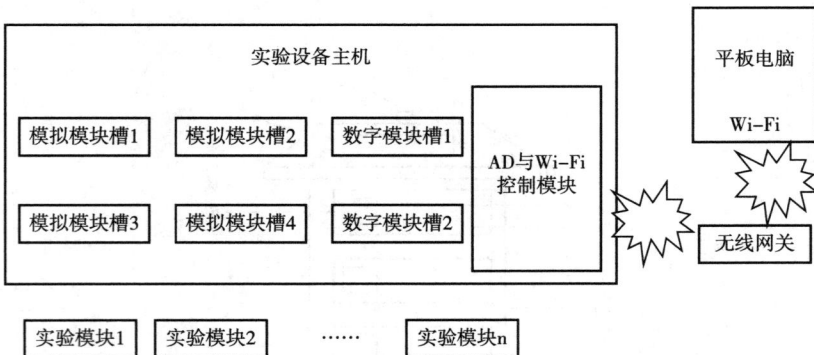

行程可调推杆机构

发 明 人： 雷红　李立新　孙建东
证 书 号： 第 1754634 号
专 利 号： ZL 2013 1 0273846.8
专利申请日： 2013 年 07 月 02 日
专 利 权 人： 北京联合大学
授权公告日： 2015 年 08 月 12 日

摘要：

本发明涉及推杆机构，具体而言，涉及一种行程可调推杆机构。该推杆机构包括安装在机座上的螺杆传动组件、主轴传动组件和推杆执行组件，其中，螺杆传动组件设置有单螺旋机构，包括安装在机座上的螺杆和与其相旋合的螺母，主轴传动组件设置有滑靴与圆盘之间的动压滑滑结构，推杆执行组件设置有滑靴与连杆之间的铰链连接。圆盘 3 中心线的 A 点处开有连杆销孔，主轴 1 在 B 点开有销孔。

本发明主要解决无级变速器及现有需要调节行程的各类推杆机构中存在的承载能力和传动效率低以及行程调节复杂的问题。

该推杆机构结构简单且紧凑，承载能力高，行程调节简便可靠，实现了传动效率的大幅提高。

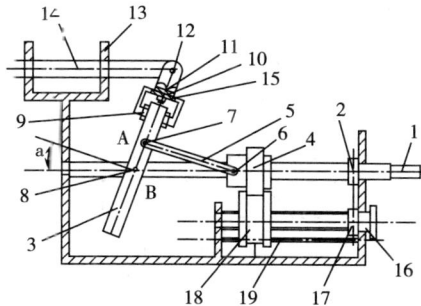

1—主轴　2—轴用弹性挡圈　3—圆盘　4—套筒　5—连杆　6—圆柱销　7—圆柱销
8—圆柱销　9—滑靴　10—圆柱销　11—连杆　12—圆柱销　13—机座　14—推杆
15—螺母　16—螺杆　17—轴用弹性挡圈　18—螺母　19—导杆

基于嵌入式 GPS 模块
时钟校正的无线传感器网络的节点

发　明　人：田景文　张振彬　高美娟

证　书　号：第 1756105 号

专　利　号：ZL 2012 1 0320109.4

专利申请日：2012 年 08 月 31 日

专利权人：北京联合大学

授权公告日：2015 年 08 月 12 日

摘要：

本发明提供基于嵌入式 GPS 模块时钟校正的无线传感器网络的节点，所述节点包括传感单元、处理单元、通信单元和电源，其中，所述电源与所述传感单元、所述处理单元、所述通信单元相连接，所述传感单元与所述处理单元相互连接，所述通信单元与所述处理单元相互连接，所述节点还包括 GPS 模块，所述 GPS 模块与电源相连接，所述 GPS 模块与所述处理单元相互连接；所述处理单元使用 ARM7TDMI-S LPC2132 微控制器；所述通信单元使用 CC2420 无线收发芯片。

本发明的优点在于解决了传感节点之间为了同步时钟而发送同步数据包会带来的能量消耗，克服了周期状态偏移和周期状态重合的问题。

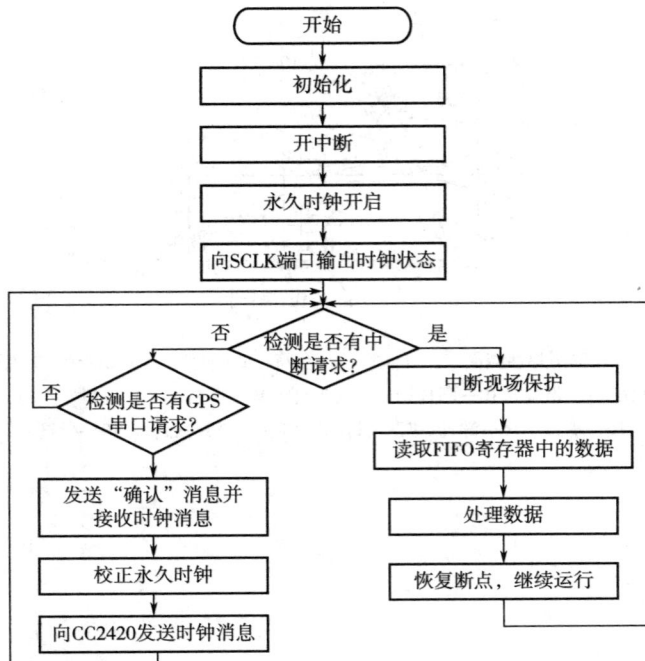

一种双保险手动器械

发　明　人：田娥　李毅　孙建东
证　书　号：第 1755017 号
专　利　号：ZL 2011 1 0453856.0
专利申请日：2011 年 12 月 30 日
专 利 权 人：北京联合大学
授权公告日：2015 年 08 月 12 日

摘要：

一种双保险手动器械，包括二具头和手柄，其特征在于，所述手动器械还包括设置在所述工具头上的前端连接件、设置在所述手柄上的后端连接件以及一绳索，采用绳索连接所述工具头上的所述连接件和所述手柄上的后端连接件，再使所述绳索具有可连接到施工者腕部的适当长度。在所述双保险手动器械的使用过程中，将依次穿过所述工具头上的所述前端连接件和所述手柄上的后端连接件的所述绳索缠绕在施工者的腕部，或套在施工者的手腕上，从而起到双保险的作用。

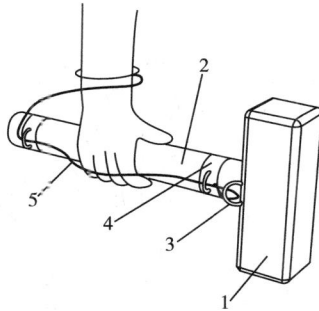

1—锤头　2—手柄　3—前端连接件　4—后端连接件　5—绳索

一种带首饰存放区的多功能组合家具

发 明 人：程光
证 书 号：第 1755294 号
专 利 号：ZL 2011 1 0308041.3
专利申请日：2011 年 10 月 12 日
专 利 权 人：北京联合大学
授权公告日：2015 年 08 月 12 日

摘要：

本发明涉及家具技术领域，公开了一种适用于放置高档奢侈品的带首饰存放区的多功能组合家具。其包括首饰存放区，首饰存放区与其他各个功能模块通过锁扣结构相互扣接。首饰存放区内设置有多层隔板，隔板从柜体内部向所述柜门方向倾斜设置，隔板上设置有各种形状的首饰凹槽。

本发明的组合家具集成度高，又能满足现代家庭收藏、展示奢侈品和高档物品的需求，还有高雅、使用方便、安全性好等优点。

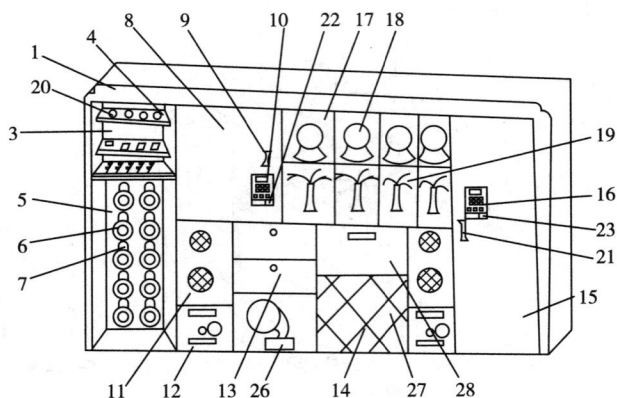

1—柜体 3—首饰存放区 4—隔板 5—手表收藏区 6—手表凹槽 7—支架 8—小保险箱
9—把手 10—密码板 11—HIFI 音响设备 12—播放控制器 13—多层抽屉 14—红酒存放区
15—大保险箱 16—密码板 17—陈列展示区 18—展示架 19—挂架 20—首饰凹槽 21—把手
22—指纹读取器 23—指纹读取器 26—八音盒 27—冰箱 28—冰箱内存放抽屉

污水絮凝排污系统

发 明 人： 马勇杰　王淑芳
证 书 号： 第 1788534 号
专 利 号： ZL 2014 1 0028222.4
专利申请日： 2014 年 01 月 21 日
专利权人： 北京联合大学
授权公告日： 2015 年 09 月 09 日

摘要：

污水絮凝排污系统，属于污水处理技术领域。其包括污水及絮凝剂导入管路、罐体、支架、双级搅拌机、集水槽、溢流槽、螺旋伞形罩体 I、螺旋伞形罩体 II、沉淀器、水质监测元器件、污物收集管、离心甩干机及设备调节中心处理器。

本发明可以实现定期自控排污，这样可以避免絮凝排污系统频繁起停，确保污水的絮凝过程可以连续不断，使得上清液可以连续溢流外存。

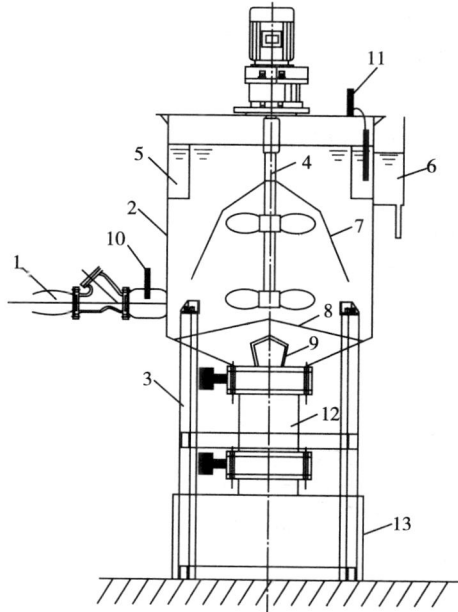

1—污水及絮凝剂导入管路 2—罐体 3—支架 4—双极搅拌机 5—集水槽 6—溢流槽
7—螺旋伞形罩体 I 8—螺旋伞形罩体 II 9—沉淀器 10—浊度和色度检测仪 I 12—污物收集筒
13—离心甩干机 11—悬浮物检测仪、CODcr 检测仪、浊度和色度检测仪 II

一种基于无人驾驶的
实时动态红绿灯检测识别方法

发 明 人：袁家政　刘宏哲　周宣汝　郑水荣
证 书 号：第 1788125 号
专 利 号：ZL 2013 1 0438726.9
专利申请日：2013 年 09 月 22 日
专 利 权 人：北京联合大学
授权公告日：2015 年 09 月 09 日

摘要：

一种基于无人驾驶的实时动态路口红绿灯检测识别方法属于智能交通行业的交通信息检测领域。本发明首先对原始图像进行感兴趣区域切割，通过经验值过滤掉与红绿灯无关的区域。其次，设置小模板即红绿灯模板，并求取其 HSV 空间的二维直方图。再次，读入待处理图片，设置搜索块大小与小模板相同，反向块投影来搜索，计算出搜索的位置。最后，在得出的红绿灯位置基础上，转换到 YCBCR 空间进行颜色识别。之后分别求取红色、绿色区域的坐标位置并比较，依据红灯、绿灯位置信息及智能车所在的车道信息决定行驶与否。

本发明能够实时动态地检测出红绿灯信息，运用于无人驾驶车当中。

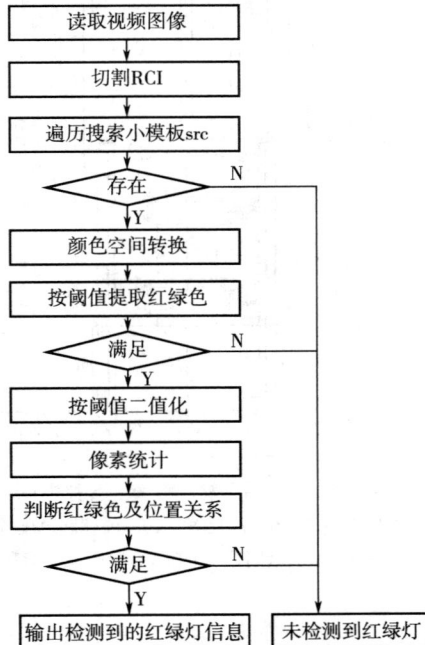

通用网络化预测模糊控制方法

发　明　人：佟世文　方建军　李红星
证　书　号：第 1810546 号
专　利　号：ZL 2013 1 0237834. X
专利申请日：2013 年 06 月 16 日
专 利 权 人：北京联合大学
授权公告日：2015 年 10 月 07 日

摘要：

本发明公开了一种通用网络化预测模糊控制方法。包括以下步骤：A、根据反向通道时延的被控过程输出和过去的控制作用，选择时间序列、神经网络等模型预测未来的过程输出；B、将未来期望的被控过程输出与模型预测的被控过程输出的误差和误差的变化作为模糊控制的输入设计模糊控制器，计算一系列未来的控制作用；C、将这些控制作用打包通过网络由控制器端发送到过程端，在过程端通过网络时延补偿器选择合适的控制序列作用于被控过程以补偿前向网络通道的时延；D、在下一个执行周期，重复执行步骤 A、B 和 C。

利用本发明非常灵活，可以选择线性的模型，也可以选择非线性的模型。控制器可调参数多，调节过程更加精细。

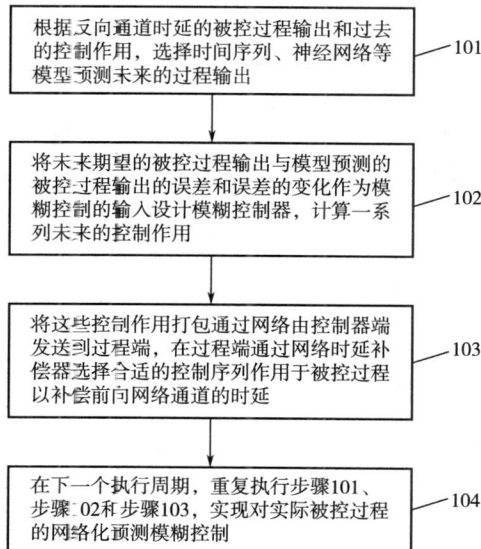

根据反向通道时延的被控过程输出和过去的控制作用，选择时间序列、神经网络等模型预测未来的过程输出 —— 101

将未来期望的被控过程输出与模型预测的被控过程输出的误差和误差的变化作为模糊控制的输入设计模糊控制器，计算一系列未来的控制作用 —— 102

将这些控制作用打包通过网络由控制器端发送到过程端，在过程端通过网络时延补偿器选择合适的控制序列作用于被控过程以补偿前向网络通道的时延 —— 103

在下一个执行周期，重复执行步骤101、步骤102和步骤103，实现对实际被控过程的网络化预测模糊控制 —— 104

一种盲文台历

发　明　人：钟经华　曲欣　阎嘉　韩玉敏
证　书　号：第 1812827 号
专　利　号：ZL 2013 1 0228885.6
专利申请日：2013 年 06 月 09 日
专 利 权 人：北京联合大学
授权公告日：2015 年 10 月 07 日

摘要：

本发明提出一种盲文台历，包括基座、框架、日期插条，所述日期插条插设于所述框架内，所述框架根据一周七天而设置有七个插槽，每个插槽插设有一条日期插条，每条日期插条表征有每月中间隔 7 天的日期，每个日期占用一个插块，所述框架各插槽所对应的基座位置上固定设置有各星期数所对应的盲文，各日期插条插设于其所表征日期所处的星期数对应的框架插槽内，每个插块上设置有日期数盲文、日期数字、日期提醒标记和算子插孔，在每个插块对应的框架侧框上设置有该插块所表征日期对应的星期数提醒标记。

通过本发明所述的盲文台历，能够准确地为盲人表征各种日期信息，同时方便盲人独立、迅速识别相关的日期信息，实用性强。

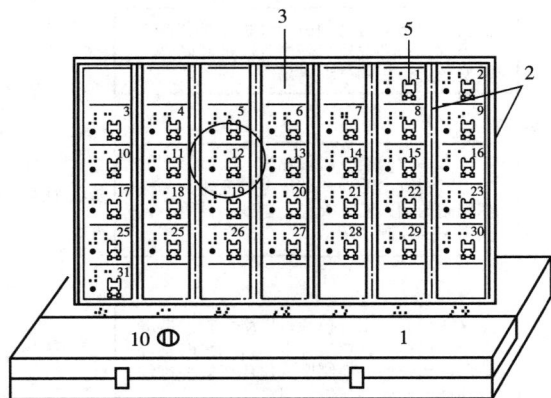

1—基座　2—框架　3—日期插条　5—插块　10—算子插口

一种定传动比
点接触曲线齿锥齿轮的修形方法

发　明　人：雷保珍　杨继平　王训伟　杨志勤
证　书　号：第 1830974 号
专　利　号：ZL 2013 1 0271139.5
专利申请日：2013 年 06 月 30 日
专 利 权 人：北京联合大学
授权公告日：2015 年 10 月 28 日

摘要：

　　一种定传动比点接触曲线齿锥齿轮的修形方法：获取第一齿轮的齿面离散数据，第一齿轮不修形，根据反求第二齿轮的齿面离散数据，进行修形设计；修形设计具体为先得到瞬时接触线，原则为把啮合转角相同的点作为一条瞬时接触线的点；然后选择瞬时接触线中的一条 1_c，作为确定初始接触轨迹线平面的定位瞬时接触线，由该瞬时接触线上三个点确定了接触轨迹线初始平面；第二齿轮沿瞬时接触线修形，沿接触轨迹线上的点不修形；根据第二齿轮的齿面修形离散数据点，对齿面离散数据进行拟合，并建立第二齿轮的实体模型；使用通用数控机床加工修形第二齿轮。下图为按照本发明对瞬时接触线进行修形的原理图。

　　该方法摆脱了机床加工参数的限制，直接面向齿面几何形状，可以基于功能需求。

3—瞬时接触线　4—瞬时接触线　删除　6—及指示线

一种融合雷达和 CCD 摄像机信号 的车辆检测方法

发 明 人：鲍泓　徐成　田仙仙　张璐璐
证 书 号：第 1841706 号
专 利 号：ZL 2013 1 0530503.5
专利申请日：2013 年 10 月 31 日
专 利 权 人：北京联合大学
授权公告日：2015 年 11 月 18 日

摘要：

本发明公开了一种融合雷达和 CCD 摄像机信号的车辆检测方法，包括：输入雷达和 CCD 摄像机信号；进行摄像头校正，得到路平面坐标与图像坐标的投影矩阵，将路平面世界坐标转换成图像平面坐标；建立适合车辆 HOG 描述器的正负样本集；对车辆样本集进行批量特征提取，建立 HOG 样本集；建立线性支持向量机 SVM 分类模型，对 SVM 进行训练；提取雷达检测到的障碍物在视频图像中的感兴趣区域，输入 SVM 分类器中进行目标类型判断；输出识别结果；利用雷达测出判断为车辆的目标的距离。

本发明利用雷达和 CCD 摄像机信号进行联合检测，不仅获取了车辆的深度信息，同时也能较好地检测出车辆的轮廓信息，提高了车辆检测、定位的可靠性和精确性。

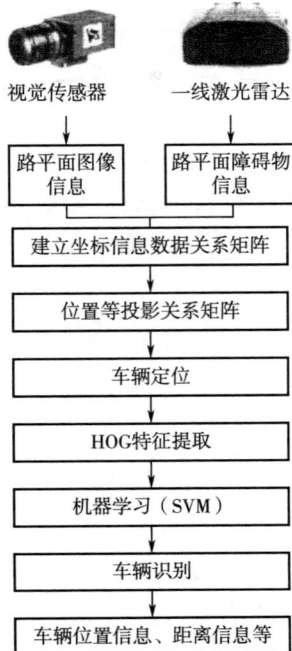

一种负压滤膜微生物采样器

发　明　人：谭苗苗　张子义
证　书　号：第 1873825 号
专　利　号：ZL 2014 1 0194515．X
专利申请日：2014 手 05 月 09 日
专 利 权 人：北京琮合大学
授权公告日：2015 年 12 月 09 日

摘要：

本发明涉及一种负压滤膜微生物采样器，包括采样器壳体及安装在壳体上的空气排出装置、微生物采集装置，所述壳体具有十字形四通管结构的气流通道，气流通道为十字形，所述气流通道的入口处安装有微生物采集装置，在气流通道的交汇处或节点上开设有向外倾斜的开口，在所述开口内的壳体上安装有空气排出装置，该负压滤膜微生物采样器结构紧凑、轻量型。特别适应于狭小空间采样以及环境监测设备的集成化和小型化。

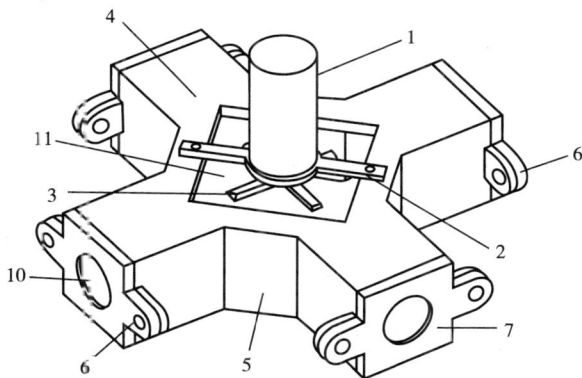

1—电机　2—支撑架　3—风轮　4—气流通道　5—斜面
6—第二双耳法兰　7—夹紧板　10—圆形孔　11—开口

一种汽车智能驾驶
测试数据远程监测方法及系统

发 明 人：刘元盛　金通　钮文良　鲍泓　舒济世　路铭　潘峰　韩玺

证 书 号：第 1879676 号

专 利 号：ZL 2013 1 0359760.7

专利申请日：2013 年 08 月 18 日

专 利 权 人：北京联合大学

授权公告日：2015 年 12 月 23 日

摘要：

一种汽车智能驾驶测试数据远程监测系统及方法属于汽车领域。系统包括"车载数据监视系统"和"测试组监测中心""本部监测中心"三部分；其中车载数据监视系统安装在被测汽车上，通过 GPRS 公网数据传输模式和基于 COFDM 调制的点对点数据传输模式将测试汽车的数据发送到"本部监测中心"和"测试组监测中心"；测试组监测中心包括以工控机、3G 网卡和无线图像传输接收设备，负责接受车载数据监视系统发送的视频和音频数据、汽车的基本信息和控制命令信息；本部监测中心通过 GPRS 接收汽车的基本信息和控制命令信息。

本发明是用在智能汽车的改造上，汽车的控制命令信息和汽车信息（车速等）都要实时地通过 GPSR 传送到近端的测试组平台和远端的本部监测中心。

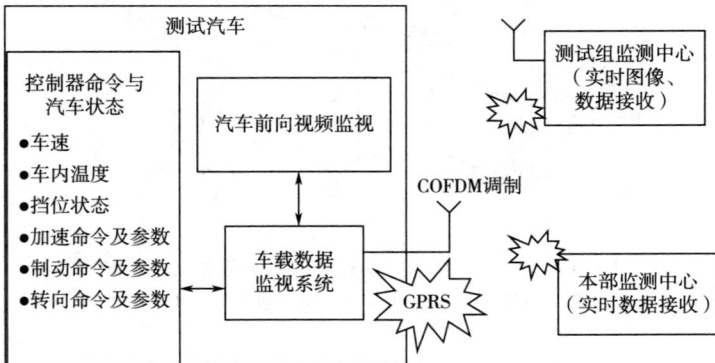

实用新型专利

触摸台灯开关控制器

发　明　人：白丽媛　赵敬　金培莉
证　书　号：第 4102995 号
专　利　号：ZL 2014 2 057368.9
专利申请日：2014 年 09 月 30 日
专　利　权人：北京联合大学
授权公告日：2015 年 01 月 28 日

摘要：

本实用新型公开了一种触摸台灯开关控制器，包括电源电路、触摸控制电路、功率开关电路和指示电路，该控制器装置于开关盒中并与第一常开触点、灯泡、台灯金属底座、台灯金属杆相连接，220V 交流电压经变压器降压、全波桥式整流、滤波及稳压管稳压得到 +12V 直流电压给电路共电，触摸控制电路由连接到台灯底座或金属杆上的金属片、场效应管及三极管组成，功率开关电路包括集成电路、继电器。

本实用新型的触摸台灯开关控制器，解决了目前市场上机械开关台灯在长期使用中开关容易造成磨损和接触不良的问题，控制器电路结构简单，实用性强。

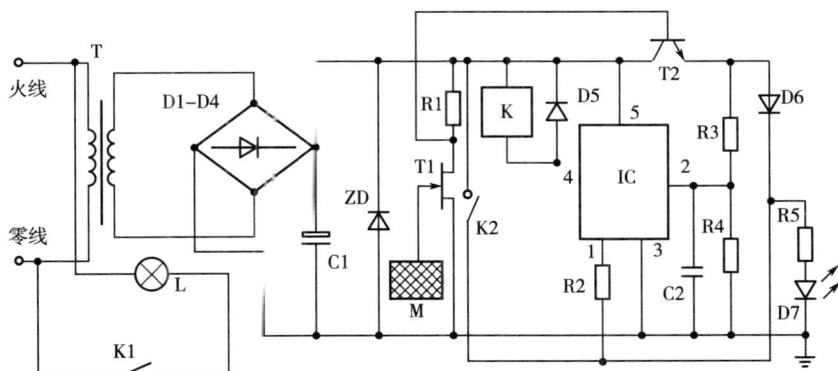

一种毕业论文任务管理工具

发　明　人：王超
证　书　号：第 4101959 号
专　利　号：ZL 2013 2 0719897.4
专利申请日：2013 年 11 月 15 日
专 利 权 人：北京联合人学
授权公告日：2015 年 01 月 28 日

摘要：

本实用新型提供一种毕业论文任务管理工具，具有上下两层，为圆形或正 n 边形或两者的任意结合，上层有一长方形缺口，两层中间均有小孔，通过一根短螺栓穿过小孔连接，螺母与螺栓旋紧时上下两层可灵活旋转，螺栓连接方便拆卸，以便毕业论文任务变动时，可替换新的下层。旋转上下层时，上层缺口处显示对应日期时毕业论文应该进行的任务，工具将有效增强大学应届毕业生的毕业论文时间管理意识，提高大学教育管理部门的毕业论文管理效率。

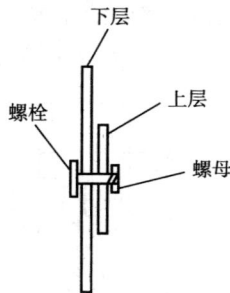

基于 CC2530 的可选择最佳增益的无线传感器网络数据采集系统

发　明　人：陈锦　戈广双　李思橦　张熙峰　邓冀
证　书　号：第 418 862 号
专　利　号：ZL 2014 2 0725796.2
专利申请日：2014 年 11 月 28 日
专利权人：北京联合大学
授权公告日：2015 年 03 月 18 日

摘要：

本实用新型公开了一种基于 CC2530 的可选择最佳增益的无线传感器网络数据采集系统，系统具有多个数据采集节点，以及控制主机和智能放大器，其智能放大器的微处理器电路采用具有无限收发功能的 CC2530 芯片作为核心处理器。

本实用新型的基于 CC2530 的可选择最佳增益的无线传感器网络数据采集系统，采用 CC2530 芯片作为核心处理器，可实现在多个数据采集节点进行数据采集并利用 CC2530 芯片基于 zigbee 协议建立多节点的无线传感网络进行数据的采集传输，功效低，数据采集传输更加高效，范围更加广泛，实用性强。

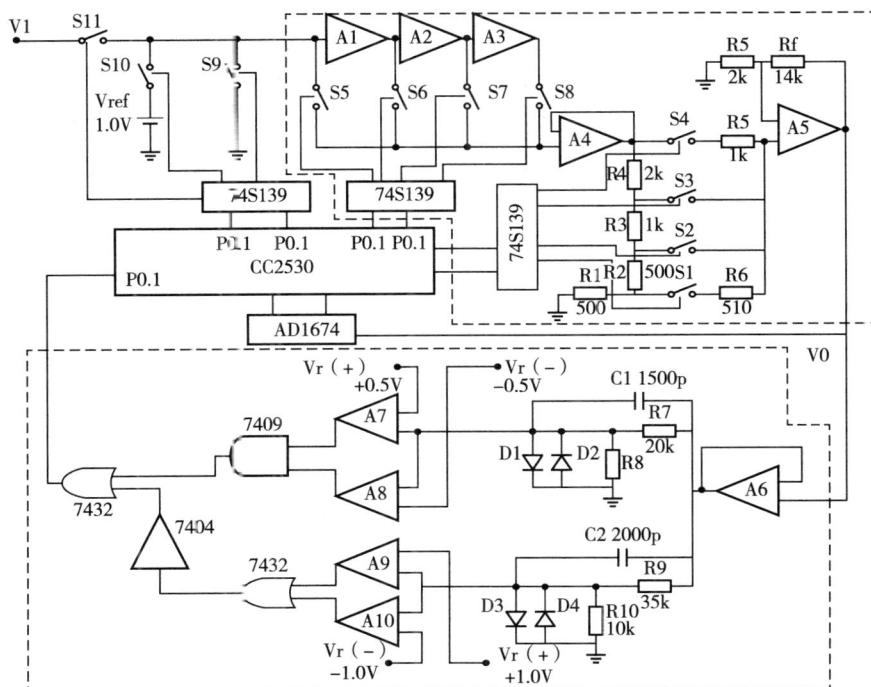

防盗门安防报警器

发 明 人： 张益农　赵飞
证 书 号： 第 4185475 号
专 利 号： ZL 2014 2 0701273.4
专利申请日： 2014 年 11 月 21 日
专 利 权 人： 北京联合大学
授权公告日： 2015 年 03 月 18 日

摘要：

本实用新型公开了一种防盗门安防报警器，包括电源开关、电源和扬声器，以及单稳态触发器电路、多谐振荡器电路、功率放大器电路。本实用新型的防盗门安防报警器，安装于防盗门上，平时家中有人时可关闭电源，夜晚睡觉前打开电源实施报警功能。

这种安防报警器能够在夜晚盗贼撬门或企图打开防盗门时报警，提醒熟睡中的居民报警和防范，设计简单，有很强的实用价值和广泛的市场前景。

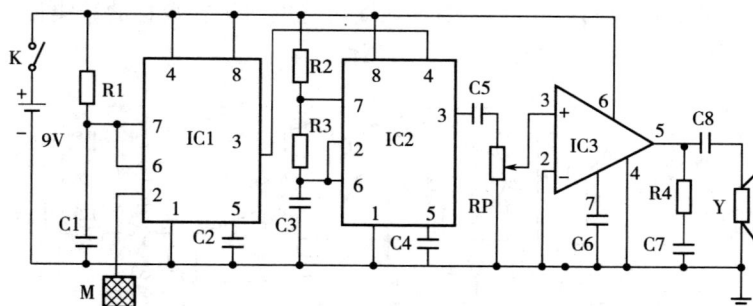

一种新型线性加法器

发 明 人：田文杰　刘继承

证 书 号：第 4206305 号
专 利 号：ZL 2014 2 0769281.2
专利申请日：2014 年 12 月 09 日
专 利 权 人：北京联合大学
授权公告日：2015 年 03 月 25 日

摘要：

本实用新型提供一种新型线性加法器，其包括：键盘显示电路、单片机 U2、第一 D/A 转换电路、第二 D/A 转换电路和线性光电耦合电路。根据本实用新型的新型线性加法器，其可以实现两种功能，其一是通过单片机 U2 设定该加法器的电压值，从而实现线性加法功能；其二，是通过采用线性光电耦合电路，实现了被控对象与单片机 U2 之间的电路隔离。

根据本实用新型的线性加法器，其电路结构简单实用，应用前景良好。

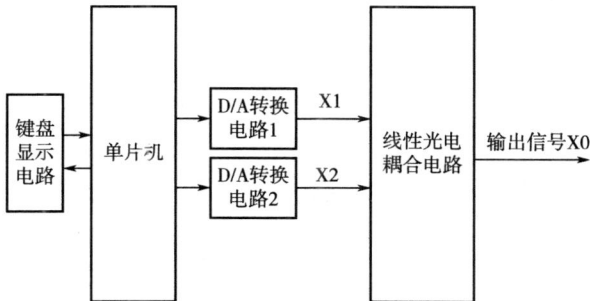

一种智能车行驶电机和舵机检测装置

发 明 人：田文杰　刘继承
证 书 号：第 4206177 号
专 利 号：ZL 2014 2 0769283.1
专利申请日：2014 年 12 月 09 日
专 利 权 人：北京联合人学
授权公告日：2015 年 03 月 25 日

摘要：

本实用新型提供一种智能车行驶电机和舵机检测装置，包括：旋钮 1、旋钮 2、可调占空比电路 1、可调占空比电路 2。其中，旋钮 1 控制可调占空比电路 1 中的电位器，使该电路产生占空比可调的方波信号，以驱动智能车的舵机转动。旋钮 2 控制可调占空比电路 2 中的电位器，使该电路产生占空比可调的方波信号，驱动智能车的行驶电机转动。

根据本实用新型的检测装置，不仅可方便地调节智能车行驶电机和舵机的占空比，而且经济实用、轻巧便携、操作容易。

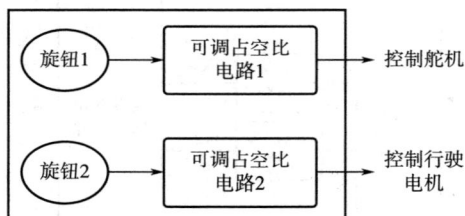

自动油条机

发 明 人：杨志成 信和业 李玉玲 楚文军
证 书 号：第 4214978 号
专 利 号：ZL 2014 2 0732539.1
专利申请日：2014 年 11 月 27 日
专 利 权 人：北京联合大学
授权公告日：2015 年 04 月 01 日

摘要：

本实用新型提供一种自动油条机，包括输送机构、拉伸机构、分割机构、煎炸及捞捡机构、自动控制单元，输送机构包括输送电机、螺旋输送机，螺旋输送机的出口连接输送轨道，输送电机可驱动螺旋输送机旋转；拉伸机构包括拉伸电机、梯形槽轮，拉伸电机可驱动梯形槽轮转动，梯形槽轮的槽与输送轨道相对应；分割机构包括分割电机、分割盘及切割刀具，分割电机可驱动切割刀具动作，分割盘与轨道相连接的位置开有过孔；煎炸及捞捡机构包括恒温浴锅、煎炸电机、支撑轮、带钩的链条，煎炸电机通过带钩的链条与支撑轮相连接，恒温浴锅的一侧与输送轨道的出口相对应，另一侧经一斜轨与滤油筛相连接。

本实用新型操作方便，可提高油条的加工效率。

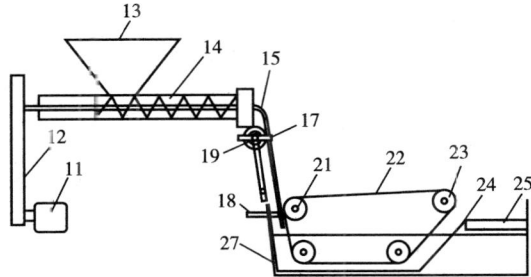

11—输送电机 12—传动皮带 13—输送 14—螺旋输送机 15—输送轨道
17—梯形槽轮 18—分割盘 19—拉伸电机 21—煎炸电机 22—带钩的链条
23—支撑轮 24—倾斜轨 25—滤油筛 27—恒温浴锅

电风扇自动调速温控器

发　明　人：王晓震　金培莉　赵敬
证　书　号：第 4270332 号
专　利　号：ZL 2014 2 0701667. X
专利申请日：2014 年 11 月 21 日
专 利 权 人：北京联合大学
授权公告日：2015 年 04 月 29 日

摘要：

本实用新型公开了一种电风扇自动调速温控器，包括电源电路、占空比可变的自激多谐振荡器电路、电流驱动及双向可控硅电路，其中，占空比可变的自激多谐振荡器电路包括时基电路、热敏电阻和电位器，电流驱动及双向可控硅电路包括三极管和双向可控硅。

本实用新型的电风扇自动调速温控器是一款置于电风扇内部的恒温控制器，可根据室内温度变化自动调节电风扇转速，使室内温度保持在恒定温度，电路结构简单，实用性强。

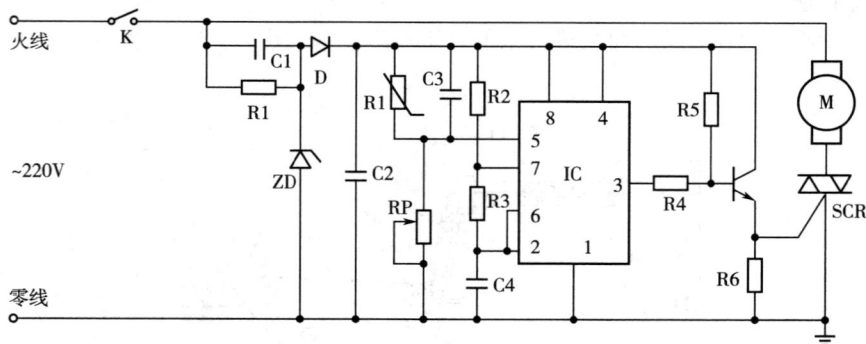

一种智慧农业大棚远程监控系统

发 明 人：田景文　李尚年　姬晓昂　马祥鹏　宫维熙

证 书 号：第 4284393 号

专 利 号：ZL 2014 2 0831025.1

专利申请日：2014 年 12 月 25 日

专 利 权 人：北京联合大学

授权公告日：2015 年 05 月 06 日

摘要：

本实用新型公开了一种智慧农业大棚远程监控系统，系统包括网络服务器、web 远程浏览器、大棚环境信息采集网络单元、大棚控制单元及控制中心平台，系统采用 CC2530 为核心的 zigbee 通信模块，实现对空气温度、湿度，土壤湿度采集，通过具有 HF-AIIx 嵌入式模组的 Wi-Fi 通信设备完成各控制设备的控制传输，并通过网关将采集到的信息传至 web 远程浏览器，在远程的 PC 机上通过浏览器可以观察所采集到相关温湿度，在 PC 机端还可以实现远程浇水，加热，通风操作。

本实用新型的智慧农业大棚远程监控系统提供了一种智能农业大棚的自动检测与控制方案，并给出了具体的解决方案和通信方式，且控制过程简单、实用性强。

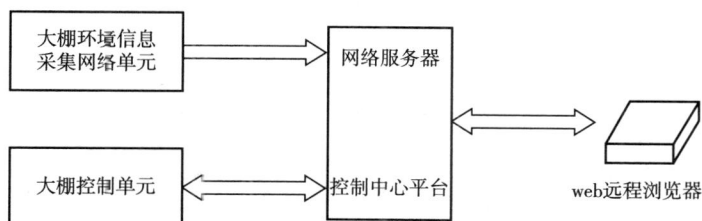

基于 CC2530 的智能
无线传感器网络数据采集系统

发 明 人：陈锦　张熙峰　王慢从　马恒　高广庆　宫维熙　姬晓昂
证 书 号：第 4283928 号
专 利 号：ZL 2014 2 0806101.3
专利申请日：2014 年 12 月 19 日
专 利 权 人：北京联合大学
授权公告日：2015 年 05 月 06 日

摘要：

本实用新型公开了一种基于 CC2530 的智能无线传感器网络数据采集系统，该系统包括多个数据采集传感器节点、控制主机及放大器电路，放大器电路包括具有 CC2530 芯片的微处理器电路、零漂自动跟踪补偿校正电路，具有 CC2530 芯片的微处理器电路与零漂自动跟踪补偿校正电路相连接，控制放大器电路对输入信号进行比较调整和对零漂进行自动跟踪补偿校正，实现对多个数据采集传感器节点的无线组网，并利用 CC2530 芯片基于 zigbee 协议建立多节点的无线传感网络进行数据的采集传输，应用范围广泛，系统实用性强。

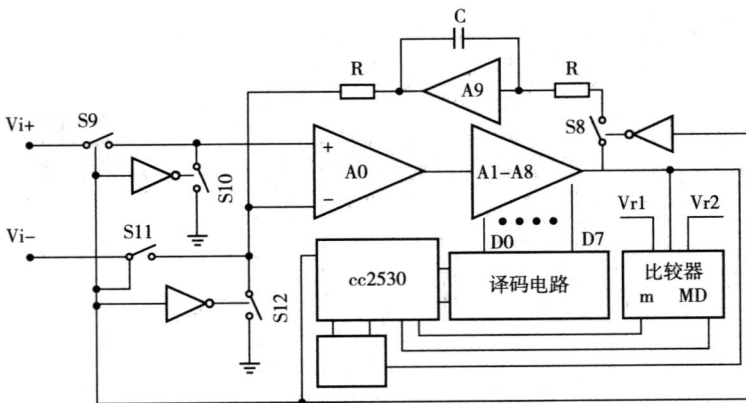

一种用于智能车的逆透视标定装置

发　明　人：袁家政　刘宏哲　鲍泓　郑永荣
证　书　号：第 4302137 号
专　利　号：ZL 2014 2 0709603.4
专利申请日：2014 年 11 月 23 日
专利权人：北京联合大学
授权公告日：2015 年 05 月 13 日

摘要：

一种用于智能车的逆透视标定装置，其属于无人驾驶智能车中计算机视觉标定领域，具体涉及一种用于智能车的逆透视标定装置的制作方法和装置尺寸，目的是解决传统标定板尺寸较小以及无刻度的问题。一种用于智能车的逆透视标定装置，包括标定带，其特征在于，所述的标定带正面上有黑白方形格，并且每个方形格中间都有数字；数字要求按顺序书写，即第一个格子是 1，第二个是 2，以此类推，第 N 个格子上的数字是 N；所述的黑白方形格的宽度是标定带的宽度，要求黑白方形格相间，即黑方形格、白方形格按顺序依次呈现。

本实用新型结构简单、方便携带，并且含有刻度不需另外测量，颜色特征显著便于检测。

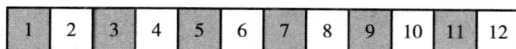

| 1 | 2 | 3 | 4 | 5 | 6 | 7 | 8 | 9 | 10 | 11 | 12 |

听障人士门铃装置

发　明　人： 刘晓陶　鲁彦娟
证　书　号： 第 4368044 号
专　利　号： ZL 2015 2 0122754.4
专利申请日： 2015 年 03 月 03 日
专利权人： 北京联合大学
授权公告日： 2015 年 06 月 17 日

摘要：

本实用新型提供一种听障人士门铃装置，包括监测模块与报警模块，监测模块包括壳体，壳体中的第一主控芯片、门铃单元、无线发送单元，及安装于房间内的红外摄像头，门铃单元、红外摄像头分别与第一主控芯片的数据输入端相连接，无线发送单元与第一主控芯片的数据输出端相连接；报警模块包括第二主控芯片、无线接收单元、振动器及警示灯，无线接收单元与第二主控芯片的数据输入端相连接，振动器、警示灯分别与第二主控芯片的控制信号输出端相连接，其中，振动器安装于房间内的床垫下，警示灯安装于床头或是屋顶等明显的位置。本实用新型结构简单，实用性强，能够为听障人士的生活提供便利性。

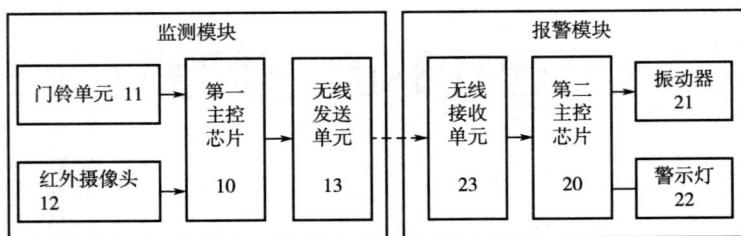

电梯控制器的通信总线接口电路

发　明　人：贺玲芳
证　书　号：第 4460432 号
专　利　号：ZL 2015 2 0295840.5
专利申请日：2015 年 05 月 08 日
专利权人：北京联合大学
授权公告日：2015 年 07 月 22 日

摘要：

本实用新型提供一种电梯控制器的通信总线接口电路，包括发送接口电路、接收接口电路，上位机的发送端口通过发送接口电路与通信总线的信号发送端相连接，通信总线的信号接收端通过接收接口电路与上位机的接收端口相连接，该发送接口电路包括自恢复保险丝 F2、稳压管 WD2、电阻 R5、电阻 R6、三极管 Q1、CMOS 反相器 U1C、上拉电阻 R4，该接收接口电路包括自恢复保险丝 F1、稳压管 WD1、电阻 R2、电阻 R3、滤波电容 C1、CMOS 反相器 U1A、CMOS 反相器 U1B、上拉电阻 R1。本实用新型结构简单、成本较低、性能稳定、抗干扰能力强。

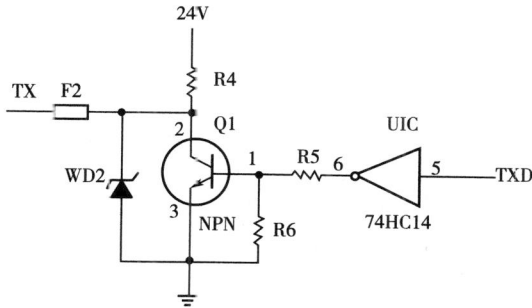

一种电气信号采样隔离电路

发　明　人：刘景云　李平
证　书　号：第 4495237 号
专　利　号：ZL 2015 2 0332303.3
专利申请日：2015 年 05 月 21 日
专利权人：北京联合大学
授权公告日：2015 年 08 月 05 日

摘要：

一种电气信号采样隔离电路，该电路包括方波发生电路、输入信号放大反向电路、模拟多路选择开关、信号反馈补偿电路和采样输出电路。方波信号经过由 Q1 和 R11 组成的放大电路后，经过 C3 输入到变压器 T2 的 1 号绕组 W21。方波信号经过 T2 进行隔离。二极管 D1 对变压器 T2 的 2 号绕组 W22 进行检波，R12 为下拉电阻。经过转换的信号用来对采样开关 S1 进行逻辑控制，高电平 S1 闭合，低电平 S1 断开。使得采样隔离电路输出的信号 Vout 与原输入信号 Vin 隔离并保持一致。

该采样隔离电路能够实现采样输入输出隔离，具有结构原理简单、精度高、隔离效果好的特点。

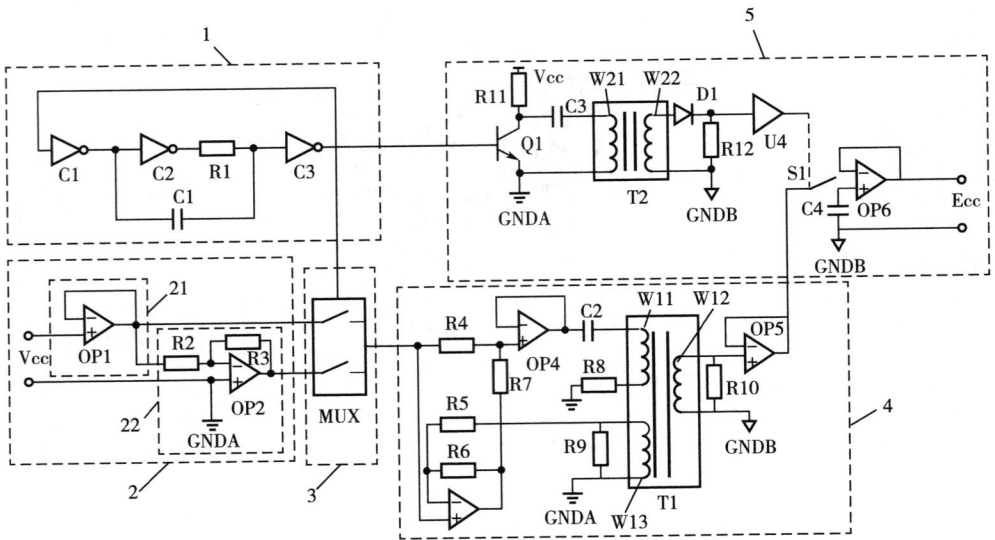

1—方波发生电路　2—输入信号放大反向电路　3—模拟多路选择开关
4—信号反馈补偿电路　5—采样输出电路　21—跟随器　22—反向电路

定时电源插座

发　明　人：赵飞　张益农
证　书　号：第 4528130 号
专　利　号：ZL 2015 2 0290162. 3
专利申请日：2015 年 05 月 07 日
专利权人：北京联合大学
授权公告日：2015 年 08 月 12 日

摘要：

本实用新型公开了一种定时电源插座，包括电源插座、自释放按钮、控制电路，控制电路具有电源电路、延时可调电路、断电控制电路及两个常开触点、一个常闭触点，电源插座、自释放按钮与电源电路相连接，电源电路与断电控制电路相连接，断电控制电路与延时可调电路相连接。

本实用新型的定时电源插座，控制电路结构简单，实用性强，它能够根据所用家用电器的时间长短，定时可调，调节时间可以是几分钟，最长可以定时一个小时，使用者不用担心因为忘关电器设备而可能造成严重后果。

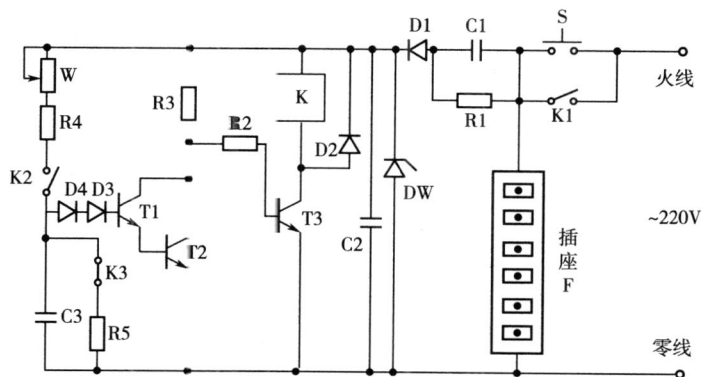

火灾报警器

发 明 人： 陈旭升　黄娜
证 书 号： 第 4527230 号
专 利 号： ZL 2015 2 0224149.8
专利申请日： 2015 年 04 月 14 日
专 利 权 人： 北京联合大学
授权公告日： 2015 年 08 月 12 日

摘要：

本实用新型公开了一种火灾报警器，它包括电源电路、烟雾检测电路和报警电路，烟雾检测电路具有红外线光开关，报警电路具有单稳态触发器、多谐振荡器、扬声器，此外，该报警器的电路还包括二极管、电容、电阻等电气元件，整体结构简单。

本实用新型的火灾报警器可用于家庭和办公室这样的小型场所的烟雾检测和报警。

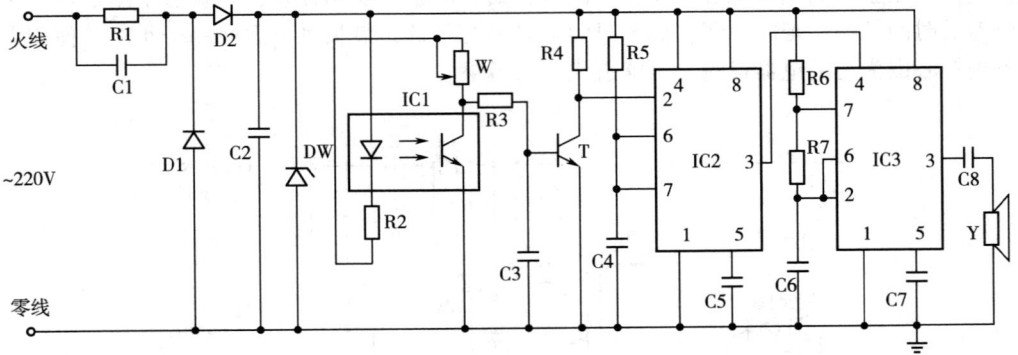

延时照明节电开关

发　明　人：王利亮　宋静华
证　书　号：第 4526978 号
专　利　号：ZL 2015 2 0169093.0
专利申请日：2015 年 03 月 25 日
专利权人：北京联合大学
授权公告日：2015 年 08 月 12 日

摘要：

　　本实用新型公开了一种延时照明节电开关，它包括自释放按钮、灯泡及控制电路，控制电路由电源电路、光控制电路、延时开关电路构成，自释放按钮、灯泡与电源电路相连接，电源电路与光控制电路、延时开关电路依次相连接。

　　本实用新型的延时照明节电开关均采用常用电子元件，整体结构简单，实用性强，可广泛用于临时照明或室外报刊亭、门厅等场合，实现节约电能的目的。

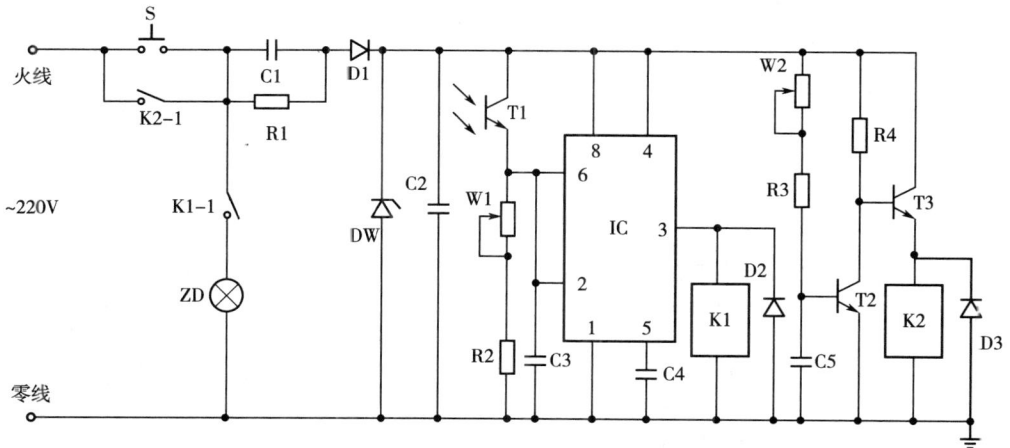

电梯抱闸电源控制器的延时电路

发 明 人：贺玲芳
证 书 号：第 4543850 号
专 利 号：ZL 2015 2 0295838.8
专利申请日：2015 年 05 月 08 日
专 利 权 人：北京联合大学
授权公告日：2015 年 08 月 19 日

摘要：

本实用新型提供一种电梯抱闸电源控制器的延时电路，包括内设复位电路和时钟单元的微控制器、电源退耦滤波电容、三极管、电阻 R5、电阻 R6、电阻 R8、光隔离可控硅驱动芯片 MOC3021，电源退耦滤波电容与工作电源相连接，微控制器的一路信号输出端口通过电阻 R8 与三极管的基极相连接，三极管的集电极通过电阻 R5 与工作电源相连接，三极管的发射极接地，光隔离可控硅驱动芯片 MOC3021 的 1 管脚通过电阻 R5 与工作电源相连接，光隔离可控硅驱动芯片 MOC3021 的 2 管脚通过电阻 R6 接地。

本实用新型结构简单、延时时间准确、性能稳定、使用寿命长。

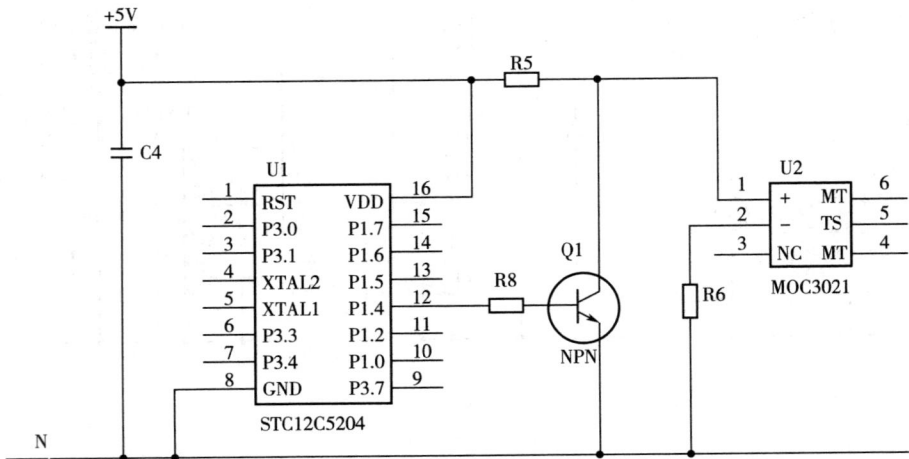

正十二面体全指向扬声器箱

发 明 人：吴帆　赵伟　刘智　李媛　童启明
证 书 号：第 4581668 号
专 利 号：ZL 2015 2 0352719.1
专利申请日：2015 年 05 月 27 日
专 利 权 人：北京联合大学
授权公告日：2015 年 09 月 02 日

摘要：

本实用新型提供一种正十二面体全指向扬声器箱，它包含：一正十二面体箱体；该箱体各个面上设有一同轴扬声器；一支座，该支座和该正十二面箱体相连接，以支撑该正十二面箱体。具有良好的频率范围以及高频指向性，可以满足专业声学测量和普通声需求，有一定的实用性。

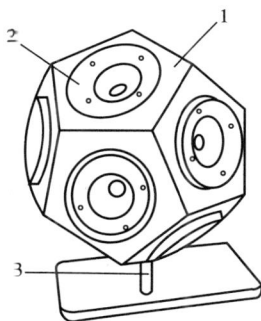

1—正十二面箱体　2—同轴扬声器　3—支座

汽车空调温控装置

发 明 人：刘彦彬　张益农

证 书 号：第 4713306 号

专 利 号：ZL 2015 2 0359081.4

专利申请日：2015 年 05 月 29 日

专 利 权 人：北京联合大学

授权公告日：2015 年 11 月 04 日

摘要：

一种汽车空调温控装置，设置于汽车的空调离合器一端，其特征在于：该温控装置包括电源电路、温度控制电路、反相比例放大电路、功率开关电路；所述电源电路与温度控制电路相连接，所述温度控制电路与反相比例放大电路相连接，所述反相比例放大电路与功率开关电路相连接，所述功率开关电路与空调离合器相连接。

该汽车空调温控装置，控制电路结构简单，实用性强，它可以根据车内温度上升到设定的上限温度时，立即使空调自动进行工作，使车内温度下降到设定的下限温度而自动关闭制冷装置，压缩机停止制冷。

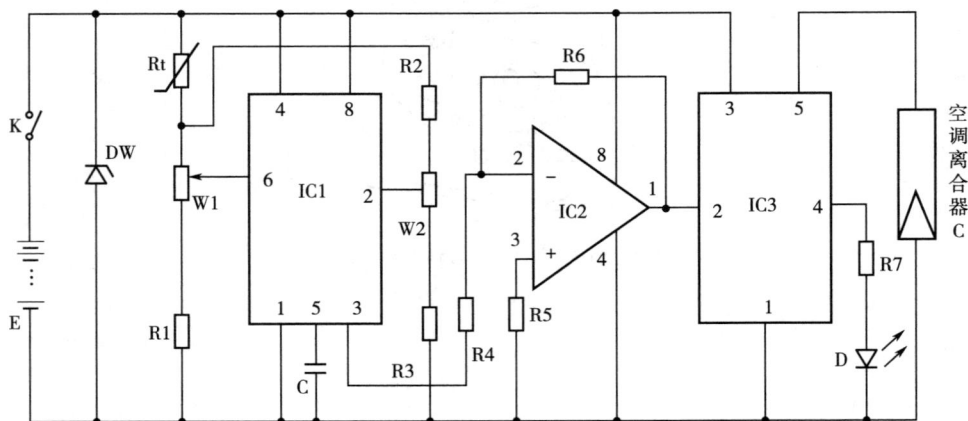

薄膜干涉测量装置

发　明　人：高兴茹　宗广志　姜玉杰　张继琛　马忱
证　书　号：第 4775582 号
专　利　号：ZL 2015 2 0527929. X
专利申请日：2015 年 07 月 20 日
专 利 权 人：北京联合大学
授权公告日：2015 年 11 月 18 日

摘要：

本实用新型提供一种薄膜干涉测量装置，包括光源、支撑座、载物台、望远镜筒，CCD 成像仪，该光源与载物台上的被测样本相对应，该载物台固定于该支撑座上，该载物台可沿该支撑座上、下移动，该支撑座上连接有可绕支撑座旋转的悬臂，该悬臂的端部固定有可上、下移动的调整柱体，该调整柱体上固定有该望远镜筒，调整柱体上与望远镜筒相对应的位置标刻有刻度盘，该望远镜筒的物镜与该载物台上的被测样本相对应，该望远镜筒的目镜与该 CCD 成像仪的镜头相对应。

本实用新型结构简单，实验效果良好。

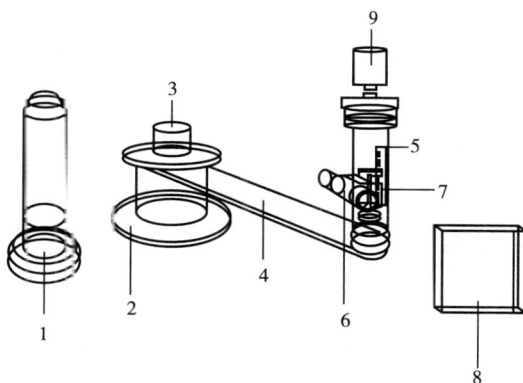

1—光源　2—支撑座　3—载物台　4—悬臂　5—调整柱体
6—望远镜筒　7—刻度盘　8—CCD 成像仪　9—微距测量单元

一种电气控制技术实训装置底盘

发　明　人：高文习　侯秀荔　唐和业
证　书　号：第 4762388 号
专　利　号：ZL 2015 2 0494469.5
专利申请日：2015 年 07 月 09 日
专 利 权 人：北京联合大学
授权公告日：2015 年 11 月 18 日

摘要：

　　一种电气控制技术实训装置底盘，它包括角铁框架，该角铁框架两侧开设有若干组槽孔，各组槽孔分别位于该角铁框架的两侧，相互对应；该槽孔上方设有 DIN 导轨，通过螺钉固定在各槽孔上。本实用新型电气控制技术实训装置底盘适用范围较广，可根据实验、实训内容快速方便地安装（或拆卸）相应的电气元件，元件上下、左右间距可灵活调节，电气元件之间线路的连接可与工程实际标准一样。

　　本实用新型的装置底盘能够充分发挥实训人员的积极性、主动性，显著提高实验、实训质量。

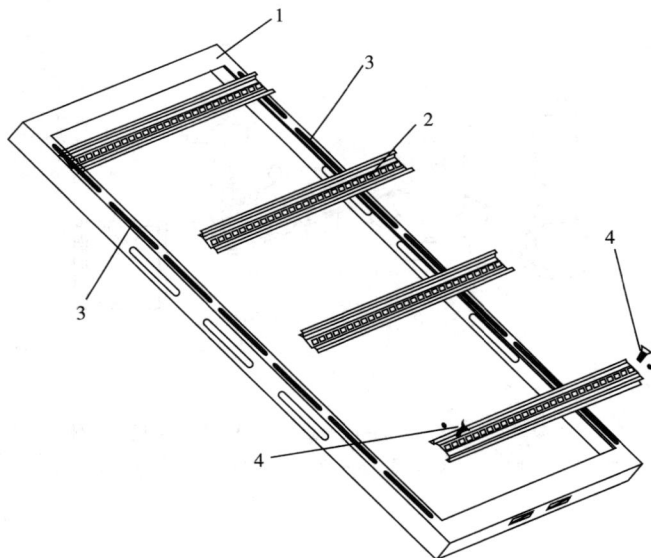

1—角铁框架　2—DIN 导轨　3—槽孔　4—螺钉

投影式电脑

发　明　人：张慧姝
证　书　号：第 4765539 号
专　利　号：ZL 2015 2 0434516.8
专利申请日：2015 年 07 月 07 日
专利权人：北京联合大学
授权公告日：2015 年 11 月 18 日

摘要：

本实用新型提供一种投影式电脑，包括壳体，壳体上的投影显示单元，壳体中的电脑主板，电脑主板上设有中央处理器、视频处理单元、投影机主板、存储单元、网络单元、通信接口等，中央处理器的视频信号输出端通过视频处理单元与投影机主板相连接，投影机主板与投影显示单元电连接，中央处理器输出的视频信号经视频处理单元、投影机主板处理后生成适应于投影显示单元显示的信号，经投影显示单元显示视频图像。

本实用新型体积较小，操作方便，适于多种应用场合。

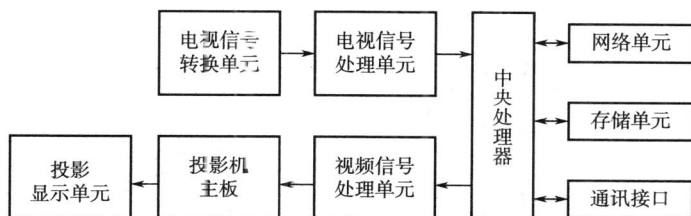

可实现手势、语音交互的电视机系统

发 明 人：张慧姝
证 书 号：第 4760090 号
专 利 号：ZL 2015 2 0484531.2
专利申请日：2015 年 07 月 07 日
专 利 权 人：北京联合大学
授权公告日：2015 年 11 月 18 日

摘要

本实用新型提供一种可实现手势、语音交互的电视机系统，包括电视信号接收单元、电视信号处理单元、显示器，处理器、用于采集手势图像信号的手势采集单元、用于对该手势图像信号进行处理的图像处理单元、用于采集语音信号的语音采集单元、用于对该语音信号进行处理的语音处理单元、用于存储预先设定的手势特征图像序列集和语音特征序列集的存储单元，该存储单元与该处理器的 I/O 端口相连接，该手势采集单元通过该图像处理单元与该处理器相连接，该语音采集单元通过该语音处理单元与该处理器相连接。

本实用新型可通过手势、语音方式操控电视机，使用便利，减少了对遥控器的依赖性。

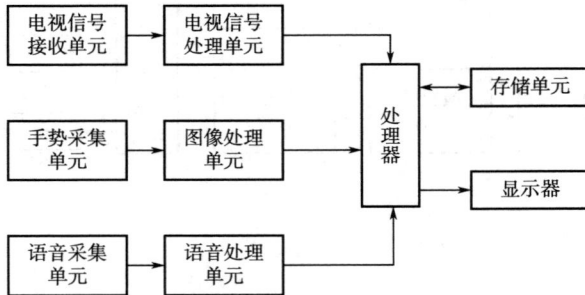

电视机背景灯自动控制装置

发　明　人：赵敬　金培莉
证　书　号：第 4825940 号
专　利　号：ZL 2015 2 0436855.9
专利申请日：2015 年 06 月 24 日
专 利 权 人：北京联合大学
授权公告日：2015 年 12 月 09 日

摘要：

　　本实用新型公开了一种电视机背景灯自动控制装置，包括背景灯泡和控制电路，控制电路包括电源电路、视频信号放大电路、光电转换电路、多谐振荡电路、升压及可控整流电路。电源电路将 220V 交流电压进行降压、整流及稳压后，以 12V 直流电压给控制电路供电。控制电路调节背景灯泡，背景灯泡随着电视屏的亮度变亮或者变暗；电视屏幕亮度增强时，背景灯泡随之增亮；电视屏幕亮度减弱时，背景灯泡亮度随之变暗，这样就有利于收看电视者的视力保护。

　　在电源及背景灯泡之间增设一个控制开关，晚上需要背景灯照明时，合上控制开关，白天收看电视时，打开控制开关，背景灯即被关闭，整个控制装置的设计简单实用。

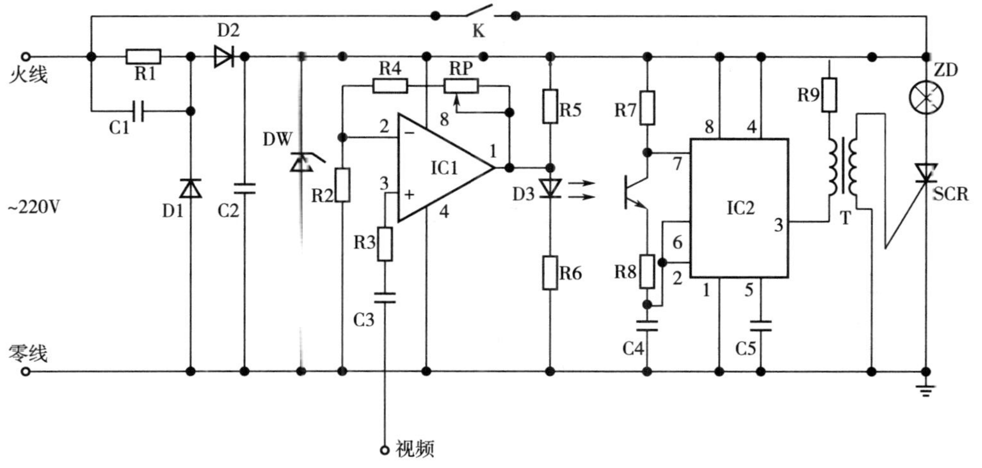

公共电话通话限时装置

发　明　人：梁爱琴
证　书　号：第 4834026 号
专　利　号：ZL 2015 2 0436836.6
专利申请日：2015 年 06 月 24 日
专 利 权 人：北京联合大学
授权公告日：2015 年 12 月 09 日

摘要：

本实用新型公开了一种公共电话通话限时装置，包括桥式整流电路、电源控制电路、多谐振荡电路、十进制计数电路、开关电路，电话机加装常闭触点，电话机并联接入电信线，桥式整流电路、电源控制电路、多谐振荡电路、十进制计数电路、开关电路依次连接。

该限时装置的电路结构简单，实用性强，该限时装置能控制电话通话时间，当使用者通话超过设定的通话时间，电话自动切断，可以大大节约通话的使用费用。

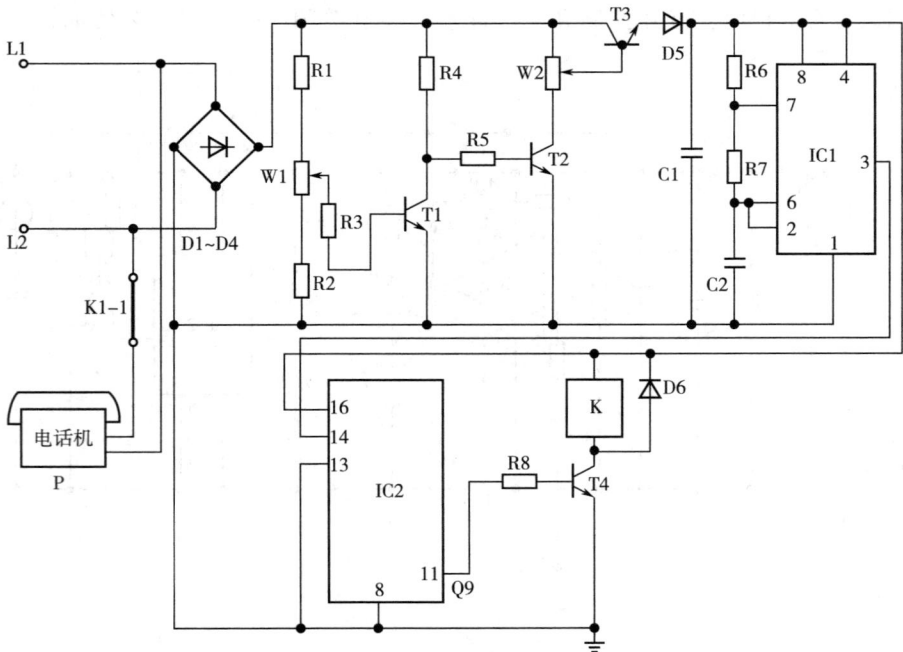

按压开关

发　明　人：杨爱萍　呼慧媛　张欣
证　书　号：第 4883652 号
专　利　号：ZL 2015 2 0485385.5
专利申请日：2015 年 07 月 08 日
专 利 权 人：北京联合大学
授权公告日：2015 年 12 月 23 日

摘要：

本实用新型涉及一种按压开关，包括按钮、支杆和外壳，按钮安装在支杆的顶部，两者之间采用压紧连接，可根据使用需求方便更换按钮，实现对按钮开关按压面大小及形状的调整；外壳与预紧套采用螺纹连接，并通过上背母进行锁紧，通过调整预紧套进距离来改变弹簧所安装位置的距离，从而改变弹簧的预紧力，实现在使用中根据需求对按钮开关按压力的调节；预紧套与调节杆采用螺纹连接，用上背母进行锁紧，通过调整调节杆的旋进距离来改变调节杆上端面与支杆下端面之间的距离，从而实现在使用中根据需求对按钮开关按压行程的调节。

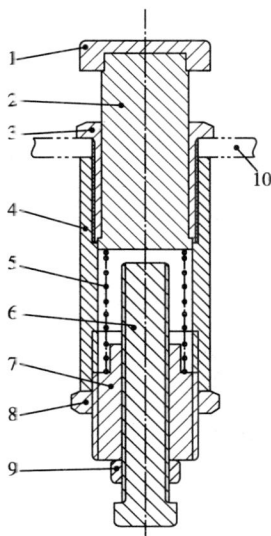

1—按钮　2—支杆　3—固定套　4—外壳　5—弹簧　6—调节杆
7—预紧套　8—上背母　9—下背母　10—位置固定面板

外观设计专利

虚拟投影电脑

设　计　人：张慧姝
证　书　号：第 3468596 号
专　利　号：ZL 2015 3 0266243.5
专利申请日：2015 年 07 月 22 日
专利权人：北京联合大学
授权公告日：2015 年 11 月 18 日

摘要：

1. 本外观设计产品的名称：虚拟投影电脑。
2. 本外观设计产品的用途：本外观设计产品用于虚拟投影出电脑桌面进行办公、会议演讲。
3. 本外观设计产品的设计要点：整体外形。
4. 最能代表本外观设计产品的图：立体图。

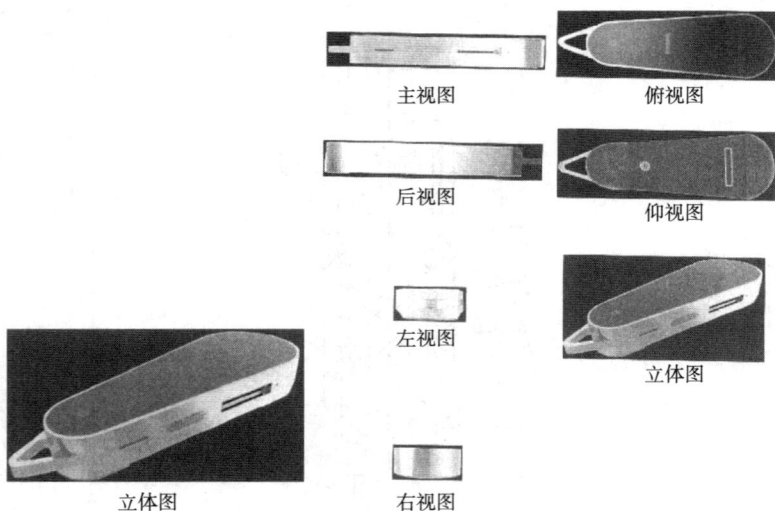

主视图

俯视图

后视图

仰视图

左视图

立体图

立体图

右视图

电视机（智能交互式）

设　计　人：张慧妹
证　书　号：第 3469596 号
专　利　号：ZL 2015 3 0266246.9
专利申请日：2015 年 07 月 22 日
专利权人：北京联合大学
授权公告日：2015 年 11 月 18 日

摘要：

1. 本外观设计产品的名称：电视机（智能交互式）。

2. 本外观设计产品的用途：本外观设计产品用于通过新型交互方式播放影音及媒体。

3. 本外观设计产品的设计要点：整体外形。

4. 最能代表本外观设计产品的图：立体图。

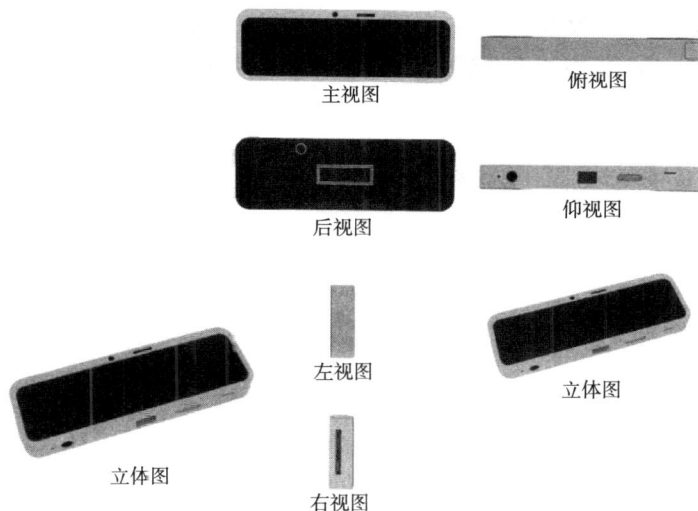

主视图

俯视图

后视图

仰视图

立体图

左视图

右视图

立体图

第二部分

2016年专利

收录2016年北京联合大学获得国家知识产权局授权的专利59项，其中，发明专利40项、实用新型专利15项、外观设计专利4项。

发明专利

一种基于无人驾驶汽车
的多激光雷达栅格地图融合系统

发 明 人：高美娟　朱学葵　田景文　张松松　戈广双　李尚年
证 书 号：第 1913171 号
专 利 号：ZL 2014 1 0252993.1
专利申请日：2014 年 06 月 10 日
专 利 权 人：北京联合大学
授权公告日：2016 年 01 月 06 日

摘要：

本发明涉及基于无人驾驶汽车的多激光雷达栅格地图融合系统，包括安装在无人驾驶汽车前方的一线激光雷达和四线激光雷达，安装在车顶的八线激光雷达，安装在车后的一线激光雷达；上述激光雷达通过交换机并利用以太网与第一工控机相连接，激光雷达的数据通过交换机利用以太网传至第一工控机，由第一工控机对数据进行解析和预处理，再针对不同的激光雷达分别作数据处理，再对有效数据进行栅格化编码并通过以太网将编码值传至负责数据融合的第一工控机，再利用栅格地图融合方法进行数据融合并对数据进行栅格化编码，最后通过以太网将编码值传至第二工控机。

其解决无人驾驶汽车和辅助驾驶汽飞车与障碍物发生碰撞的问题，提高车辆行驶过程中的安全性。

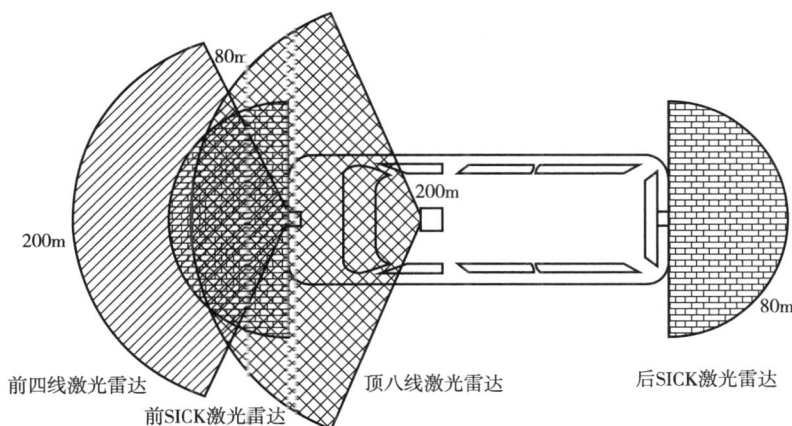

前四线激光雷达　　　前SICK激光雷达　　　顶八线激光雷达　　　后SICK激光雷达

垃圾分类收集自动提示装置及其使用方法

发　明　人：王超
证　书　号：第 1913386 号
专　利　号：ZL 2013 1 0096295.2
专利申请日：2013 年 03 月 25 日
专利权人：北京联合大学
授权公告日：2016 年 01 月 06 日

摘要：

本发明涉及垃圾分类收集自动提示装置及其使用方法，包括外层箱体和内层箱体，所述外层箱体上设有可开合的垃圾投放口，所述内层箱体和/或外层箱体上设有传感器；所述传感器能够检测内层箱体和/或外层箱体内的垃圾量信号，并通过信号传输装置与信号终端相连接。

该装置及其使用方法能够解决垃圾在收集、清理、运送和处理过程中完整的一体化分类的问题，并且解决垃圾及时、环保的清理和运送的问题，具有垃圾管理人员的劳动负担小、管理成本低、环境污染小、垃圾分类处理效果好和便民性好的优点，能够理想满足现代化生活对社区垃圾处理和环境保护的现代化实时性要求。

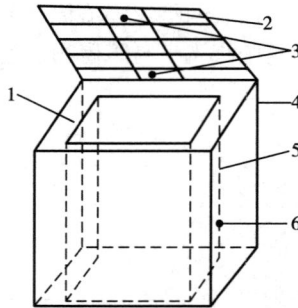

1—垃圾投放口　2—太阳能板供电装置　3—传感器
4—外层箱体　5—内存箱体　6—无线射频接收器

基于新型节能通信协议的无线传感器网络的节点

发　明　人：田景文　孔垂起　高美娟
证　书　号：第 1914047 号
专　利　号：ZL 2012 1 0320□24.6
专利申请日：2012 年 08 月 31 日
专 利 权 人：北京联合大学
授权公告日：2016 年 01 月 06 日

摘要：

本发明提供基于新型节能通信协议的无线传感器网络的节点，所述节点包括传感单元、处理单元、通信单元和电源，其中，所述电源与所述传感单元、所述处理单元、所述通信单元相连接，所述传感单元与所述处理单元相互连接，所述通信单元与所述处理单元相互连接，所述处理单元使用 ARM7TDMI-S LPC2131 微控制器；所述通信单元使用 CC2420 无线收发芯片。

本发明针对现有的分簇 MAC 协议存在的问题，提出了以减少握手信号为目标的改进方法，并提出将传感节点的任务具体地分为突发业务和非突发业务的改进方法，传感节点针对不同性质的业务按照不同的方式处理，从而节约空闲侦听时间，降低了节点能耗，提高节点工作效率，延长了节点寿命。

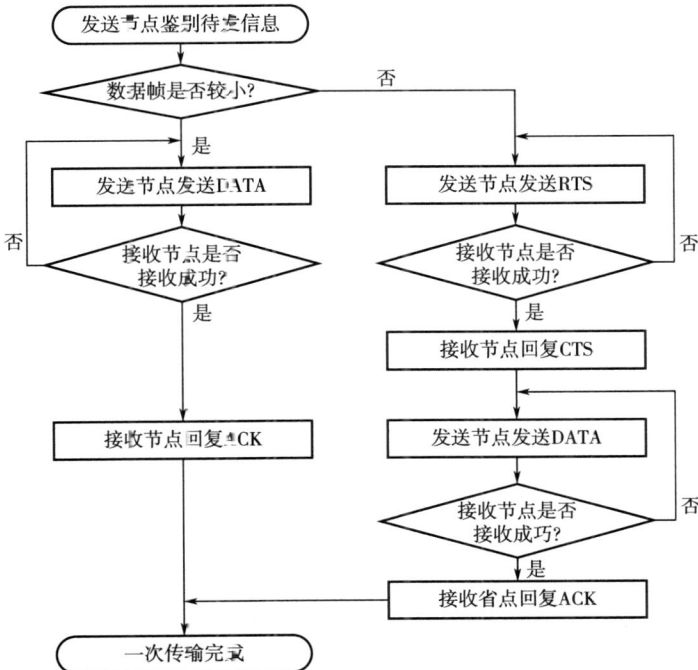

一种高蛋白、高维生素 C 含量莱菔子芽菜的培育方法

发 明 人：葛喜珍　赵莹　王玥　张元

证 书 号：第 1898093 号

专 利 号：ZL 2014 1 0353011.8

专利申请日：2014 年 07 月 23 日

专 利 权 人：北京联合大学

授权公告日：2016 年 01 月 20 日

摘要：

本发明公开了一种高蛋白、高维生素 C 含量莱菔子芽菜的培育方法，选择蛭石为培育基质，取新鲜饱满的莱菔子，用 50~55℃温水浸泡 15min，捞出，再用 1%高锰酸钾溶液浸泡 15min，捞出，清水洗 2 遍；将种子均匀撒播于基质，覆盖蛭石 1.5~2.0cm；播种，将牛奶配制成 0.5~2g/L 水溶液，将牛奶溶液倒入培养基质，控制湿度在 50%~60%，于 20~30℃培养 5~7 天，收获即可。

本发明适于集约化培育高蛋白、高维生素 C 含量莱菔子芽菜；工艺可行性强，芽苗菜的生产过程中不受外界环境影响，不用化肥、激素和农药；所用场地和营养液成本低，投资小、见效快、生长周期短、产量高，产品附加值高，可用于芽菜的工厂化、集约化生产。

一种方便携带、容易操作的手机专用屏幕贴膜器

发　明　人：玄祖兴　陈伟强
证　书　号：第 1959975 号
专　利　号：ZL 2014 1 0238278.2
专利申请日：2014 年 05 月 30 日
专 利 权 人：北京联合大学
授权公告日：2016 年 02 月 24 日

摘要：

本发明涉及一种方便携带、容易操作的手机专用屏幕贴膜器，该手机专用屏幕贴膜器由底座和翻盖组成；底座由底板、滑块、旋条、弧形凹槽组成；翻盖由手把、翻板、固定勾、柱形塑料泡沫棒组成。

本发明体积较小，方便携带和存放，操作简单，使用方便，能有效帮助使用者完成手机屏幕贴膜的任务，制造成本较低，且适用市场上的大部分手机，实用，好用，使消费者能够省时省力又省钱。

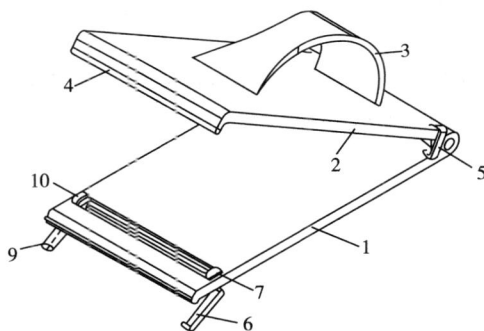

1—底板　2—翻板　3—手把　4—柱形塑料泡沫棒　5—"J"形旋转勾 G
6—旋条 C　7—滑块 A　9—旋条 D　10—滑块 B

一种防治果蔬褐腐病、
蚜虫的可湿性粉剂及其制备方法

发 明 人：葛喜珍　张思路　李可意　刘红梅　田平芳
证 书 号：第 1964135 号
专 利 号：ZL 2014 1 0168667.2
专利申请日：2014 年 04 月 24 日
专 利 权 人：北京联合大学
授权公告日：2016 年 02 月 24 日

摘要：

本发明公开了一种防治果蔬褐腐病、蚜虫的可湿性粉剂及其制备方法。该可湿性粉剂按重量百分比计由以下配比的成分制成：有效成分 20%～30%、载体 55%～60%、润湿剂 7%～13%、分散剂 2%～7%，其中，有效成分为川楝子提取物和小檗碱。其制备方法包括以下步骤：（1）将川楝子提取物与小檗碱按比例混合，进行超微粉碎，过 325 目筛，得到有效成分；（2）将有效成分与载体、润湿剂、分散剂按比例混合，超微粉碎，收集超微粉碎后的粉剂，喷雾干燥，过 325 目筛，如此反复操作，直到全部过 325 目筛即得可湿性粉剂。

本发明的可湿性粉剂能强烈抑制果蔬褐腐病和蚜虫，无毒、无农药残留、环境友好，同时具有稳定、高效、低成本的优点。

一种用于杀灭蚜虫和红蜘蛛的乳剂及其制备方法

发 明 人：霍清   栀晓芳
证 书 号：第 1963628 号
专 利 号：ZL 2014 1 0054908.0
专利申请日：2014 年 02 月 18 日
专 利 权 人：北京联合大学
授权公告日：2016 年 02 月 24 日

摘要：

本发明公开了一种用于杀灭蚜虫和红蜘蛛的乳剂及其制备方法。该乳剂以臭椿叶水提浸膏、苦参醇提浸膏、杜仲叶水提浸膏、苦楝树皮醇提浸膏组成的混合浸膏为主药，主药中四种浸膏的重量比为 1：1：2：2，该乳剂中相对于每克主药还包含以下用量的组分：溶剂 40~50mL、乳化剂 5~15mL、助剂 0.05~0.15g、防腐剂 1~2mL、防冻剂 5~7.5mL、去离子水 50~100mL。

该乳剂的制备方法为（1）将四种浸膏按比例混合，加入溶剂，加热溶解，得到药液；（2）向药液中加入乳化剂和助剂，利用超声波乳化装置得到初乳剂；（3）向初乳剂中依次缓慢滴加防腐剂、防冻剂及去离子水，搅拌，降至室温即得。

本发明环境友好，质量稳定，杀虫效果好，制备方法工艺操作简单，生产成本低。

一种局部线接触曲线
齿锥齿轮及用该方法制造的齿轮

发　明　人：雷保珍　杨继平　王训伟　杨志勤
证　书　号：第 1959065 号
专　利　号：ZL 2013 1 0269741.5
专利申请日：2013 年 06 月 30 日
专利权人：北京联合大学
授权公告日：2016 年 02 月 24 日

摘要：

一种局部线接触曲线齿锥齿轮的设计方法，获取第一齿轮的齿面离散数据，第一齿轮不修形，根据反求第二齿轮的齿面离散数据，进行修形设计；修形设计具体为先得到瞬时接触线，原则为把啮合转角相同的点作为一条瞬时接触线的点，然后选择瞬时接触线中的一条 l_c，作为确定初始接触轨迹线平面的定位瞬时接触线，由该瞬时接触线上三个点确定了接触轨迹线初始平面；第二齿轮沿瞬时接触线修形或者沿接触轨迹线上的点修形或者同时修形；第二齿轮在接触区域外沿瞬时接触线修形，接触区域内不修形；第二齿轮在接触区域外沿接触轨迹线上的点修形，接触区域内接触轨迹线上的点不修形。该方法摆脱了机床加工参数的限制，直接面向齿面几何形状，可基于功能需求。

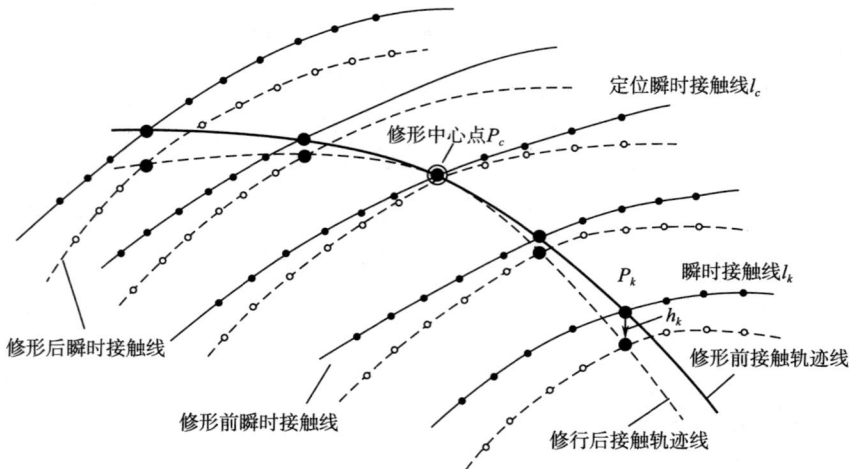

多功能便携式太阳能车及其控制系统

发 明 人：张罡　霍罡　沆和平　田甄

证 书 号：第 2009802 号

专 利 号：ZL 2014 1 0177379.3

专利申请日：2014 年 04 月 29 日

专 利 权 人：北京联合大学

授权公告日：2016 年 03 月 30 日

摘要：

本发明提供一种多功能便携式太阳能车及其控制系统，太阳能车包括车架、车把、车轮、太阳能板，车架上枢设有用于支撑太阳能板的支撑架，太阳能板的两侧设有用于容设拉杆箱拉杆的导沟；前车轴道过轮轴扣、横梁及转向杆与舵机相连接，后车轴通过轮轴扣连接于车架上；车把通过活动转轴与转向杆相连接，活动转轴和转向杆的连接位置设有磁性扣。控制系统包括行车控制单元及电源控制单元，电源控制单元可根据太阳能板的电压选择性地对蓄电电池中的电池进行充电。

本发明使用灵活、携带方便，能够满足多种出行需求及户外用电需求。

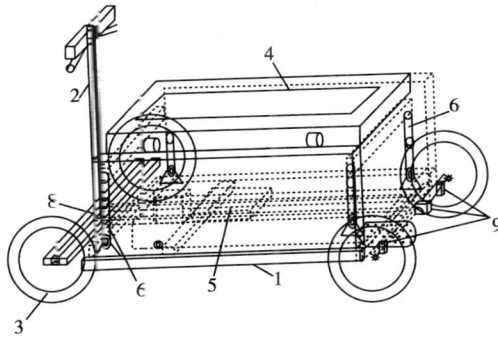

1—车架　2—车把　3—可拆卸式车轮　4—太阳能板　5—控制系统
6—支撑架　8—横梁　9—轴承

一种交通规则自感知与违章信息主动告警系统

发　明　人：杨萍　姜余祥　王燕妮　张军　李月琴　薛琳
证　书　号：第 2002575 号
专　利　号：ZL 2013 1 0575708.5
专利申请日：2013 年 11 月 18 日
专 利 权 人：北京联合大学
授权公告日：2016 年 03 月 30 日

摘要：

一种交通规则自感知与违章信息主动告警系统，该系统基于北斗/GPS 来定位车辆的位置信息，并通过设计软件来计算车辆的行驶速度，进而利用 GIS 系统确定该位置道路性质，同时在 GIS 中构建该道路性质对车辆行驶速度要求（如最高限速和最低限速要求），以及该位置所属行政区域和该行政区域的交通违章报警电话，从而实现交通规则和交通违章报警信息的自动感知。

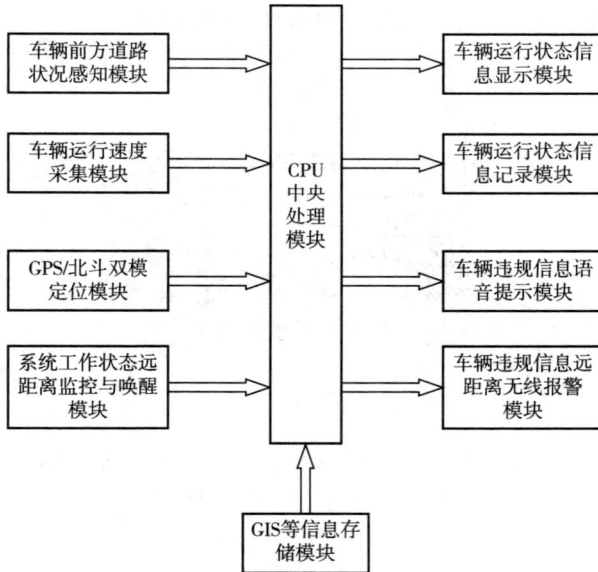

高空全自动升降机及其使用方法

发 明 人：田娥
证 书 号：第 2014089 号
专 利 号：ZL 2013 1 0132787.2
专利申请日：2013 年 04 月 17 日
专 利 权 人：北京联合大学
授权公告日：2016 年 04 月 06 日

摘要：

本发明涉及一种用于高空焊接的高空全自动升降机及其使用方法，所述升降机包括外框架、升降台和自锁装置，外框架上设有轨道，升降台与轨道相连接，外框架为可拆卸移动的；外框架被安装固定在被焊构件上，外框架通过卡板与被焊构件固定连接，升降台设有手控开关，升降台与轨道、外框架以及电机通过连接件连接成整体结构。

解决在不同的地方需要重新铺设高空操作平台，平台无法重复利用，浪费材料又影响施工进度的问题，同时克服结构相对复杂、搬运费时费力、安装拆卸及操作烦琐、能源消耗浪费严重、使用操作人为可控性差、安全稳定性差和易变形且工作寿命短的缺陷，从而满足超高层钢结构的施工现场对高空焊接作业的高效性和安全性要求。

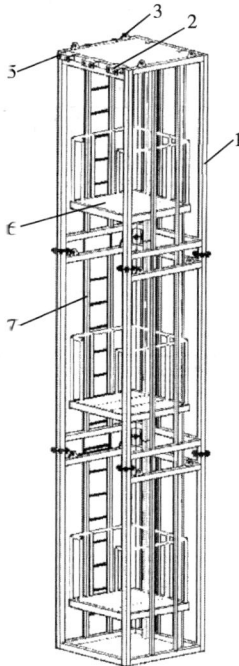

1—外框架　2—卡板　3—悬挂孔连接件　5—固定螺丝　6—升降台　7—爬梯

一种基于离散数据螺旋齿轮的配对建模与加工方法

发 明 人：雷保珍　张宾　魏文军　董学朱　冯玉强
证 书 号：第 2017553 号
专 利 号：ZL 2011 1 0379977.5
专利申请日：2011 年 11 月 25 日
专 利 权 人：北京联合大学
授权公告日：2016 年 04 月 06 日

摘要：

本发明公开了一种基于点云数据螺旋锥齿轮的配对建模方法和基于所述点云数据螺旋锥齿轮的配对建模来加工锥齿轮的方法。

其中所述基于点云数据螺旋锥齿轮的配对建模的方法包括下述步骤：步骤一、获得齿轮一的齿面离散点云数据 $\Sigma 1$；步骤二、基于齿轮一的齿面离散点云数据，根据啮合原理求出与其共轭的另一齿轮二的离散齿面的点云数据 $\Sigma 2$；步骤三、对齿轮一和齿轮二的两组齿面离散点云数据进行曲面拟合，建立三维实体模型，即得到所述螺旋锥齿轮的配对建模模型。

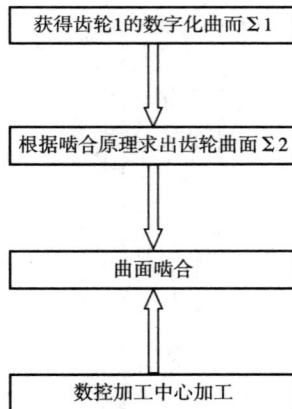

获得齿轮1的数字化曲面 $\Sigma 1$

根据啮合原理求出齿轮曲面 $\Sigma 2$

曲面啮合

数控加工中心加工

空气中甲醛、苯和氨的催化发光敏感材料

发　明　人：周考文　李姗　杨鹏越
证　书　号：第 2038324 号
专　利　号：ZL 2014 1 0605596.8
专利申请日：2014 年 11 月 03 日
专利权人：北京联合大学
授权公告日：2016 年 04 月 20 日

摘要：

本发明涉及一种空气中甲醛、苯和氨的催化发光敏感材料，其特征是由石墨烯负载的 WO_3、Bi_2O_3、ZrO_2 和 SnO_2 组成的复合敏感材料，其制备方法是：首先由天然石墨制备氧化石墨烯，然后将氧化石墨烯加入钨盐、铋盐、锆盐和锡盐的盐酸水溶液中，超声振荡至澄清，加入水合肼水溶液，滴加氨水至 pH 值为 6.5~7.2，经陈化、过滤、烘干、研磨和灼烧，自然冷却得到石墨烯负载的由 WO_3、Bi_2O_3、ZrO_2 和 SnO_2 组成的复合敏感材料。

使用本发明所提供的复合敏感材料制作的气体传感器，可以在现场快速、准确测定空气中的微量甲醛、苯和氨而不受其他常见共存物的干扰。

一种快速检测乙醇和丙酮的敏感材料

发 明 人：周考文　李姗　杨鹏越
证 书 号：第 2038249 号
专 利 号：ZL 2014 1 0460639.8
专利申请日：2014 年 09 月 04 日
专 利 权 人：北京联合大学
授权公告日：2016 年 04 月 20 日

摘要：

本发明涉及一种快速检测乙醇和丙酮的敏感材料，是由石墨烯负载的铂原子掺杂的 Y_2O_3、TiO_2 和 ZnO 组成的复合敏感材料，其制备方法是：将易溶于酸性水溶液的钇盐、钛盐和锌盐共溶于硝酸水溶液中，加入柠檬酸和异丙醇，反应后再加入葡萄糖和氯铂酸，回流，冷却后加入石墨烯和乙二醇，超声振荡，旋转蒸发，将黑色黏稠物干燥、焙烧、冷却即得石墨烯负载的由 Pt 原子掺杂的 Y_2O_3、TiO_2 和 ZnO 组成的复合敏感材料。

使用本发明所提供的敏感材料制作的监测乙醇和丙酮的气体传感器，可以在现场快速、准确测定空气中的微量乙醇和丙酮而不受其他共存物的干扰。

空气中氨和苯的交叉敏感材料及其制备方法

发 明 人：周考文　范慧珍　肖宇　赵明航

证 书 号：第 2038832 号

专 利 号：ZL 2014 1 0460628. X

专利申请日：2014 年 09 月 04 日

专 利 权 人：北京联合大学

授权公告日：2016 年 04 月 20 日

摘要：

本发明涉及一种空气中氨和苯的交叉敏感材料，是由石墨烯负载的总质量分数 2%~4%Pd、10%~14%Bi_2O_3、5%~11%SnO_2 和 10%~20%V_2O_5 组成的复合粉体材料。其制备方法是：将天然石墨和磷酸铵加入浓硫酸中，反应后的滤出物依次用重铬酸钾浓硫酸溶液和过氧化氢水溶液处理，得到氧化石墨烯；将二氯化钯、铋盐、锡盐和钒盐共溶于盐酸水溶液中，加入乙二胺四乙酸后加入氧化石墨烯，加入水合肼水溶液反应后，经陈化、过滤、干燥和焙烧，得到交叉敏感材料。

使用本发明所提供的敏感材料制成的氨和苯催化发光传感器，具有较宽的线性范围、良好的选择性和较高的灵敏度，可以在线监测空气中的氨和苯而不受共存物质的影响。

分段异径非对称弧形管无阀压电泵

发 明 人：夏齐霄　卢振洋　雷红　田娥　刘欢

证 书 号：第 2069060 号

专 利 号：ZL 2014 1 0534712.1

专利申请日：2014 年 10 月 11 日

专 利 权 人：北京联合大学

授权公告日：2016 年 05 月 11 日

摘要：

　　分段异径非对称弧形管无阀压电泵属于流体机械领域。两个圆形压电振子相同极性的面相对安装在泵体上，两个圆形压电振子之间的腔体为泵腔，泵体由侧面的通孔连接到分段异径非对称弧形管上；分段异径非对称弧形管由数段管径不同的圆弧管依管径大小依次排序，以圆弧管靠近圆心方向的赤道线重合的方式联接而成，这条重合的赤道线在此称为内侧母线；分段异径非对称弧形管有 3 个流体出入口，其中第一出入口和第二出入口与外界管路联接，第三出入口与泵体上的通孔联接。本发明使用分段异径非对称弧形管实现了仅用一个导流管就可使流体产生单向流动，在微机电系统中具有广泛的用途。图 1 为装配图主视图，图 2 为分段异径非对称弧形管。

图 1　　　　　　　　　　　　图 2

1—泵腔　2—两个压电振子　3—泵体　5—分段异径非对称弧形管　6—内侧母线

7—第一圆弧管　8—第二圆弧管　9—第三圆弧管　10—联接管　11—第三出入口

12—第一出入口　13—第二出入口　14—轴线　15—中心弧线

内斗流管无阀压电泵

发 明 人：卢振洋　夏齐霄　雷红　田娥　刘欢
证 书 号：第 2078690 号
专 利 号：ZL 2014 1 0532989.0
专利申请日：2014 年 10 月 11 日
专 利 权 人：北京联合大学
授权公告日：2016 年 05 月 13 日

摘要：

内斗流管无阀压电泵属于流体机械领域。内斗流管无阀压电泵。两个圆形压电振子相同极性的面相对安装在泵体上，两个圆形压电振子之间的腔体为泵腔，泵体由侧面的通孔连接到内斗流管上；内斗流管由圆截面管和圆截面管中的曲面构成；曲面与圆截面管围成的空间构成曲斗；曲面为河开面形；曲斗在内斗流管的轴线两侧均匀交错排列；内斗流管有 3 个流体出入口，其中第一出入口和第二出入口与外界管路联接，第三出入口与泵体上的通孔联接。本发明使用曲形导槽实现了流体的单向流动，可应用在制药、医疗等领域。图 1 为内斗流管无阀压电泵装配图，图 2 为泵体零件图，图 3 为内斗流管零件图。

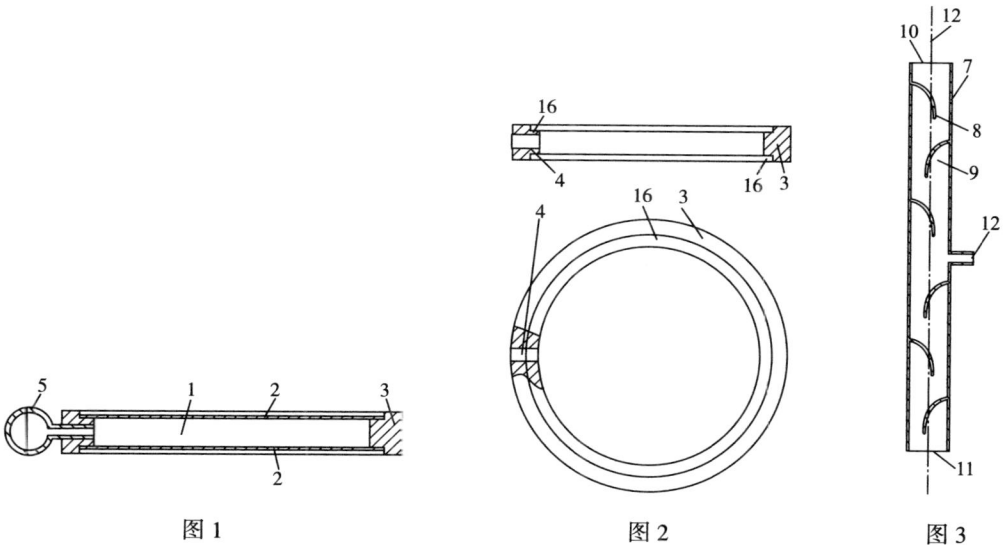

图 1　　　　　　　　　图 2　　　　　　　　　图 3

1—泵腔　2—两个圆形压电振子　3—泵体　4—通孔　5—内斗流管　7—圆截面管
8—曲面　9—曲斗　10—第一出入口　11—第二出入口　12—第三出入口　13—轴线　16—两个沉孔

一种车辆警示装置与事故即时警示方法

发 明 人：曹丽婷　高美娟
证 书 号：第 2072754 号
专 利 号：ZL 2014 1 0070422.6
专利申请日：2014 年 02 月 28 日
专 利 权 人：北京联合大学
授权公告日：2016 年 05 月 18 日

摘要：

本发明的第一方面提供一种车辆警示装置，其包括车辆碰撞检测单元，该车辆碰撞检测单元与控制单元连接，该控制单元连接弹起装置，该控制单元还连接声光报警装置，所述控制单元连接电源，所述控制单元与控制按钮连接，所述控制单元连接有复位按钮。本发明的第二方面提供一种事故即时警示方法，其包括 a. 车辆的惯性传感器检测车辆碰撞信号，并比较碰撞信号数值与设定值的大小；b. 控制单元控制警示牌弹起；步骤 a、b 依次执行，则警示牌弹起。

本发明提供的车辆警示装置和事故即时警示方法安装位置为车顶部，更容易被远方车辆发现；且该警示方法中的警示装置不需人工拼装摆放，需要时可自行弹起，不用时可自行收回。

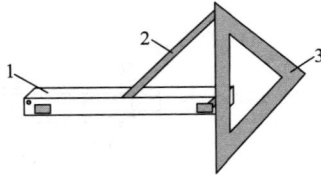

1—导向槽　2—支撑杆　3—警示牌

俯卧式机械健身器
及其采用的材料及材料的制备方法

发 明 人：程光
证 书 号：第 2074356 号
专 利 号：ZL 2013 1 0250609. X
专利申请日：2013 年 06 月 24 日
专 利 权 人：北京联合大学
授权公告日：2016 年 05 月 18 日

摘要：

本发明涉及一种俯卧式机械健身器及其采用的材料及材料的制备方法。所述俯卧式机械健身器，包括底座，底座前部设有把手架，把手架上装有把手，把手上装有自动计数器，底座上设有滑轨，滑轨上设有滑轮，滑轮上装有跪盘架，跪盘架上装有跪垫；滑轨与跪盘架之间设有定位装置，跪盘架上设有止旋装置；该健身器炼形式多样、锻炼效果全面、一机多用。

所涉及的材料是碳纤维增强的镁合金复合材料，其是采用真空加压制造方法制备而成。该复合材料制作的健身器耐摩擦、耐震性较强，且无污染、质量轻，符合对人体的健康需求。

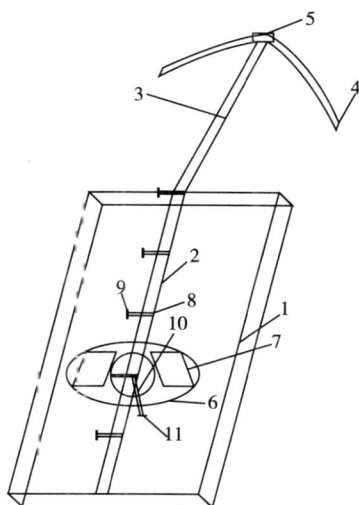

1—底座　2—滑轨　3—把手架　4—把手　5—自动计数器　6—跪盘架
7—跪垫　8—定位孔　9—定位销　10—止旋孔　11—止旋销

一种步进电机控制系统及其控制方法

发　明　人：田文杰
证　书　号：第 2072368 号
专　利　号：ZL 2012 1 0045628.4
专利申请日：2012 年 02 月 27 日
专利权人：北京联合大学
授权公告日：2016 年 05 月 18 日

摘要：

一种步进电机控制系统，包括三相步进电机、驱动电路、光电隔离电路以及步进电机控制器，所述步进电机控制器包括环形分配器、速度设定电路、工作方式设定电路、节拍初始化电路、运行开关以及运行指示电路，环形分配器是通过单片机模拟 D 触发器和数据选择器实现其功能。

本发明采用 D 触发器芯片和数据选择器芯片来设计环形分配器，电路结构简单，思路清晰，并且容易理解；采用软硬件结合的方法来实现环形分配器的功能，单片机同时还完成数据采集和处理的功能，这又是我们的独创。同时，这种数字电子技术和单片机课程知识相结合的电路实验教学锻炼了学生们的综合设计能力，也提高了实验室设备的利用率，避免了实验室资源浪费。

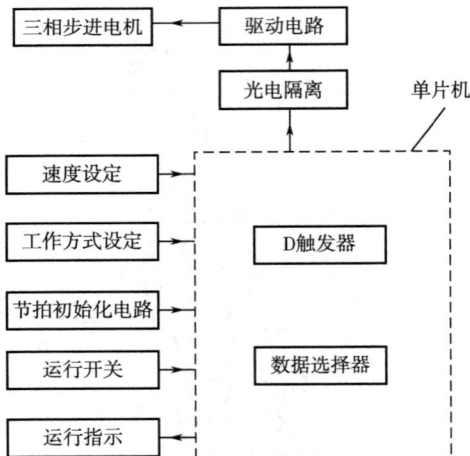

一种基于 FAST 的计算机辅助 CAD 人数统计方法

发 明 人：鲍泓　徐成　刘宏哲　张璐璐
证 书 号：第 2032648 号
专 利 号：ZL 2013 1 0589429.4
专利申请日：2013 年 11 月 20 日
专 利 权 人：北京联合大学
授权公告日：2016 年 05 月 25 日

摘要：

一种基于 FAST 的人数统计方法，属于计算机视觉人数统计需求领域，其特征在于，在对人群监控视频图像进行滤波预处理后，利用角点检测算法得到当前图像的角点特征向量 FAST，再按照当前人群图像特征点与像素点总数之比分为低、高密度的人群图像，提取出两者的前景图像后，对于低密度人群前景图像把腐蚀算法得到的连通域面积 T 作为 FAST 特征点，对于高密度人群的前景图像，利用 OPTiCS 算法为各像素点中的核心点建立邻居域，再以每个邻居域核心点到各个像素点的最小可达距离作为每个邻居域内的最小可达距离并以此构建高密度人群的 FAST 特征点向量 X、再以 T，X 和摄像机离人群距离 D 构筑人群评估模型，再以设定的训练样本作测试向量进行 SVM 支持向量机训练，提高了统计速度和准确率。

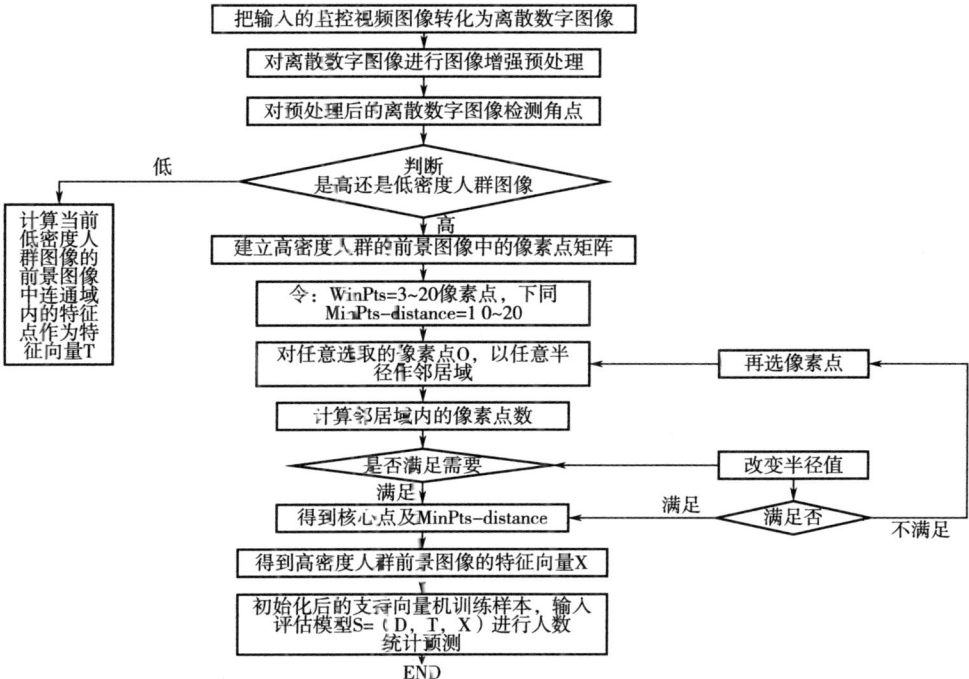

一种内置多绞合内芯并可减少交流电阻的导体

发　明　人：张念鲁
证　书　号：第 2108574 号
专　利　号：ZL 2014 1 0203739. 2
专利申请日：2014 年 05 月 14 日
专 利 权 人：北京联合大学
授权公告日：2016 年 06 月 08 日

摘要：

本发明公开了一种内置多绞合内芯并可减少交流电阻的导体，它包括通入正直流电、使其自身带有正电荷的内导体，内导体包括多个内芯和填充物，多个内芯互相绞合成束，绞合成束的多个内芯的外表面包覆一层内绝缘层，绞合成束的多个内芯与内绝缘层之间填充有该填充物，内绝缘层的外表面包覆一层用于传输交流电的外层导体，内导体、内绝缘层、外层导体同心，其中内芯、填充物、外层导体为良导体材料制作而成，内绝缘层为绝缘材料制作而成。

在交流电力传输中，本发明使外层导体内流动的自由导电电子趋向均匀分布，减少外层导体上外表层的交流电阻，降低电能损耗，使外层导体充分发挥导体作用，大大提高本发明的导电性能和利用率。

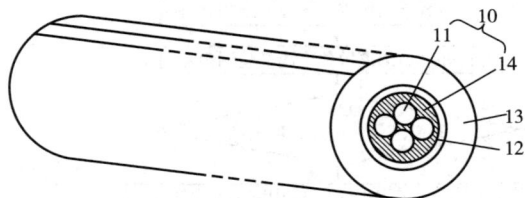

10—内导体　11—内芯　12—内绝缘层　13—外层导体　14—填充物

一种青霉素 V 钾微囊及其制备方法

发 明 人：霍清 杨晓方
证 书 号：第 2108559 号
专 利 号：ZL 2014 1 0123276.9
专利申请日：2014 年 03 月 28 日
专 利 权 人：北京联合大学
授权公告日：2016 年 06 月 08 日

摘要：

本发明公开了一种青霉素 V 钾微囊及其制备方法。该青霉素 V 钾微囊由囊心物青霉素 V 钾和囊材乙基纤维素构成。其制备方法是：

（1）将乙基纤维素粉碎后溶解在二氯甲烷中得到溶液 a；

（2）在转速 100～500rpm 搅拌下将粉碎后的青霉素 V 钾溶解至溶液 a 中，得到溶液 b，继续搅拌 20～30min；

（3）控制水的温度，将表面活性剂分散在水中，得到溶液 c；

（4）在 100～500rpm 的速率搅拌下，将溶液 b 加入至溶液 c 中，形成青霉素 V 钾微囊，继续搅拌至二氯甲烷完全挥发，减压过滤，微囊用蒸馏水洗涤 3 次，干燥即得。

本发明采用液中干燥法制备微囊，消除青霉素 V 钾的不良气味，提高患者依从性。该微囊制备工艺原料易得，价格低廉，生产成本低，工艺操作简单，易操作实施，且收率较高。

BCPCA-4800 5.0kV 8.0mm × 200 SE(M)　　　　200μm

一种无人驾驶车辆
环境分项性能测试系统及测试方法

发　明　人：田娥　杨青　潘峰　张雪芬　梁爱华　和青芳
证　书　号：第 2139502 号
专　利　号：ZL 2014 1 0118953.8
专利申请日：2014 年 03 月 27 日
专利权人：北京联合大学
授权公告日：2016 年 07 月 06 日

摘要：

本发明涉及一种无人驾驶车辆环境分项性能测试系统及测试方法，本发明的目的是提供一种能够为无人驾驶车辆在野外行驶条件对常见障碍进行测试，从而便于车辆规划行驶路径，提高无人驾驶车辆野外行驶的自主能力的方法。

通过对无人驾驶车辆进行巡线行驶试验、遇障碍物换道试验、左（右）拐调头试验、巡障碍物弯道行驶试验、遇红灯后识别停止线试验、急加急减速试验、识别道路标识牌试验、识别地面标示线试验、识别斑马线试验，巡车道线弯道行驶试验来判断该车辆是否完全符合无人驾驶车辆的硬件条件。

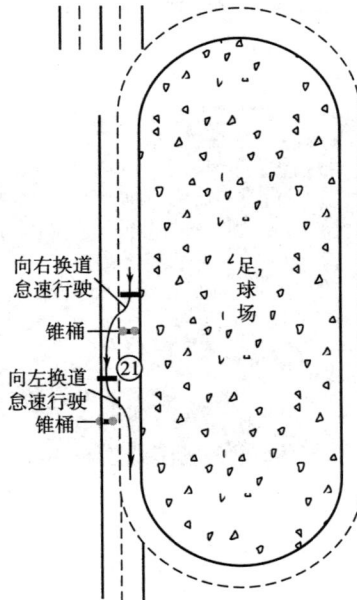

一种棋盘和棋子自动定位识别棋

发 明 人：方建军　李嫒
证 书 号：第 2138287 号
专 利 号：ZL 2013 1 0159264.7
专利申请日：2013 年 05 月 03 日
专 利 权 人：北京联合大学
授权公告日：2016 年 07 月 06 日

摘要：

本发明涉及一种棋，特别涉及一种棋盘和棋子自动定位识别棋，所述的棋盘和棋子自动定位识别系统模块（1）带有 CPU 的微处理器模块，棋盘内嵌的各落子点对应的 RF 读卡器（2）通过总线通信与自动定位识别系统模块（1）连接。棋盘内有无棋子，棋子的名称、棋子在棋盘中的位置等信息都会通过总线通信接口汇聚到棋盘和棋子自动定位识别系统模块（1），并与机器人或其他设备进行信息交互，显示棋局的变化。

本发明完全摒弃了先前的棋子检测技术，避免了烦琐的信息特征提取、计算、再成像过程，不受光源变化和不良环境影响，无须进行文字方向处理，能够快速准确地获取棋局变化，以供进行后续下棋步骤的计算和判断。

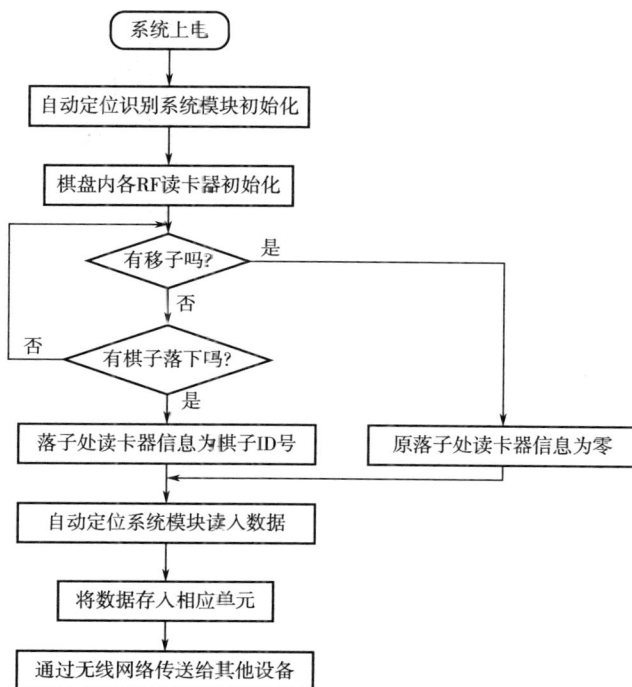

网线与水晶头的自动连接装置

发 明 人：杨志成　唐和业　王宏　李玉玲　楚文军

证 书 号：第 2171251 号

专 利 号：ZL 2014 1 0797624.0

专利申请日：2014 年 12 月 18 日

专利权人：北京联合大学

授权公告日：2016 年 08 月 17 日

摘要：

本发明提供一种网线与水晶头的自动连接装置，包括安装架，安装架上依序设置有牵引机构、切割机构、剥皮机构、分线机构、排序机构、压平机构、压接机构、控制及测试单元；经牵引机构送出的网线经过安装架上的过孔，经剥皮机构剥去绝缘皮、分线机构将双绞线拆散、排序机构对双绞线排序、压平机构将排序后的双绞线压平整后，压接机构将双绞线插接于水晶头并压接，最后由控制及测试单元测试接线是否正确。

本发明可自动完成网线的剥皮、按序排线、接插水晶头、压接水晶头以及网线测试等过程，使用方便，无需人工操作。

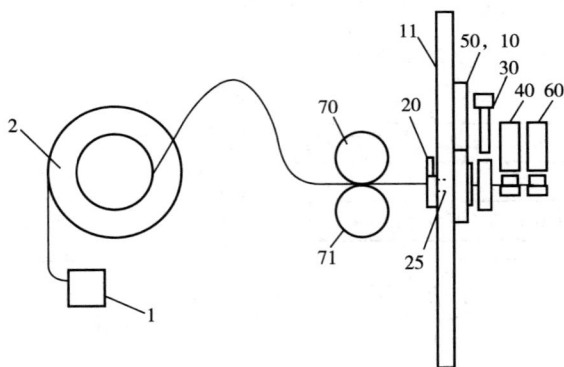

1—网线的另一端头　2—网线线轴　10—分线机构　11—安装架　20—切割机构
25—过孔　30—排序机构　40—压平机构　50—剥皮机构
60—压接机构　70—牵引机构　71—牵引轮

异径管串接式无阀压电泵

发　明　人：卢振洋　夏齐霄　雷红　刘欢

证　书　号：第 2173367 号

专　利　号：ZL 2014 1 0532990.3

专利申请日：2014 年 10 月 11 日

专 利 权 人：北京联合大学

授权公告日：2016 年 08 月 17 日

摘要：

异径管串接式无阀压电泵属于流体机械领域。其特征在于：两个圆形压电振子相同极性的面相对安装在泵体上，两个圆形压电振子之间的腔体为泵腔，泵体由侧面的通孔连接到异径管串接式流管上。异径管串接式流管由数段直径不等的圆柱形管按照直径大小次序串联而成，以同轴的方式装配，且在异径管串接式流管中部垂直于轴线安装圆柱形管，异径管串接式流管的大端口和小端口分别与外界管路联接。图 1 为异径管串接式无阀压电泵装配图主视图，图 2 为异径管串接式流管零件图。

本发明使用异径管串接式流管实现了仅用一个导流管就可使流体产生单向流动，使无阀压电泵可以更加微小型化，在微机电系统中具有更广泛的潜在用途。

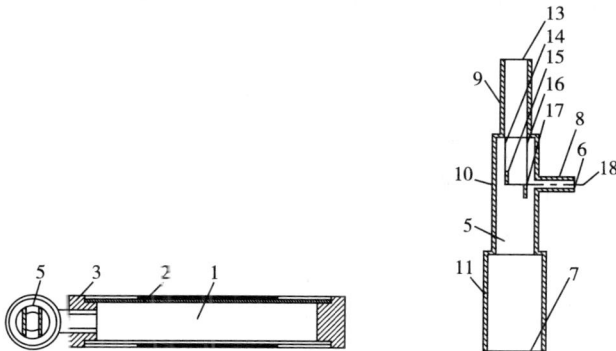

图 1　　　　　　　　图 2

1—泵腔　2—两个圆形压电振子　3—泵体　4—侧面的通道　5—异径管串接式流管
6—出入口　7—大端口　8—圆柱形管　9—小径管　10—中径管　11—大径管　13—小端口
15—第一倒流板　16—右侧母线　17—第二导流板　18—轴线

一种基于智能驾驶的
地面交通标志实时检测的方法

发　明　人：刘宏哲　王棚飞　吴焰樟
证　书　号：第 2183483 号
专　利　号：ZL 2013 1 0557886.5
专利申请日：2013 年 11 月 12 日
专利权人：北京联合大学
授权公告日：2016 年 08 月 17 日

摘要：

一种基于智能驾驶的地面交通标志实时检测的方法属于智能交通行业的交通信息检测领域。本发明实时获取智能车辆前方道路的图像 Src，对获取的原始图像 Src 进行切割、灰度变换、高斯滤波、二值化处理，得到二值图像 Src_bw。同时，读入提前准备好的地面交通标志模板图像 temp_i。通过模板匹配，每一幅模板均可在 Src_bw 中，找到一个与之相对应的最匹配区域，将其切割存成新的图像 dst_i。将 temp_i 与相对应的 dst_i 进行相减，得到新的图像 diff_i。统计每一福 diff_i 中的白色像素点个数 diff_i_Sum，白色像素点最少的 diff_i，所对应的模板与我们的地面标志最为相似；当 diff_i_Sum 少于我们设定的阈值时，即认为我们 Src_bw 中存在该模板中的地面交通标志。

本发明适用于复杂城市道路环境的智能驾驶。

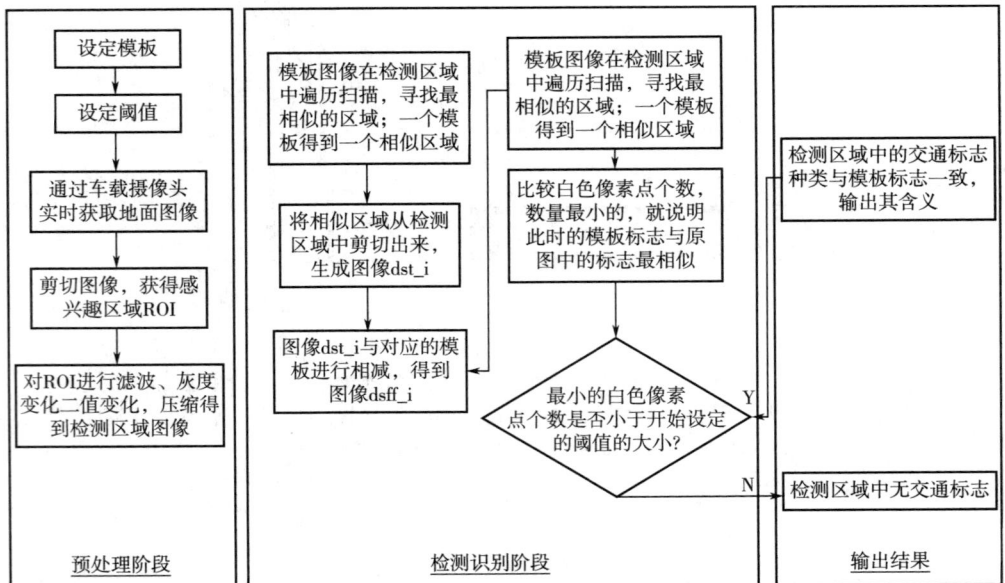

一种基于智能驾驶的斑马线实时检测的方法

发 明 人：刘宏哲 袁家政 郏永荣 周宣汝
证 书 号：第 2182188 号
专 利 号：ZL 2013 1 0422400.7
专利申请日：2013 年 09 月 17 日
专 利 权 人：北京联合大学
授权公告日：2016 年 08 月 17 日

摘要：

一种基于智能驾驶的斑马线实时检测的方法属于智能交通行业的交通信息检测领域。本发明以 20-50 帧/秒的帧率实时获取智能车辆前方道路的图像 Src_Image，对获取的原始图像 Src_Image 进行逆透视变换得到道路画面的鸟瞰图像 Bird_View。其次，根据本车道的两条车道线从图像 Bird_View 中截取出本车道区域图像 ROI_Image，然后对图像 ROI_Image 进行灰度化、自适应二值化，canny 边缘提取、形态学腐蚀膨胀，获得二值化图像 Dst_Bw。最后对图像 Dst_Bw 进行横向像素统计，得到黑白跳转次数 Sum，黑色条平均宽度 Wb、白色条平均宽度为 Ww 以及平均条高 H。如果 S1<Sum<S2，｜Wb-Ww｜<W，Wb1<Wb<Wb2，Ww1<Ww<Ww2，H1<H<H2 条件都满足，则认为前方出现斑马线，否则没有出现。

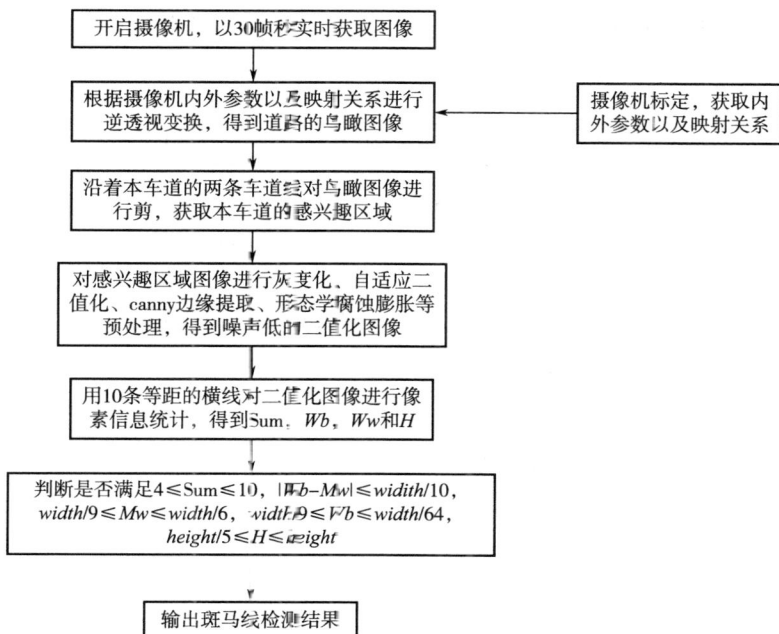

一种基于局部语义概念的国画图像识别方法

发 明 人：鲍泓　冯松鹤　张南　娄海涛　王迪菲　潘卫国
证 书 号：第 2173794 号
专 利 号：ZL 2011 1 0023315.4
专利申请日：2011 年 01 月 20 日
专 利 权 人：北京联合大学
授权公告日：2016 年 08 月 17 日

摘要：

本发明涉及一种基于局部语义概念的国画图像识别方法，包括以下步骤：

（1）利用扫描设备对待识别的国画作品进行图像采集，并存入计算机中；

（2）通过随机抽取器将采集到的国画作品图像分成训练样本集和测试样本集；

（3）通过视觉注意力模型分别提取训练样本集和测试样本集内国画作品图像中的显著区域图像；

（4）对训练样本集内的国画作品图像和相应的显著区域图像，建立国画作品图像词包模型；

（5）根据词包模型空间金字塔模型，并生成相应的两个空间金字塔特征直方图；

（6）采用串行合并的方法对步骤 5 中生成的两个空间金字塔特征直方图进行融合；

（7）利用聚类方法、K 近邻法、神经网络和支持向量机方法中的一种以上分类方法对测试样本集中待识别的国画图像进行识别，用识别准确率和混淆矩阵的方式输出识别结构。

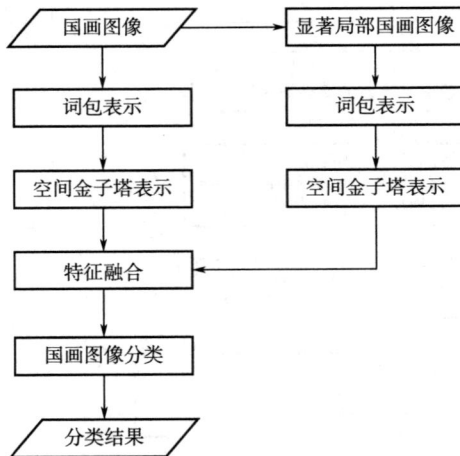

```
┌──────────────┐        ┌──────────────────┐
│   国画图像    │───────▶│  显著局部国画图像  │
└──────────────┘        └──────────────────┘
        │                        │
        ▼                        ▼
┌──────────────┐        ┌──────────────────┐
│   词包表示    │        │     词包表示      │
└──────────────┘        └──────────────────┘
        │                        │
        ▼                        ▼
┌──────────────┐        ┌──────────────────┐
│ 空间金子塔表示 │        │  空间金子塔表示   │
└──────────────┘        └──────────────────┘
        │                        │
        ▼                        │
┌──────────────┐                 │
│   特征融合    │◀────────────────┘
└──────────────┘
        │
        ▼
┌──────────────┐
│  国画图像分类  │
└──────────────┘
        │
        ▼
  ╱──────────╲
 ╱  分类结果   ╲
 ╲           ╱
  ╲─────────╱
```

曲形导槽无阀压电泵

发　明　人：夏齐霄　卢振洋　雷红　刘欢
证　书　号：第 2204010 号
专　利　号：ZL 2014 1 0535431.8
专利申请日：2014 年 10 月 11 日
专 利 权 人：北京联合大学
授权公告日：2016 年 03 月 24 日

摘要：

曲形导槽无阀压电泵属于流体机械领域。两个圆形压电振子相同极性的面相对安装在泵体上，泵体由侧面的通孔连接到曲形导槽上。曲形导槽由矩形截面管和其中的外侧曲面和内侧曲面构成，内侧和外侧是以相对于泵体的位置而言；外侧曲面与矩形截面管构成外侧曲斗；内侧曲面与矩形截面管构成内侧曲斗；外侧曲面和内侧曲面为二次抛物面。内侧曲斗与外侧曲斗在曲形导槽的分界线两侧均匀交错排列。图 1 为曲形导槽无阀压电泵装配图主视图，图 2 为曲形导槽。

本发明使用曲形导槽实现了流体的单向流动，可应用在制药、医疗等领域。

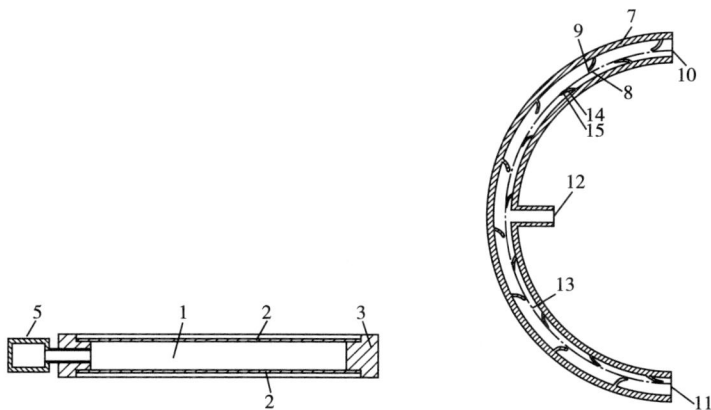

图 1　　　　　　　　　　　　图 2

1—泵腔　2—两个压电振子　3—泵体　5—曲形导槽　7—矩形截面管　8—外侧曲面　9—外层曲斗
10—第一出入口　11—第二出入口　12—第三出入口　13—分界线　14—内侧曲面　15—外侧曲斗

弧形分段等径管无阀压电泵

发 明 人：夏齐霄　卢振洋　雷红　刘欢
证 书 号：第 2203934 号
专 利 号：ZL 2014 1 0534715.5
专利申请日：2014 年 10 月 11 日
专 利 权 人：北京联合大学
授权公告日：2016 年 08 月 24 日

摘要：

弧形分段等径管无阀压电泵属于流体机械领域。弧形分段等径管无阀压电泵，其特征在于：两个圆形压电振子相同极性的面相对安装在泵体上，两个圆形压电振子之间的腔体为泵腔，泵体由侧面的通孔连接到弧形分段等径管上。弧形分段等径管由数段管径不同的圆弧管依管径大小依次排序，以圆弧管中心线共线的方式联接而成；弧形分段等径管有 3 个流体出入口，其中第一出入口和第二出入口与外界管路联接，第三出入口与泵体上的通孔联接。图 1 为弧形分段等径管无阀压电泵装配图主视图，图 2 为弧形分段等径管。

本发明使用弧形分段等径管实现了流体的单向流动，在微机电系统中具有广泛的潜在用途。

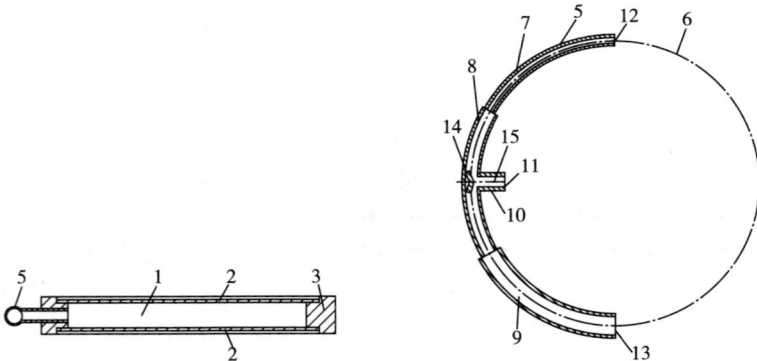

图 1

图 2

1—泵腔　2—两个圆形压电振子　3—泵体　5—弧形分段等径管　6—圆弧管中心线
7—第一圆弧管　8—第二圆弧管　9—第三圆弧管　10—连接管　11—第三出入口
12—第一出入口　13—第二出入口　14V 形分流板　15—轴线

旁轴串列管无阀压电泵

发　明　人：卢振洋　夏齐霄　田娥　刘欢
证　书　号：第 2203911 号
专　利　号：ZL 2014 1 0533051.0
专利申请日：2014 年 10 月 11 日
专 利 权 人：北京联合大学
授权公告日：2016 年 08 月 24 日

摘要：

旁轴串列管无阀压电泵属于流体机械领域。其特征在于：两个圆形压电振子相同极性的面相对安装在泵体上，两个圆形压电振子之间的腔体为泵腔，泵体由侧面的通孔连接到旁轴串列管流管上；旁轴串列管流管由数段直径不等的圆柱形管按照直径大小次序串联而成，以轴线共面，且母线重合的方式联接，在旁轴串列管流管中部垂直于轴线安装圆柱形联接管；圆柱形联接管与泵体的侧面通孔相连接；旁轴串列管流管的大端口和小端口与外界管路联接。如图所示为泵体的主视图和俯视图。

本发明使用旁轴串列管流管实现了仅用一个导流管就可使流体产生单向流动，在微机电系统中具有广泛的用途。

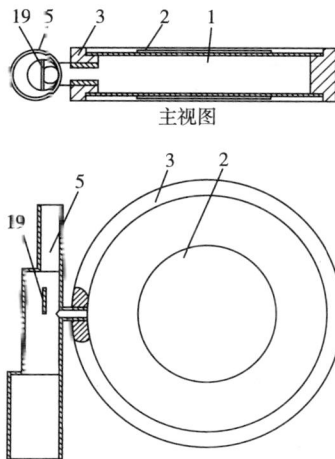

主视图

1—泵腔　2—两个圆形压电振子　3—泵体　5—旁轴串列管流管　　19—导流板

一种基于 FAST 的人群异常行为识别方法

发 明 人：鲍泓　刘宏哲　徐成　张璐璐　赵文仙
证 书 号：第 2231609 号
专 利 号：ZL 2013 1 0437367.5
专利申请日：2013 年 09 月 22 日
专 利 权 人：北京联合大学
授权公告日：2016 年 09 月 07 日

摘要：

本发明属于计算机视觉领域，公开了一种基于 FAST 的人群异常行为识别方法，包括：将视频流图像转换为图片数据；对图像进行增强预处理；建立混合高斯背景模型；进行 FAST 角点检测；计算角点协方差矩阵，根据矩阵行列式的值 I 得到人群面积变化曲线 S；将每一个 I 值及曲线 S 上与该 I 值对应的斜率值构成的特征向量输入支持向量机中，进行人群行为分析和模型训练得到人群行为预测值 P；根据 P 值得到人群行为结果，并对人群的异常行为进行分类识别。

本发明针对传统方法的不足，将人群角点特征作为一个整体的特征来研究不同人群情况，通过协方差矩阵的计算，建立人群行为模型，得到不同人群的行为情况。可用于安防监控、资源管理等领域。

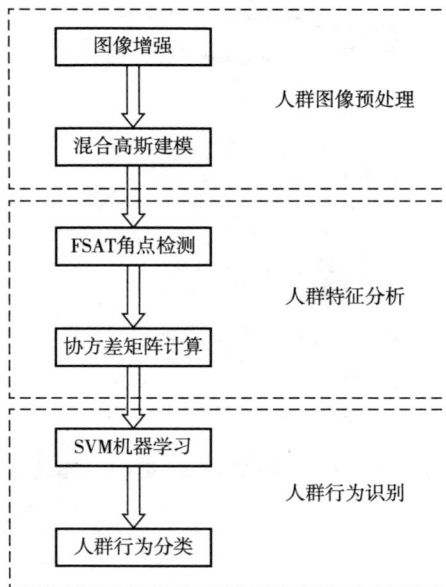

```
┌──────────────────────────────────────────────────┐
│   ┌──────────────┐                                 │
│   │   图像增强    │          人群图像预处理         │
│   └──────┬───────┘                                 │
│          ↓                                         │
│   ┌──────────────┐                                 │
│   │  混合高斯建模 │                                 │
│   └──────┬───────┘                                 │
└──────────┼─────────────────────────────────────────┘
┌──────────┼─────────────────────────────────────────┐
│          ↓                                         │
│   ┌──────────────┐                                 │
│   │ FSAT角点检测  │          人群特征分析           │
│   └──────┬───────┘                                 │
│          ↓                                         │
│   ┌──────────────┐                                 │
│   │ 协方差矩阵计算│                                 │
│   └──────┬───────┘                                 │
└──────────┼─────────────────────────────────────────┘
┌──────────┼─────────────────────────────────────────┐
│          ↓                                         │
│   ┌──────────────┐                                 │
│   │  SVM机器学习  │          人群行为识别           │
│   └──────┬───────┘                                 │
│          ↓                                         │
│   ┌──────────────┐                                 │
│   │  人群行为分类 │                                 │
│   └──────────────┘                                 │
└────────────────────────────────────────────────────┘
```

一种基于网络化虚拟仪器的传感检测实验方法

发 明 人：张军 刘元盛 薛琳 杨萍 王燕妮
证 书 号：第 2282785 号
专 利 号：ZL 2014 1 0126175.7
专利申请日：2014 年 03 月 31 日
专 利 权 人：北京联合大学
授权公告日：2016 年 10 月 26 日

摘要：

本发明涉及一种基于网络化虚拟仪器的传感检测实验方法，属于传感检测实验应用技术领域。本实验方法基于网络化虚拟仪器的传感检测系统，该系统包括系统硬件搭接与软件构架。

本方法可以实现对传感实验箱及实验仪器远程控制和实时检测，可以远程为实验者提供真实实验室环境，提高了实验设备的使用率和实验室利用率；同时，本发明能够解决网络化虚拟仪器应用的一些关键技术，并为诸多高校师生提供一个专业、高效的新型教育和学习传感检测的实验平台，解决了学生实践难的问题和优质资源的共享问题，对于探讨和解决高校实验资源不均衡等问题进行有益的探索。

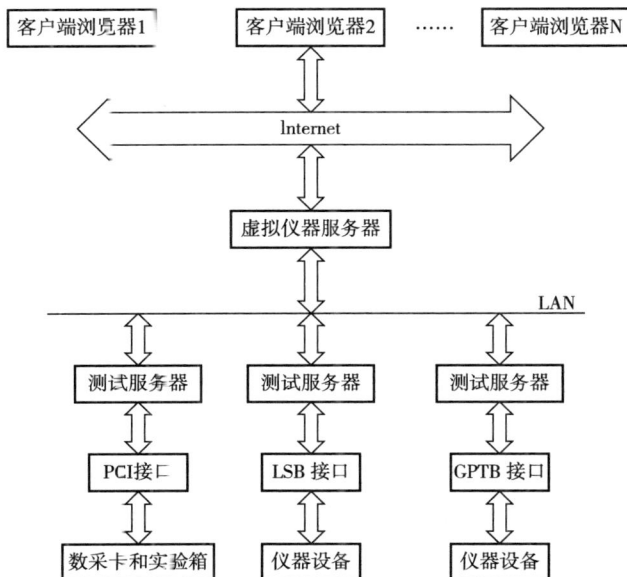

一种具有抗氧化活性的
类球红细菌提取液及其制备方法

发　明　人：李祖明　安君　惠博棣　高丽萍　白志辉　王栋　杨卫东
证　书　号：第 2290815 号
专　利　号：ZL 2014 1 0332409.3
专利申请日：2014 年 07 月 11 日
专 利 权 人：北京联合大学
授权公告日：2016 年 11 月 09 日

摘要：

一种具有抗氧化活性的类球红细菌提取液及其制备方法，属于类球红细菌提取液技术领域。提取液中包括类胡萝卜素或辅酶 Q10 或超氧化物歧化酶（SOD）包括以下步骤：菌种活化、类球红细菌发酵、类球红细菌离心分离、类球红细菌提取液制备。

本发明制备的类球红细菌提取液具有开创性的意义。

一种苯、甲苯和乙苯的交叉敏感材料

发　明　人：周考文　谷春秀　范慧珍　雷殿

证　书　号：第 2297200 号

专　利　号：ZL 2015 1 0186025. X

专利申请日：2015 年 04 月 20 日

专利权人：北京联合大学

授权公告日：2016 年 11 月 23 日

摘要：

一种苯、甲苯和乙苯的交叉敏感材料，是由石墨烯负载的 Au、Bi_2O_3、MgO 和 Y_2O_3 组成的纳米复合粉体材料。其制备方法是将天然鳞片石墨加入浓硫酸中，搅拌后，加入硝酸钠和高锰酸钾，升温并加入过氧化氢，再升温、搅拌、抽滤、水洗后，分散于盐酸溶液中，加入氯金酸、铋盐、镁盐、钇盐和异柠檬酸，搅拌后加入水合肼还原，然后用氨水调节 pH 酸碱度，得到沉定经过滤、干燥、研磨、焙烧后，得到石墨烯负载的由金原子掺杂的 Bi_2O_3、MgO 和 Y_2O_3 组成的复合粉体材料。

使用本发明所提供的交叉敏感材料制作的气体传感器，可以在现场快速、准确测定空气中的微量苯，甲苯和乙苯而不受常见共存物的干扰。

一种基于轮廓和色彩
相似对称分布特征的行人检测方法

发　明　人：鲍泓　田仙仙　徐成　张璐璐

证　书　号：第 2299231 号
专　利　号：ZL 2013 1 0481275.7
专 利 申 请 日：2013 年 10 月 15 日
专 利 权 人：北京联合大学
授 权 公 告 日：2016 年 11 月 30 日

摘要：

　　本发明属于计算机视觉领域，公开了一种基于轮廓和色彩相似对称分布特征的行人检测方法。包括：输入被检测行人图像，并转换为图片数据；对图像进行滑窗扫描；选择训练样本；提取训练样本的轮廓 HOG 特征和色彩相似对称分布特征 LVHCSSF 特征；将提取的特征保存到特征向量中，输入线性支持向量机训练得到 SVM 分类器；提取扫描窗口图像的 HOG 和 LVHCSSF 特征并输入 SVM 分类器，得到输出分类结果，即行人和非行人；进行窗口融合；将融合结果显示在图像上，实现行人定位。

　　本发明将 HOG 与 LVHCSSF 特征相结合应用于行人检测，降低了特征的维度及其计算量，提高了计算速度、识别效果和检测率。

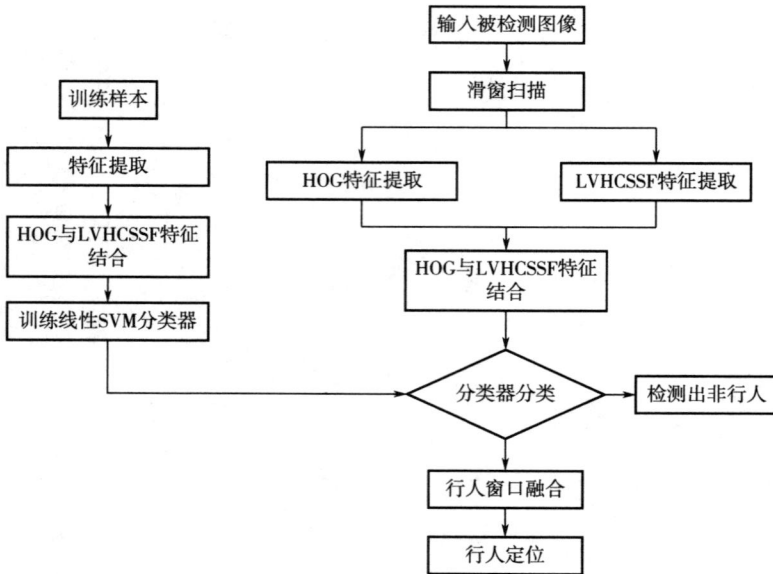

一种齿轮的修形设计方法及用该方法制造的齿轮

发　明　人：雷保珍　杨继平　王训伟　杨志勤
证　书　号：第 2303350 号
专　利　号：ZL 2013 1 0269712.9
专利申请日：2013 年 06 月 30 日
专 利 权 人：北京联合大学
授权公告日：2016 年 11 月 30 日

摘要：

一种齿轮的修形设计方法，获取第一齿轮的齿面离散数据，第一齿轮不修形，根据反求第二齿轮的齿面离散数据，进行修形设计；修形设计具体为先得到瞬时接线，原则为把啮合转角相同的点作为一条瞬时接触线的点；然后选择瞬时接触线中的一条 l_c，作为确定初始接触轨迹线平面的定位瞬时接触线，由该瞬时接触线上三个点确定了接触轨迹线初始平面；第二齿轮沿瞬时接触线修形或者沿接触轨迹线上的点修形或者同时修形；根据第二齿轮的齿面修形离散数据点，对齿面离散数据进行拟合，并建立第二齿轮的实体模型；使用通用数控机床加工修形第二齿轮。

该方法摆脱了机床加工参数的限制，直接面向齿面几何形状，可以基于功能需求。

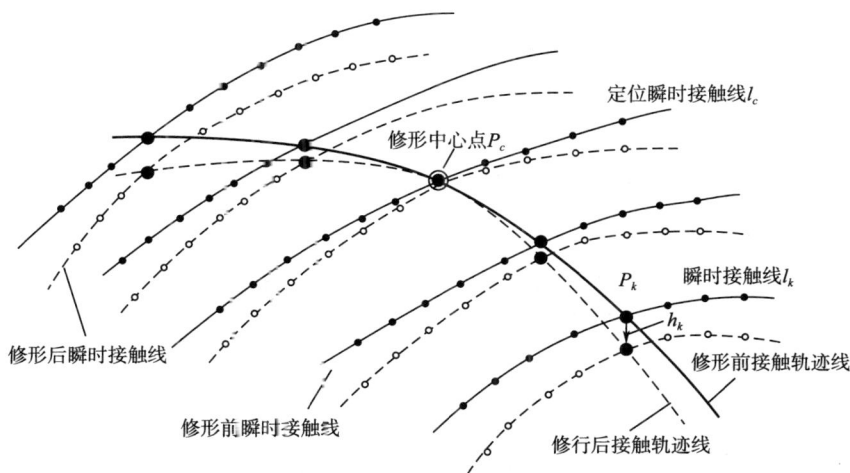

无人驾驶汽车的
GPS 导航地图精确匹配系统及其操作方法

发　明　人：袁家政　黄静华　刘宏哲　周成
证　书　号：第 2307987 号
专　利　号：ZL 2014 1 0202876.4
专利申请日：2014 年 05 月 14 日
专　利　权　人：北京联合大学
授权公告日：2016 年 12 月 07 日

摘要：

本发明涉及无人驾驶汽车的 GPS 导航地图精确匹配和系统。所述地图精确匹配方法包括：获取道路信息；确定起始点；获取车辆定位信息；信息的匹配与筛选；重复前面所述步骤，直到匹配成功。

本发明可以将导航误差缩小到两米及以内，超过两米时及时调整，极大地降低了导航误差。

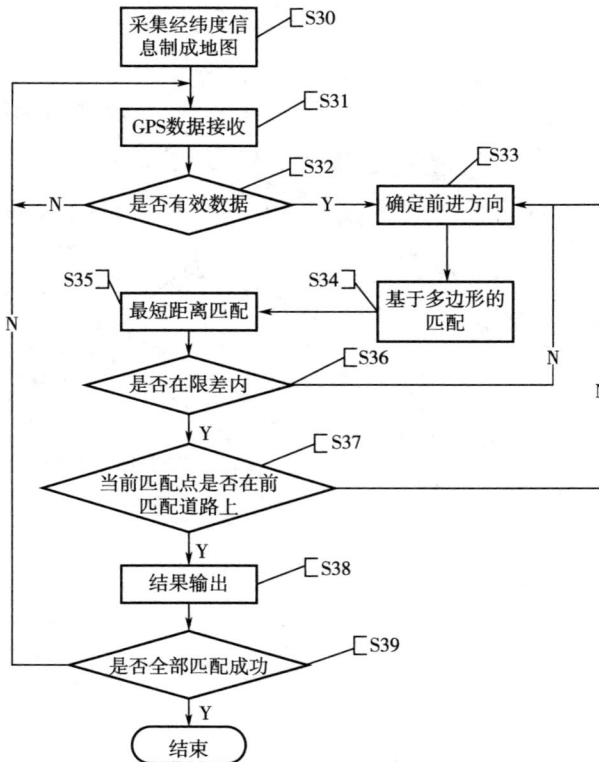

实用新型专利

便携式推拿手法语音测力仪

发　明　人：刘东明　张琳　吴凡　邱兆熊
证　书　号：第 5212097 号
专　利　号：ZL 2015 2 0882517. 8
专利申请日：2015 年 11 月 06 日
专 利 权 人：北京联合大学
授权公告日：2016 年 05 月 18 日

摘要：

本实用新型公开了一种便携式推拿手法语音测力仪，包括手持部件、传感装置、按摩力承接装置和控制装置，按摩力承接装置包括按摩力承接层及位于摩力承接层下部的亚克力板，按摩力承接层采用仿人体皮肤的硅胶材料制备而成，按摩力作用于仿人体反肤的硅胶材料制成的按摩力承接层，再通过亚克力板集中传送至传感装置，将仿人体皮肤的硅胶材料所接受的力转换成传感器的形变量，最后通过信号处理集成电路的处理，输出信号至数码管显示屏及扬声器。

本实用新型的便携式推拿手法语音测力仪体积小、重量轻，便于携带。

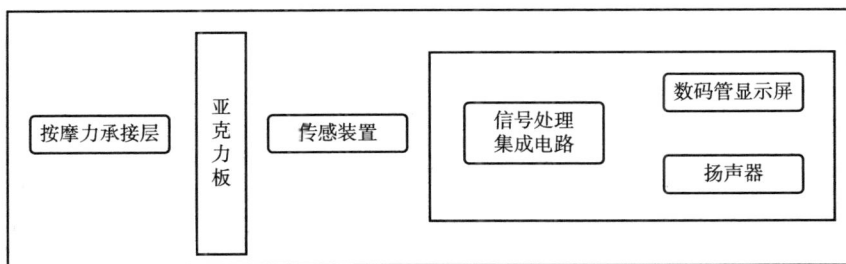

一种用于胶囊的中药熏蒸仪

发　明　人：熊慧敏　张琳
证　书　号：第 5446271 号
专　利　号：ZL 2016 2 0043088. X
专利申请日：2016 年 01 月 18 日
专 利 权 人：北京联合大学
授权公告日：2016 年 08 月 17 日

摘要：

一种用于胶囊的中药熏蒸仪，属于医用保健仪器领域。包括用于加热的锅体或罐体、熏蒸仪上盖，进一步熏蒸仪上盖盖在加热的锅体口或罐体口上，其特征在于，熏蒸仪上盖上还设有独立的药囊凹槽结构，凹槽底部设计可开关结构，药囊凹槽结构能够容纳多个待投入的药囊，可根据不同需要投放药囊，能够通过手动或自动程序能够每次投放一个药囊，自动统计投药量，以确保达到治疗需求的有效浓度。

本实用新型解决了传统熏蒸仪器不能精确控制用药量的问题，多功能熏蒸仪器配合研发的中药药囊（将药浓缩到胶囊中得到浓缩式胶囊结构）。提供了更适合没有进过专业技术培训的普通大众使用，视力障碍的人群均可使用。

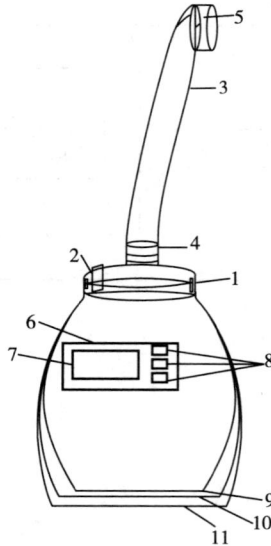

1—熏蒸仪上盖　2—药囊凹槽结构　3—导气管　4—旋盖　5—手调总阀门　6—液晶操作屏
7—液晶显示屏　8—液晶操作模式屏 9—锅体或罐体内层　10—锅体或罐体的中层　11—锅体或罐体外层

一种外用多功能中药熏蒸仪

发 明 人：张琳　熊慧敏
证 书 号：第 5447624 号
专 利 号：ZL 2016 2 0043087.5
专利申请日：2016 年 01 月 18 日
专 利 权 人：北京联合大学
授权公告日：2016 年 08 月 17 日

摘要：

一种外用多功能中药熏蒸仪，属于医用保健仪器领域。加热的锅体或罐体采用三层结构，最内层为钢化内胆加热器，中间层为保温层，最外层为隔热层。熏蒸仪上盖通过开口与导气管连接，导气管与多种外端接口相连接，通过外端接口直接贴合人体不同的病患部位。熏蒸仪上导气管的末端设有手调总阀门，手调总阀门包括上下叠加在一起的两个半圆结构，其中一个半圆结构可绕圆中心相对另一半圆结构旋转，从而使两个半圆结构之间留有的可通气的空隙大小可调。

熏蒸仪上盖上还设有独立的药囊凹槽结构，凹槽底部设计可开关结构，药囊凹槽结构能够容纳多个待投入的药囊，通过手动或自动程序能够每次投放一个药囊。能精确定位患处，精确实施温控、避免烫伤。

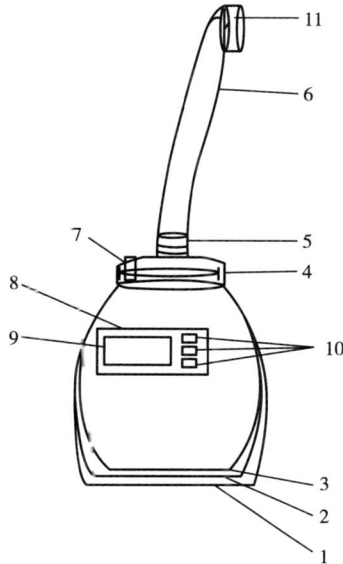

1—锅体或罐体外层　2—锅体或罐体的中间层　3—锅体或罐体内层　4—熏蒸仪上盖　5—旋盖
6—导气管　7—药囊凹槽结构　8—液晶操作屏　9—液晶显示屏　10—液晶操作模式屏　11—手调总阀门

两台电视机共用一个机顶盒的控制系统

发 明 人：田文杰

证 书 号：第 5529654 号
专 利 号：ZL 2016 2 0135925.1
专利申请日：2016 年 02 月 23 日
专 利 权 人：北京联合大学
授权公告日：2016 年 09 月 07 日

摘要：

本实用新型公开了一种可实现两台电视机共用一个机顶盒的控制系统，其解决了目前许多家庭拥有多台电视机所面临的浪费问题。此控制系统包括高清信号分配器、遥控式电源插座、机顶盒，其中：两台电视机、高清信号分配器、机顶盒的电源接口各自与遥控式电源插座上的相应电源插孔连接，机顶盒的数字信号接口与外部信号源的信号输送接口连接，机顶盒的高清信号输出接口经由高清信号分配器与两台电视机的电视信号输入接口连接，遥控式电源插座配有控制各电源插孔通电与否的遥控器。

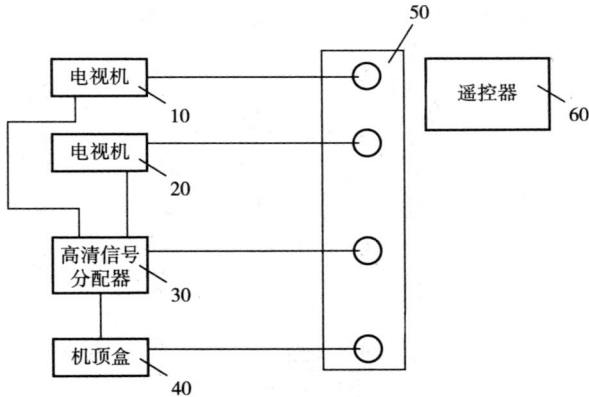

一种多功能配电箱

发　明　人：耿瑞芳　　索敬光

证　书　号：第 5559965 号

专　利　号：ZL 2015 2 0300419.3

专利申请日：2016 年 04 月 12 日

专 利 权 人：北京联合大学

授权公告日：2015 年 09 月 21 日

摘要：

　　本实用新型涉及一种多功能配电箱，包括箱体，所述箱体上设置交流电输入端和交流电输出端，所述交流电输入端经开关设备、保护电器和辅助设备与所述交流电输出端连接，所述箱体上设置直流电输出端，所述交流电输入端经整流滤波调压装置与所述直流电输出端连接，所述整流滤波调压装置包括全波整流电路、电源滤波电路及调压电路。

　　本实用新型可以分配工频交流电能和将交流电转换成直流电并分配输出直流电，可提高交流电的利用效率，节省电能。

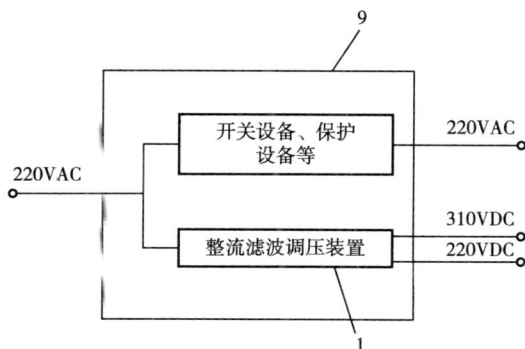

1—整流滤波调压装置　9—箱体

基于单片机控制的隔离型积分电路

发　明　人：田文杰
证　书　号：第 5559319 号
专　利　号：ZL 2016 2 0135941.0
专利申请日：2016 年 02 月 23 日
专利权人：北京联合大学
授权公告日：2016 年 09 月 21 日

摘要：

本实用新型公开了一种基于单片机控制的隔离型积分电路，它包括积分电路，积分电路的输入端口经由线性光电隔离电路、D/A 转换电路与单片机电路的信号传输端口连接，键盘显示电路的信号端口与单片机电路的键盘信号端口连接。

本实用新型实现了一种具有隔离功能，且斜率和方向都可连续调节的积分电路，其可将学校中的电子技术课程的积分电路实验与单片机课程的单片机实验有效地结合起来，大大提高实验设备的利用率，使学生们通过实验来巩固前后所学的知识，满足培养学生综合设计能力的需求。

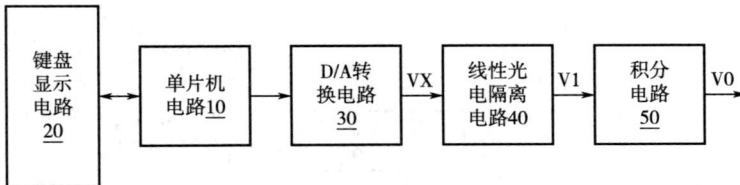

便携式瓦斯超限监测器

发　明　人：金祎　王利军
证　书　号：第 5698362 号
专　利　号：ZL 2016 2 0362735.3
专利申请日：2016 年 04 月 27 日
专利权人：北京联合大学
授权公告日：2016 年 11 月 23 日

摘要：

本实用新型涉及便携式瓦斯超限监测器，包括电源电路、气敏检测器、比较电路、多谐振荡电路和声光指示电路，所述声光指示电路包括声音指示电路和灯光指示电路，所述电源电路的两端分别与所述气敏检测器、比较电路、多谐振荡电路和声光指示电路相连接，所述气敏检测器与所述比较电路相连接，所述比较电路分别与所述多谐振荡电路和声光指示电路相连接，所述灯光指示电路包括发光二极管 D 和限流电阻 R3。

本实用新型与现有技术相比的有益效果是：利用气敏传感器检测瓦斯的含量并转换成电压的变化，然后通过比较器来控制声光报警电路，当监测到有瓦斯或瓦斯含量较高时，即时提示使用者采取措施。优化了灯光指示电路，既简化了电路设计又改善了经济性。

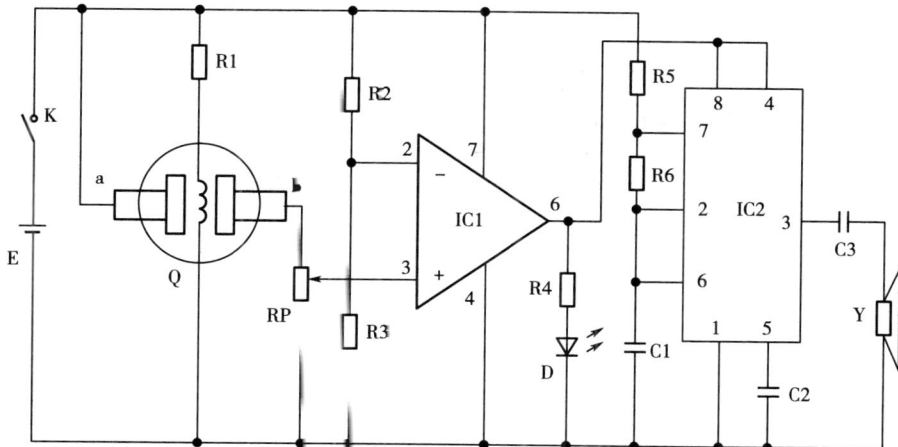

一种近距离工作喷枪的保护装置

发　明　人：任晓耕
证　书　号：第 5723745 号
专　利　号：ZL 2016 2 0409366.9
专利申请日：2016 年 05 月 09 日
专 利 权 人：北京联合大学
授权公告日：2016 年 11 月 30 日

摘要：

本实用新型涉及一种近距离工作喷枪的保护装置，包括喷枪，所述喷枪的外部设置一个套筒，所述喷枪与所述套筒之间设有复位弹簧；所述套筒通过固定环与丝杠进给机构连接，所述套筒上设有检测喷枪回退的接近开关，所述接近开关与控制电路连接，所述控制电路与所述丝杠进给机构连接。

本实用新型可以在喷枪与喷涂对象或其他物体发生碰触时，停止推进喷枪并带动喷枪回退到安全位置，避免喷枪的损坏。

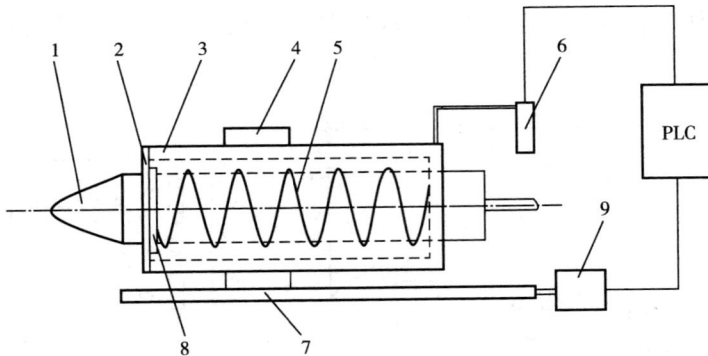

1—喷枪　2—套筒盖　3—套筒　4—固定环　5—复位弹簧　6—开关
7—丝杠进给机构　8—止挡环　9—伺服电机

饲料草垛温湿度一体化检测系统

发　明　人：阮和平　邹明刚　杨芳　李万韬　朱琳　薛巧玲
证　书　号：第 5742264 号
专　利　号：ZL 2016 2 0478188.5
专利申请日：2016 年 05 月 24 日
专 利 权 人：北京联合大学
授权公告日：2016 年 12 月 07 日

摘要：

本实用新型涉及一种饲料草垛温湿度一体化检测系统，包括检测电极和电极固定装置，所述检测电极为第一探针和第二探针；所述电极固定装置包括石膏和环氧树脂块，第一探针和第二探针穿过石膏和环氧树脂块，形成电阻块来解决草垛与探针电极接触电阻大的问题。第一探针和第二探针用导线引出，测量两个电极间的电阻，从而计算得到草垛的含水率，测量结果通过无线传输的方式发送给计算机进行监控。

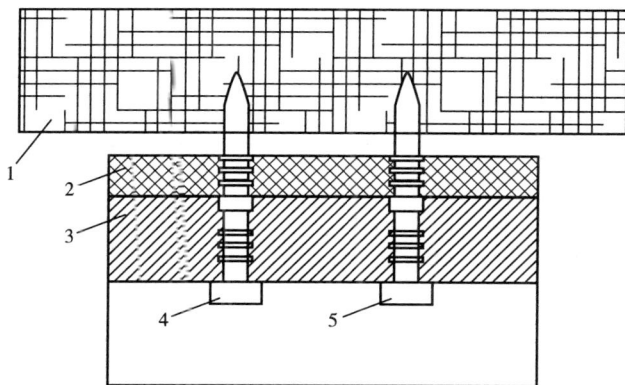

1—草垛　2—石膏　3—环氧树脂块　4—第一探针　5—第二探针

遥控调速电动车

发　明　人：耿瑞芳
证　书　号：第 5763176 号
专　利　号：ZL 2015 2 0981355.3
专利申请日：2015 年 12 月 01 日
专　利　权　人：北京联合大学
授权公告日：2016 年 12 月 07 日

摘要：

本实用新型是遥控调速电动车。一种遥控调速电动车的遥控电路包括遥控发射器电路和遥控接收器电路，其特征是在遥控发射器电路中设置了脉冲宽度调制 PWM 电路，PWM 脉冲信号输出端与光耦输入端相连，光耦输出端与遥控发射器电源线路相连或与遥控发射器红外发光二极管的控制线路相连，PWM 脉冲信号对遥控发射器的高频信号进行调制，调制后的已调波信号作为遥控发射器发射的控制信号。

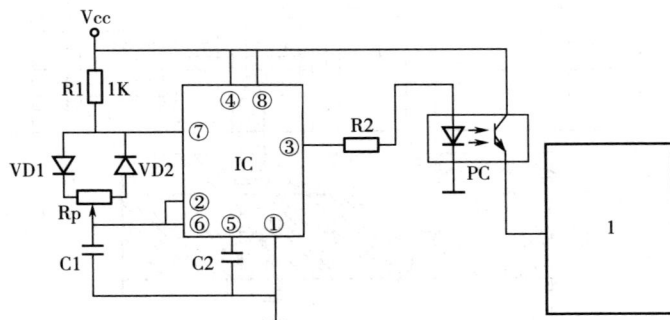

一种电脑显示屏的升降装置

发 明 人：于海兰　陈惠荣　董玉梅
证 书 号：第 5773277 号
专 利 号：ZL 2016 2 0469035.4
专利申请日：2016 年 05 月 20 日
专 利 权 人：北京联合大学
授权公告日：2016 年 12 月 14 日

摘要：

本实用新型涉及一种电脑显示屏的升降装置，有一个箱式柜体，所述箱式柜体的底部转动设有双向螺杆，所述双向螺杆上设置左旋螺纹和右旋螺纹；所述左旋螺纹上连接左旋螺母，所述右旋螺纹上连接右旋螺母；所述双向螺杆的外侧设置下滑架，所述左旋螺母与所述下滑架的左部滑动连接，所述右旋螺母与所述下滑架的右部滑动连接；所述箱式柜体的中部设置双层剪叉架，所述双层剪叉架的底部分别与所述左旋螺母和所述右旋螺母铰接；所述双层剪叉架的顶部与托板的底部滑动连接。

本实用新型由手动操空，无需电源，使用方便环保；采用双向螺杆驱动和双层剪叉架结构，可使电脑显示屏快速升降。

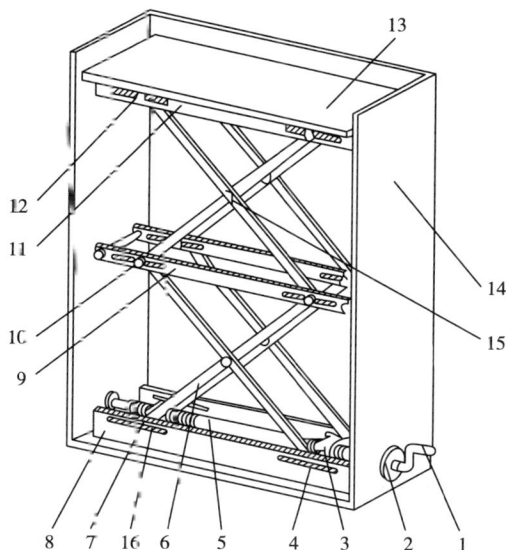

1—摇把　2 两个轴套　3—右旋螺母　4—两个半轴　5—双向螺杆
6—双层剪叉架　7—左旋螺母　8—下滑架　9—中滑架　10—铰轴
11—上滑架　12—销轴　13—托板　14—箱式柜体　15—销轴　16—第一滑槽

带负重自锁装置的辅助步态训练器

发　明　人：何林青

证　书　号：第 5771943 号
专　利　号：ZL 2016 2 0385167.9
专利申请日：2016 年 04 月 29 日
专利权人：北京联合大学
授权公告日：2016 年 12 月 14 日

摘要：

本实用新型提供一种带负重自锁装置的辅助步态训练器，它包含：主体部分，该主体部分由台面、支撑杆和底架组成，该台面和该底架通过该支撑杆连接；行走部分，该行走部分由弹性装置与滚轮组成，该滚轮通过该弹性装置可伸缩地与该底架的底侧连接；自锁部分，该自锁部分由吸盘和吸盘连接架组成，该吸盘通过该吸盘连接架与该主体部分固定，所述吸盘的底面与该滚轮的底面之间具有距离。

在使用时，患者在突发状态下，依靠自身体重能够使步态训练器立刻自锁停止运动，防止摔倒，从而有效地保障了患者进行步行、平衡、站立等运动能力训练的安全。

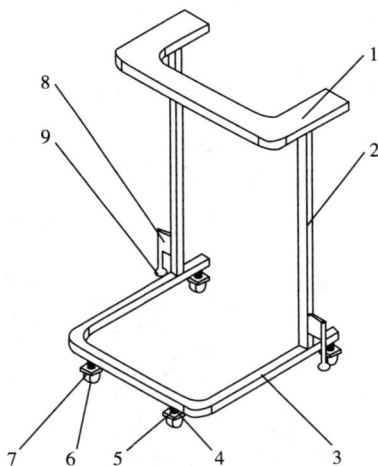

1—台面　2—支撑杆　3—底架　4—弹性元件　5—弹性元件支撑杆
6—弹性元件支撑板　7—滚轮　8—吸盘连接架　9—吸盘

一种 DC/DC 模块的低压供电电路、检测设备

发　明　人：杭和平　杨锋　邵明刚　李万韬　胡熏
证　书　号：第 5818857 号
专　利　号：ZL 2016 2 0555496.3
专利申请日：2016 年 06 月 08 日
专 利 权 人：北京联合大学
授权公告日：2016 年 12 月 28 日

摘要：

本实用新型涉及一种 DC/DC 模块的低压供电电路、检测设备，包括短路检测电路、防止回流电路、输出端口、检测端口，所述防止回流电路连接在所述输出端口和短路检测电路之间，所述输出端口连接所述 DC/DC 模块的输出端口，所述检测端口连接判断装置，根据检测端口检测的电平信息确定 DC/DC 模块对地短路故障，并通过提示装置进行提示。

电路简单可靠，有效保护模块输出电流的回流，同时，还具有短路故障检测的功能。

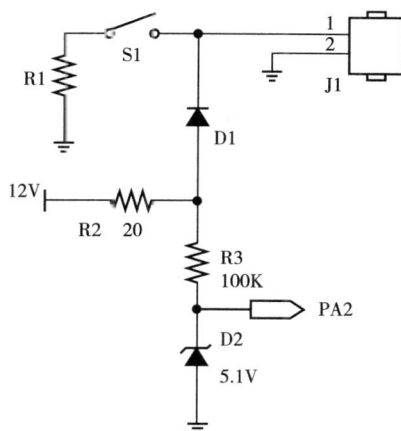

电动汽车充电机
检测系统中 CP 信号的产生电路及检测装置

发 明 人：杭和平　邵明刚　杨锋　胡熏　李万韬
证 书 号：第 5815647 号
专 利 号：ZL 2016 2 0538552.2
专利申请日：2016 年 06 月 06 日
专 利 权 人：北京联合大学
授权公告日：2016 年 12 月 28 日

摘要：

本实用新型公开了一种电动汽车充电机检测系统中 CP 信号的产生电路及检测装置，包括输入端口、输出端口、检测电路和过压过流保护电路，输入端口连接于电动汽车充电机的控制调节接口端 PWMO，输出端口连接电动汽车充电机的控制确认接口端 OBC_CP，检测电路和过压过流保护电路连接于输入端口与输出端口之间。

本实用新型的电动汽车充电机检测系统中 CP 信号的产生电路能模拟 CP 信号的产生，用于充电机模块的下线自动检测。

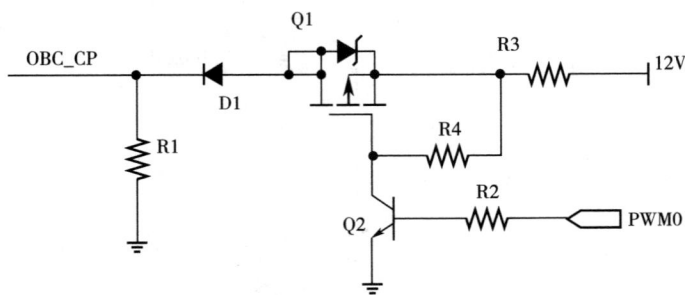

一种基于 arduino 和云模型控制的两轮自平衡小车

发 明 人：刘艳霞　柏鹏飞　陈燕青
证 书 号：第 5817474 号
专 利 号：ZL 2016 2 0369492. 6
专利申请日：2016 年 04 月 28 日
专 利 权 人：北京联合大学
授权公告日：2015 年 12 月 28 日

摘要：

本实用新型涉及一种基于 arduino 和云模型控制的两轮自平衡小车，包括主控模块、小车姿态获取模块以及小车动力模块，所述主控模块包括 arduino UNO R3 主控板和云模型控制器。本实用新型与现有技术相比的有益效果是：本实用新型提出了一种基于云模型控制的两轮自平衡小车，以 arduino 作为核心处理器，采用了自带卡尔曼滤波和姿态解算的 MPU6050 模块来测量小车倾斜角度，根据测量的光电传感器输出脉宽值计算实时速度，通过云模型控制算法调节小车左右电机加速度，从而使其保持平衡。

所述云模型控制算法是利用基于超熵的泛正态分布云模型替代了传统的 PID 精确控制，从而达到了更好的控制效果，也进一步提高了小车自平衡控制的抗干扰性。

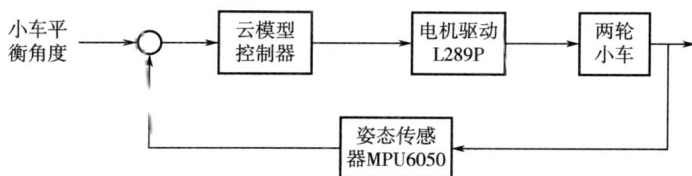

外观设计专利

杯子

设　计　人：邓亚楠
证　书　号：第 3644256 号
专　利　号：ZL 2015 3 0399101.6
专利申请日：2015 年 10 月 13 日
专利权人：北京联合大学
授权公告日：2016 年 04 月 06 日

摘要：

1. 本外观设计产品的名称：杯子。
2. 本外观设计产品的用途：供人喝水、喝咖啡、喝茶。
3. 本外观设计的设计要点：该产品的图案、形状。
4. 最能表明设计要点的图片或者照片：主视图。
5. 省略视图：仰视图不便拍摄，故省略仰视图。

主视图

右视图

后视图

俯视图

主视图

左视图

立体图

危险识别装置

设 计 人：张慧姝 隗思奇 徐雨晗 沈湘兹
证 书 号：第 3646753 号
专 利 号：ZL 2015 3 04-5290. 6
专利申请日：2015 年 11 月 10 日
专 利 权 人：北京联合大学
授权公告日：2016 年 04 月 13 彐

摘要：

1. 本外观设计产品的名称：危险识别装置。

2. 本外观设计产品的用途：本外观设计产品用于供听力障碍者通过声音识别周边危险情况。

3. 本外观设计产品的设计要点：整体外形。

4. 最能代表本外观设计产品的图：立体图 1。

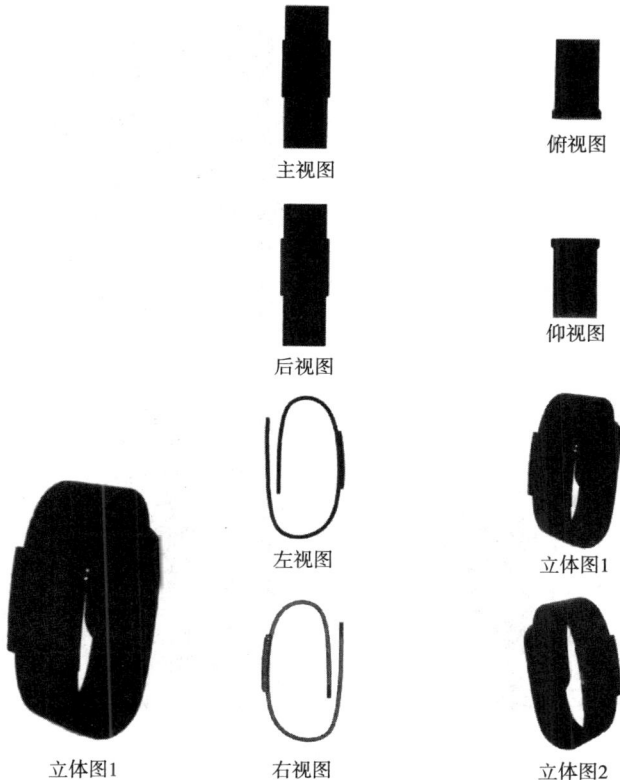

主视图

俯视图

后视图

仰视图

左视图

立体图1

立体图1

右视图

立体图2

民族 T 恤

设 计 人：邓亚楠
证 书 号：第 3653950 号
专 利 号：ZL 2015 3 0399102. 0
专利申请日：2015 年 10 月 13 日
专 利 权 人：北京联合大学
授权公告日：2016 年 04 月 20 日

摘要：

1. 本外观设计产品的名称：民族 T 恤。
2. 本外观设计产品的用途：供人穿着。
3. 本外观设计的设计要点：该产品的图案。
4. 最能表明设计要点的图片或者照片：主视图。
5. 省略视图：该产品为平面产品，故省略左视图、右视图、俯视图和仰视图。

主视图

主视图

后视图

包

设　计　人：邓亚楠

证　书　号：第 3633521 号

专　利　号：ZL 2015 3 0401793.3

专利申请日：2015 年 10 月 13 日

专 利 权 人：北京联合大学

授权公告日：2016 年 05 月 18 日

摘要：

1. 本外观设计产品的名称：包。

2. 本外观设计产品的用途：用于放置物品。

3. 本外观设计的设计要点：该产品的图案、形状。

4. 最能表明设计要点的图片或者照片：立体图。

主视图

俯视图

后视图

仰视图

左视图

立体图

立体图

右视图

第三部分

2017年专利

收录2017年北京联合大学获得国家知识产权局授权的专利80项，其中，发明专利58项、实用新型专利19项、外观设计专利3项。

发明专利

快递件自动收发装置

发　明　人：杨志成　张景胜　朱永林　耿瑞芳
证　书　号：第 2332790 号
专　利　号：ZL 2014 1 0830035.8
专利申请日：2014 年 12 月 26 日
专利权人：北京联合大学
授权公告日：2017 年 01 月 04 日

摘要：

本发明公开了一种快递件自动收发装置，包括壳体，壳体中的送检二维码扫描器、取件二维码扫描器、收发件机构、储物柜、PLC 控制器及上位机，收发件机构包括送件传送单元、升降单元、取件传送单元、推送机器手，送件传送单元包括送件传动电机、送件传送带等，升降单元包括升降架、升降电机等，PLC 控制器包括存储器，其用于存储储物柜柜体的位置信息、状态信息及盛有货物的柜体对应的二维码信息；送件传动电机、升降电机、取件传动电机的控制端均与 PLC 控制器的控制信号输出端相连接，PLC 控制器的数据输入/输出端与上位机相连接，上位机通过网络与发货商家的平台或服务器相连接。图 1 为壳体结构示意图，图 2 为收发件机构及储物柜的结构示意图。

本发明可有效提高送件效率，降低快递员的劳动强度。

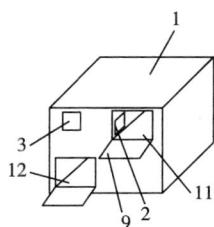

图 1

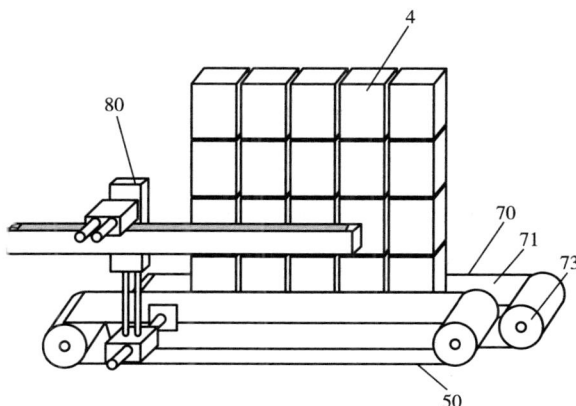

图 2

1—壳体　2—送件二维码扫描器　3—取件二维码扫描器　4—储物柜　9—支板
11—送件口　12—取件口　50—送件传送单元　70—取件传送单元
71—取件传送带　73—取件皮带轮　80—推送机器手

一种多功能升降桌

发　明　人：程光
证　书　号：第 2336677 号
专　利　号：ZL 2014 1 0777687. X
专利申请日：2014 年 12 月 17 日
专 利 权 人：北京联合大学
授权公告日：2017 年 01 月 04 日

摘要：

本发明涉及一种多功能升降桌子，包括安装在桌腿顶部的桌面、桌腿侧边的储物格室，其特征在于：所述桌腿上安装有升降调节装置，该升降调节装置包括安装在转动轴一端上的第一锥齿轮、安装桌腿内的丝杠；所述第一锥齿轮与安装在丝杠上的第二锥齿轮活动啮合；该升降桌的升降机构布局合理、操作简单、安全可靠。此外，该桌子的桌面可以按照需求进行调节角度，适用于多种场合，例如家庭、学校、画室等场所。

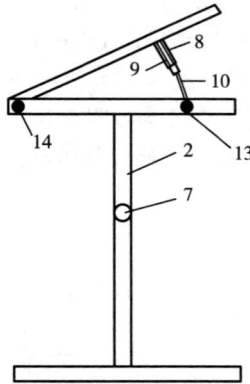

2—桌子面　7—盖体　8—套管　9—第一子管　10—第二子管　13—连接杆　14—横档

侧置抛物线锥流管无阀压电泵

发 明 人：卢振洋　夏齐霄　雷红　刘欢
证 书 号：第 233025□ 号
专 利 号：ZL 2014 1 0534693.2
专利申请日：2014 年 10 月 11 日
专 利 权 人：北京联合大学
授权公告日：2017 年 01 月 04 日

摘要：

侧置抛物线锥流管无阀压电泵属于流体机械领域。其特征在于：两个圆形压电振子相同极性的面相对安装在泵体上，两个圆形压电振子之间的腔体为泵腔，装泵体由侧面的通孔连接到抛物线锥流管上。抛物线锥流管为一以半侧的抛物线为母线，绕轴线旋转形成的锥形管；该半侧抛物线是以对称轴分界剖分的抛物线一半；还包括联接在抛物线锥流管中部的圆柱形管；抛物线锥流管的大端口和小端口分别与外界管路联接，圆柱形管通过出入口与泵体的侧面通孔相连接。本发明使用抛物线锥流管实现了仅用一个导流管就可使流体产生单向流动，在微机电系统中具有广泛的用途。图 1 为抛物线锥流管无阀压电泵装配图主观图，图 2 为抛物线锥流管零件图。

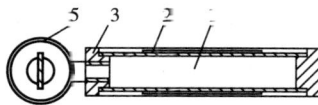

图 1

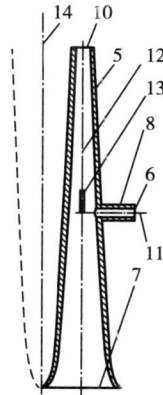

图 2

1—泵腔　2—两个圆形压电振子　3—小端口　5—抛物线锥流管　6—出入口　7—大端口
8—圆柱形管　10—小端口　11—轴线　12—轴线　13—导流板　14—对称轴

错心环形流管无阀压电泵

发　明　人：夏齐霄　卢振洋　雷红　刘欢
证　书　号：第 2331228 号
专　利　号：ZL 2014 1 0533056.3
专利申请日：2014 年 10 月 11 日
专利权人：北京联合大学
授权公告日：2017 年 01 月 04 日

摘要：

错心环形流管无阀压电泵属于流体机械领域。其特征在于：两个圆形压电振子相同极性的面相对安装在泵体上，两个圆形压电振子之间的腔体为泵腔，泵体由侧面的通孔连接到错心环形流管上；在错心环形流管的圆心 O_1 一侧的赤道线为圆弧形，在装配后与圆形泵腔同心于 O_1 且位于与压电振子平行并通过侧孔轴线的平面内；错心环形流管的外侧赤道线为圆弧线，也位于与平行于压电振子且通过侧孔的轴线的平面内，但圆心 O_2 在通过 O_1 点与轴线垂直的直线上，且与 O_1 有偏距 L；错心环形流管有 3 个流体出入口。图 1 为错心环形流管无阀压电泵装配图主视图，图 2 为错心环形流管。R1 为内侧赤道线 7 的半径，R2 外侧赤道线 6 的半径，$0<L<R2-R1$。

本发明仅用一个导流管实现了流体的单向流动，在微机电系统中具有广泛的潜在用途。

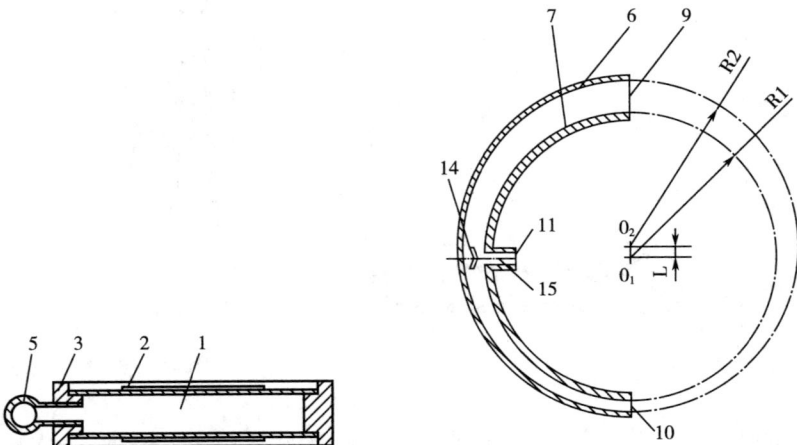

图 1　　　　　　　　　　　图 2

1—泵腔　2—两个圆形压电振子　3—泵体　5—错心环形流管　6—外侧赤道线

7—赤道线　9—第一出入口　11—第三出入口　14—V 形分流板　15—轴线

一种交联改性阳离子淀粉絮凝剂及其制备方法

发　明　人：程艳玲　张恩祥　于水波　郅天婵　吴茜
证　书　号：第 2336695 号
专　利　号：ZL 2014 1 0453838.6
专利申请日：2014 年 09 月 05 日
专 利 权 人：北京联合大学
授权公告日：2017 年 01 月 04 日

摘要：

一种交联改性阳离子淀粉絮凝剂及其制备方法，包括如下步骤：称取 3~5 重量份淀粉，放入结成冰的 1~2 重量份浓度为 2wt%~5wt% 的氢氧化钾水溶液冰块中，室温搅拌 5~10 分钟；加入 1~5 重量份 3,2-环氧丙基三甲基氯化铵阳离子化试剂，室温搅拌 45 分钟~1 小时，60~100℃水浴震荡 1~5 小时；加入 0.05~0.4 重量份的己二酸，室温搅拌 5~25 分钟，30~70℃水浴震荡 20 分钟~2 小时，抽滤，洗涤，干燥，即得阳离子淀粉絮凝剂。该方法制备的阳离子淀粉絮凝剂絮凝藻体团簇颗粒大，非常易于固液分离。该阳离子淀粉对微藻的采收率达到 65% 以上。

该制备方法工艺简单，反应时间较短，反应效率高，所得产品为白色粉末，易保存，无需后处理，无环境污染。

甲醛、甲醇和乙醇的催化氧化催化剂

发 明 人:周考文　范慧珍　谷春秀
证 书 号:第 2344512 号
专 利 号:ZL 2015 1 0345764.9
专利申请日:2015 年 06 月 23 日
专 利 权 人:北京联合大学
授权公告日:2017 年 01 月 11 日

摘要:

一种甲醛、甲醇和乙醇的催化氧化催化剂,是由石墨烯负载的 CeO_2、CuO 和 Fe_2O_3 组成的复合粉体材料。其制备方法是常温下将天然石墨加入浓硫酸中,搅拌后,加入磷酸二氢钠和高锰酸钾,升温并加入过氧化氢,反应后、抽滤、洗涤,并分散于盐酸水溶液中,加入铈盐、铜盐、铁盐和没食子酸,搅拌后加入水合肼,还原后,用浓氨水调节 pH 酸碱度,经静置、过滤、干燥、研磨、焙烧后,得到由石墨烯负载的 CeO_2、CuO 和 Fe_2O_3 组成的复合粉体材料。

使用本发明所提供的催化氧化催化剂制作的气体传感器,可以同时快速、准确测定空气中的微量甲醛、甲醇和乙醇而不受常见共存物的干扰。

一种车辆行进控制方法及系统

发 明 人： 刘佳 刘宏哲 钮文良 郑永荣 李鑫铭 马耀昌

证 书 号： 第2347017号

专 利 号： ZL 2014 1 0259608.6

专利申请日： 2014年06月12日

专 利 权 人： 北京联合大学

授权公告日： 2017年01月18日

摘要：

本发明公开了一种车辆行进控制方法及系统，涉及自动控制技术领域。从设置在车辆上不同位置处的摄像头实时获取多幅不同角度的车辆前方道路图像，处理后得到有效的车辆正前方道路图像，从其中识别出车道线信息，计算出当前车辆行进方向偏离应行进车道线的偏离角度和偏离距离，进而根据所述偏离角度和偏离距离控制车辆行进。能避免繁杂的公式算法，不但提高了效率，且可根据实际图像进行缺失信息的获取，进一步提高了准确性，使得方案简单高效、控制准确，不受到应用场景的限制，无论道路中车辆较多、并线等多发事件、道路不规范、车速较快等复杂情况下，都能很方便地获取到多个角度的图像，对多种场景适应性更强，更好地实现对车辆行进的自动控制。

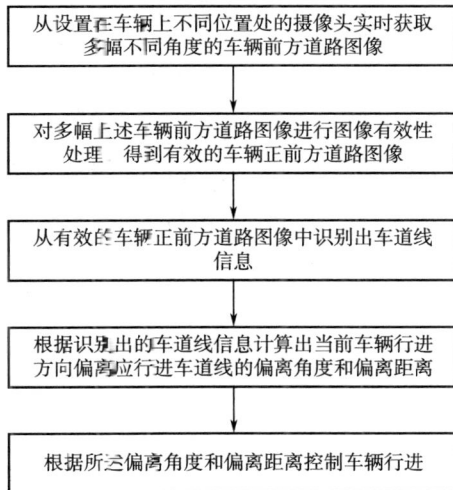

从设置在车辆上不同位置处的摄像头实时获取多幅不同角度的车辆前方道路图像

↓

对多幅上述车辆前方道路图像进行图像有效性处理 得到有效的车辆正前方道路图像

↓

从有效的车辆正前方道路图像中识别出车道线信息

↓

根据识别出的车道线信息计算出当前车辆行进方向偏离应行进车道线的偏离角度和偏离距离

↓

根据所述偏离角度和偏离距离控制车辆行进

一种机动车电子防盗辅助装置

发　明　人：田文杰
证　书　号：第 2359537 号
专　利　号：ZL 2015 1 0014721.2
专利申请日：2015 年 01 月 12 日
专 利 权 人：北京联合大学
授权公告日：2017 年 01 月 25 日

摘要：

本发明提供一种机动车电子防盗辅助装置，包括：蓝牙控制器和蓝牙开关，其特征在于，所述蓝牙控制器包括：四位数码管、两个指示灯、三个按键、蓝牙发送模块、电源模块 2 以及传感器驱动电路；反射式红外线传感器安装在蓝牙控制器的操作面板上；所述蓝牙开关包括：蓝牙接收模块、电源模块 1 以及继电器模块组成，蓝牙控制器和蓝牙开关通过蓝牙通信方式进行通信；消息收发采用 UDP 机制。

本发明装置结构简单、携带方便、操作简单，很容易应用于机动车的辅助防盗。

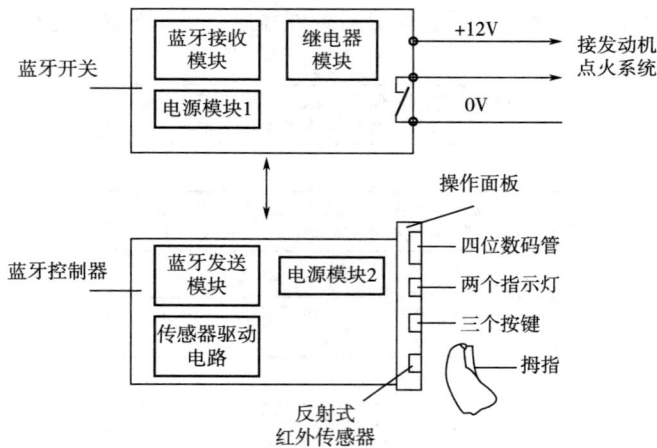

一种大规模 MIMO 系统的
联合信道估计方法与装置

发 明 人：李克 宋晓勤 汪森 佟婷婷 彭亚

证 书 号：第 2357691 号

专 利 号：ZL 2014 1 0140330.4

专利申请日：2014 年 04 月 10 日

专 利 权 人：北京联合大学

授权公告日：2017 年 01 月 25 日

摘要：

本发明提出了一种面向大规模阵列天线 MIMO 通信系统的小尺度衰落信道估计方法。该方法首先对所有邻区的用户终端到目标小区基站的大尺度衰落估计值按从小到大进行排序并基于目标小区基站的信道估计剩余处理能力选择出邻区强干扰用户；在此基础上构建多小区大尺度衰落矩阵、多小区系统矩阵，并基于 MMSE 准则对基站端分离出的导频接收信号进行联合信道估计，从而获得目标小区用户到目标小区基站的上行小尺度衰落信道的高精度估计。此外，还基于干扰随机化原理对各用户上行导频序列进行周期性的随机分配，以减轻由于导频序列间互相关的差异性带来的邻区干扰。本方法步骤如图。

本发明可有效提高大规模 MIMO 系统的小尺度衰落信道估计的准确度。

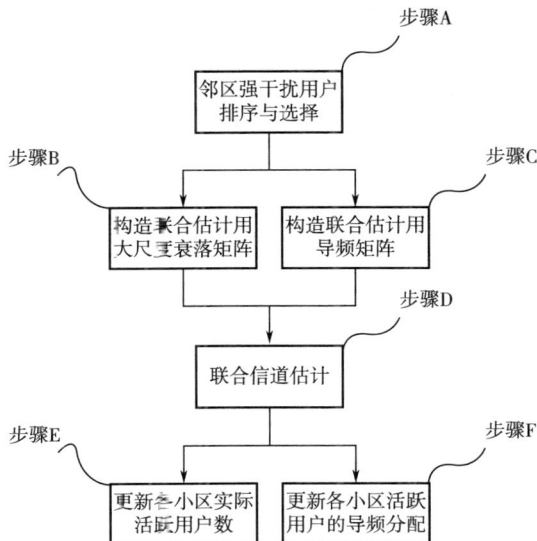

一种智能复合风口系统

发　明　人：李春旺　田沛哲　杨志成　唐和业
证　书　号：第 2367324 号
专　利　号：ZL 2014 1 0787913.2
专利申请日：2014 年 12 月 17 日
专 利 权 人：北京联合大学
授权公告日：2017 年 02 月 01 日

摘要：

本发明涉及一种智能复合风口系统，其包括：主风管道、复合风口和智能控制单元。主风管道是空调通风的主干管，所述智能控制单元用于对运行模式、风量进行控制和调节，所述复合风口包括联接部件、空气动力单元、气流分布单元和下端连接部件。

根据本发明的智能复合风口系统，可以使得在无干扰、低阻力的前提下，将固定风口和风机动力风口的功能复合在一起，实现了在同一风口上，根据负荷工况变化的要求进行有动力和无动力多模运行的效果，满足非均匀环境对区域气流组织优化的调控要求。

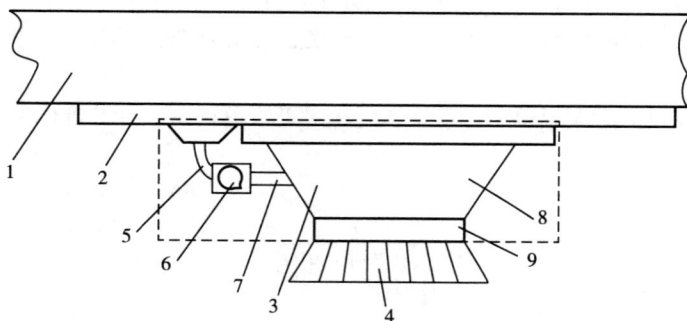

1—主风管道　2—联接部件　3—空气动力单元　4—气流分布单元　5—诱导气流吸入管
6—微型高速风机　7—诱导气流排出管　8—空气动力单元外壳　9—下端连接部件

洗衣机漂洗水收集
与使用装置及其中收集水的方法

发 明 人：杨志成　李志鹏　李亚利
证 书 号：第 2364389 号
专 利 号：ZL 2013 1 0706240.9
专利申请日：2013 年 12 月 19 日
专 利 权 人：北京联合大学生物化学工程学院
授权公告日：2017 年 02 月 01 日

摘要：

本发明提供一种洗衣机漂洗水收集与使用装置，它包括有：一收集装置、一使用装置与一智能控制器；该收集装置包括有一集水箱、一清洁度传感器、一液位传感器、一第一电磁阀、一第二电磁阀、一第三电磁阀，一集水管路、一水泵、一排水支路；该使用装置包括有一优先通过集水箱补水以及在集水箱内无水时通过市政水补水的优先用水装置和一第一用水支路。能够自主识别漂洗水清洁度而对漂洗水收集与使用，且不对马桶等装置做出任何改动，结构简单本发明还提供一种洗衣机漂洗水收集与使用装置的收集水方法，通过智能控制，无需人工操作。

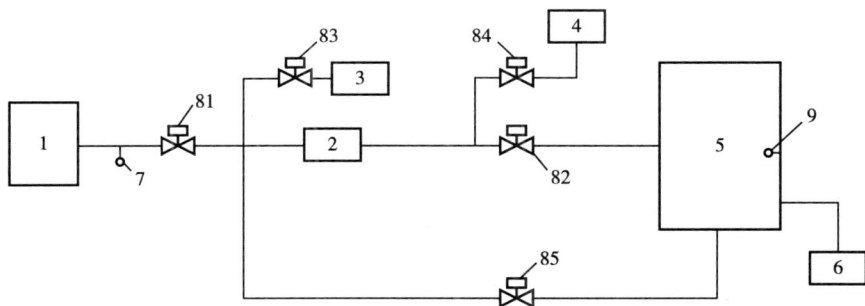

1—洗衣机　2—水泵　3—下水道　4—洗车浇花管道　5—集水箱　6—优先用水装置
7—清洁度传感器　9—液位传感器　81—第一电磁阀　82—第二电磁阀
83—第三电磁阀　84—第四电磁阀　85—第五电磁阀

一种基于智能驾驶中
停止线实时检测的距离测量的方法

发　明　人：刘宏哲　袁家政　郑永荣　周宣汝
证　书　号：第 2372606 号
专　利　号：ZL 2013 1 0422587.0
专利申请日：2013 年 09 月 17 日
专 利 权 人：北京联合大学
授权公告日：2017 年 02 月 08 日

摘要：

本发明公开了一种基于智能驾驶中停止线实时检测的距离测量的方法，包括以下几个步骤：获取原始路面图像，对其进行逆透视变换，得到一张鸟瞰图像，用预先设定好的位置坐标和大小裁剪感兴趣区域，然后对感兴趣区域图像进行灰度化、二值化，最后使用霍夫线变换检测水平直线，当检测到的直线长度大于感兴趣区域宽度的五分之四时，则认为该条直线为停止线。根据摄像机标定所得的内外参数，获得图像坐标系与道路平面坐标系的映射关系；在用一标定板获取图像坐标与道路平面坐标的比例关系，根据这一比例关系可以将图像中两点的欧氏距离换算成实际道路平面中的距离。

本发明不仅可以检测到道路中的停止线，而且还可以计算出停止线离车的距离。

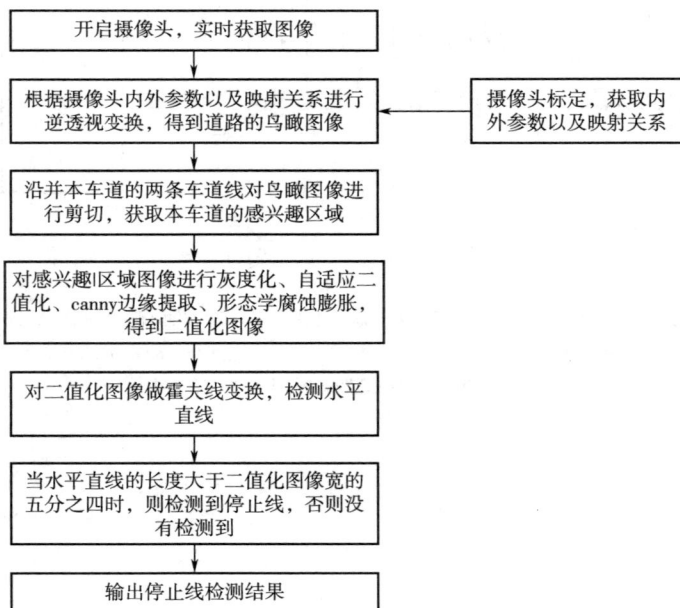

```
┌─────────────────────────────┐
│  开启摄像头，实时获取图像        │
└─────────────────────────────┘
              │
              ▼
┌─────────────────────────────┐      ┌──────────────────┐
│ 根据摄像头内外参数以及映射关系进行  │◄─────│ 摄像头标定，获取内    │
│ 逆透视变换，得到道路的鸟瞰图像     │      │ 外参数以及映射关系    │
└─────────────────────────────┘      └──────────────────┘
              │
              ▼
┌─────────────────────────────┐
│ 沿并本车道的两条车道线对鸟瞰图像进   │
│ 行剪切，获取本车道的感兴趣区域      │
└─────────────────────────────┘
              │
              ▼
┌─────────────────────────────┐
│ 对感兴趣区域图像进行灰度化、自适应二  │
│ 值化、canny边缘提取、形态学腐蚀膨胀，│
│ 得到二值化图像                   │
└─────────────────────────────┘
              │
              ▼
┌─────────────────────────────┐
│ 对二值化图像做霍夫线变换，检测水平    │
│ 直线                          │
└─────────────────────────────┘
              │
              ▼
┌─────────────────────────────┐
│ 当水平直线的长度大于二值化图像宽的   │
│ 五分之四时，则检测到停止线，否则没    │
│ 有检测到                       │
└─────────────────────────────┘
              │
              ▼
┌─────────────────────────────┐
│  输出停止线检测结果              │
└─────────────────────────────┘
```

一种基于激光测距的机器人自主寻路方法

发　明　人：杜煜　闫应伟　杨青　潘峰
证　书　号：第 2382997 号
专　利　号：ZL 2014 1 0525129.4
专利申请日：2014 年 10 月 08 日
专 利 权 人：北京联合大学
授权公告日：2017 年 02 月 15 日

摘要：

一种基于激光测距的机器人自主寻路方法，涉及机器人寻路技术领域。本方法所采用的步骤为：（1）建立以机器人几何中心为极点的极坐标系；（2）根据机器人半径 R 和安全距离 D，将障碍物进行膨胀；（3）自适应的阈值设定、扇区划分和速度调整。

本发明建立以机器人中心为极点的极坐标系，便于直接使用激光测距得到的数据，避免坐标转换造成大量运算和数据无形丢失。根据周围环境调整机器人行驶速度，保证行驶安全。

本发明通过激光测距感知周围环境，在前方通过狭窄时或前方障碍物较近时，改变自适应阈值，调整机器人行驶速度以确保安全。

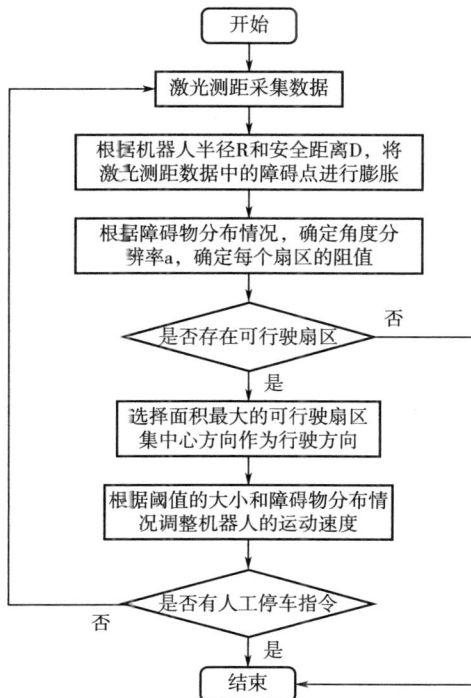

甲醛和苯的纳米复合氧化物敏感材料

发　明　人：周考文　李文宗　张艳莉　周盈
证　书　号：第 2378915 号
专　利　号：ZL 2014 1 0042995.8
专利申请日：2014 年 01 月 22 日
专 利 权 人：北京联合大学生物化学工程学院
授权公告日：2017 年 02 月 15 日

摘要：

本发明涉及一种用于监测甲醛和苯的纳米复合氧化物敏感材料，是由 Bi_2O_3、TiO_2 和 MnO_2 组成的纳米粉体材料，其中各组分的质量百分数范围为 Bi_2O_3（50%~60%）、TiO_2（20%~30%）和 MnO_2（15%~25%）。

其制备方法是：将铋盐、钛盐和锰盐共溶于柠檬酸水溶液中，超声振荡至澄清，在高速搅拌下加入适量乙二胺四乙酸二钠使溶液保持澄清状态，继续搅拌并滴加氨水以调节溶液 pH 值，静置、陈化、过滤、干燥，充分研磨后，在箱式电阻炉中焙烧，得到由 Bi_2O_3、TiO_2 和 MnO_2 组成的粉体材料。

使用本发明所提供的复合氧化物敏感材料制成的甲醛和苯催化发光传感器，具有较宽的线性范围、良好的选择性和较高的灵敏度，可以在线监测空气中的甲醛和苯而不受共存物质的影响。

一种基于深度学习的三轴磁电子罗盘误差补偿方法

发　明　人：刘艳霞　张益农
证　书　号：第 2403935 号
专　利　号：ZL 2015 1 0378092.1
专利申请日：2015 年 06 月 30 日
专 利 权 人：北京联合大学
授权公告日：2017 年 03 月 01 日

摘要：

　　一种基于深度学习的三轴磁电子罗盘误差补偿方法，对隐式误差模型进行训练，以补偿磁罗盘测量存在的非线性误差，提高磁罗盘定向精度；误差模型训练包括两个阶段：第一阶段为预训练；第二阶段是反向微调，使用反向传播算法对网络所有层进行微调，减小模型训练误差；磁罗盘标定和补偿的过程就是利用深度学习算法训练得到的非线性误差模型，把畸变后的测量磁场逆变回真实磁场值，从而减小航向角计算误差；针对磁罗盘非线性误差提出的基于深度学习的误差训练方法，相比传统神经网络随机初始化而言，各层权重会位于参数空间较好的位置，有利于提高算法收敛性和模型训练精度，实现磁罗盘高精度定向。

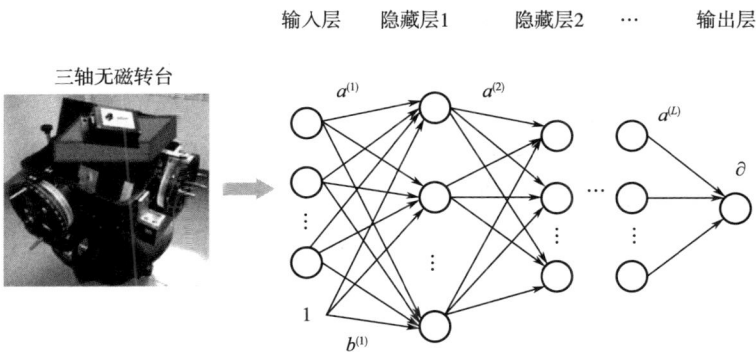

一种天气预测方法

发 明 人：马楠　王汕汕　周林　邱正强　易璐璐　翟云　李萃华
证 书 号：第 2416139 号
专 利 号：ZL 2012 1 0039115.2
专利申请日：2012 年 02 月 21 日
专 利 权 人：北京联合大学
授权公告日：2017 年 03 月 15 日

摘要：

本发明公开了天气预测方法，通过提供气温信息值，将气温信息值归一化，建立训练样本的输入输出矩阵，基于所述输出矩阵，利用神经网络进行天气预测等步骤实现天气预测。使用的改进算法可自动判别原始训练数据模式，并对其进行样本建立和归一化。

该方法可适用于多种复杂情境，灵活性高，不需要提供辅助数据完成预测，预测结果可恢复至与原始训练数据相对应的数值范围。

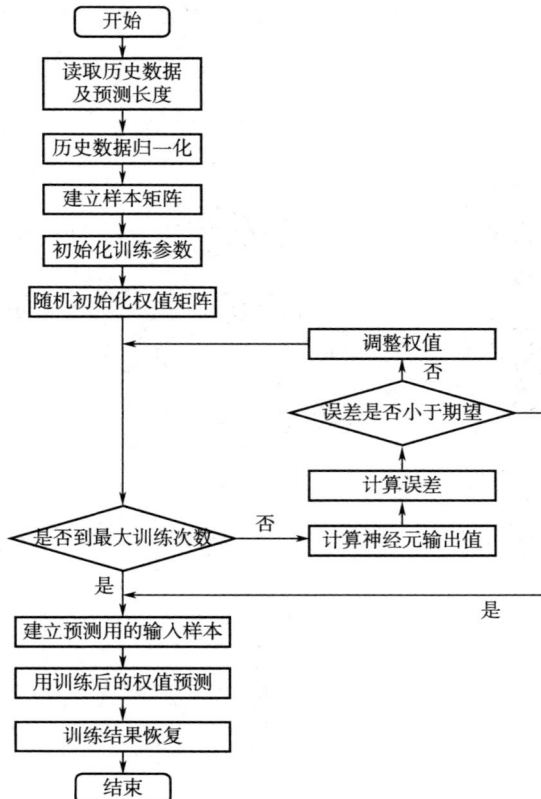

可双模式自由切换的
电动车速度控制系统及方法

发　明　人：刘元盛　韩玺　路铭　鲍泓　张军　徐志军　钮文良　邱明
证　书　号：第 2431373 号
专　利　号：ZL 2015 1 0251568.5
专利申请日：2015 年 05 月 18 日
专 利 权 人：北京联合大学
授权公告日：2017 年 03 月 29 日

摘要：

　　本发明公开了一种可双模式自由切换的电动车速度控制系统及方法，在电动车原有速度控制器前端增加一自动速度控制器，自动速度控制器以嵌入式控制系统为核心并包括电子开关等部件，电动车原有电机控制器的控制信号来自原车加速踏板、挡位开关和制动踏板，自动速度控制器与原有电机控制器和原有加速踏板、挡位开关和制动踏板相连，可根据人工驾驶模式或计算机控制模式工作状态的不同，选择接受计算机控制信号或原车加速踏板、挡位开关和制动踏板的信号或计算机的控制信号。在对原车系统不进行大规模改造的情况下即可实现原车速度控制信号和计算机控制信号的合理切换，并确保在相应模式下可将对应的控制信号输入原车电机控制器中。

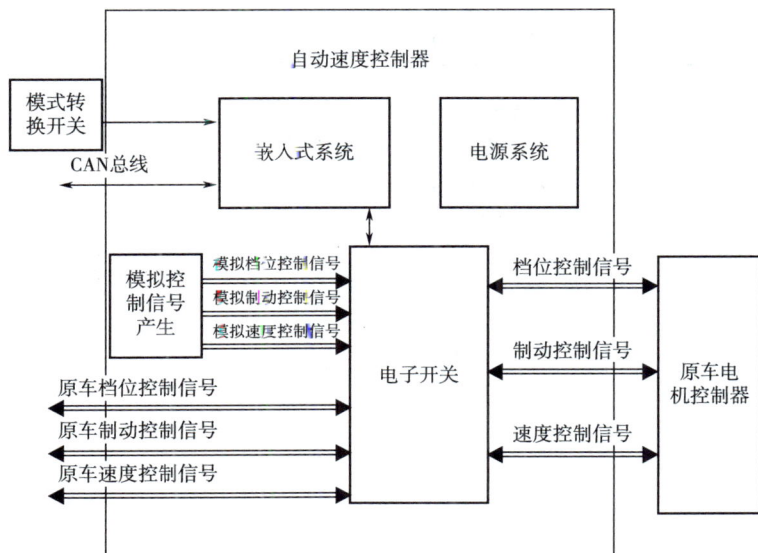

一种用于智能车辆的路口行驶控制方法

发 明 人：刘宏哲 袁家政 杨青 郑永荣 周宣汝
证 书 号：第 2431050 号
专 利 号：ZL 2014 1 0678135.3
专利申请日：2014 年 11 月 23 日
专 利 权 人：北京联合大学
授权公告日：2017 年 03 月 29 日

摘要：

一种用于智能车辆的路口行驶控制方法属于无人驾驶领域。首先通过安装在智能车内后视镜处的单目摄像机采集视频图像，进行车道线检测、停止线检测、停止线测距、行人检测以及红绿灯识别。然后根据车道线检测结果计算车道虚拟中心线，利用 PD 控制算法控制智能车辆沿着中心线前行。综合离停止线的距离、行人检测结果以及红绿灯识别结果进行驾驶行为决策，控制车辆前行或者停车。

本发明仅利用一个摄像机使智能车辆平稳、安全地通过各种十字路口，并且当检测到有行人或者识别到红灯时，系统将控制智能车辆停在离停止线 20 厘米内，当识别到绿灯并且没有行人时，系统将控制智能车辆正常行驶或者转弯。

本发明使执行周期控制在 50ms 内，满足 100ms 的驾驶控制周期。

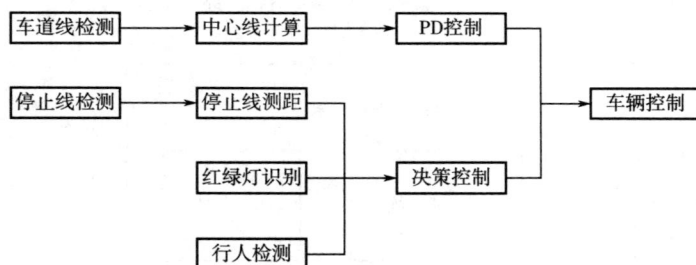

一种基于大气光散射物理模型的单幅图像去雾方法

发 明 人：何宁 王金宝 张璐璐 徐成 王金华

证 书 号：第 2431234 号

专 利 号：ZL 2014 1 0508456.9

专利申请日：2014 年 09 月 28 日

专 利 权 人：北京联合大学

授权公告日：2017 年 03 月 29 日

摘要：

本发明公开了一种基于大气光散射物理模型的单幅图像去雾方法，涉及图像处理领域。其主要实施步骤为：

（1）输入有雾场景下的可见光图像，获得原有雾图像的方差图；

（2）对有雾图像进行两次最小值滤波，获得暗通道图；

（3）根据暗通道先验知识，利用原有雾图像和暗通道图，以方差图作为判别准则，求解出大气光照值；

（4）利用暗通道图求解透射率图；

（5）在透射率图的基础上进行均值滤波，获得优化透射率图；

（6）根据雾图像形成的大气光散射物理模型，利用已求解得到的大气光照值和优化后的透射率图，可以获得最终的无雾图像。

本发明保证了大气光照值选取的有效性，提高了去雾效果。

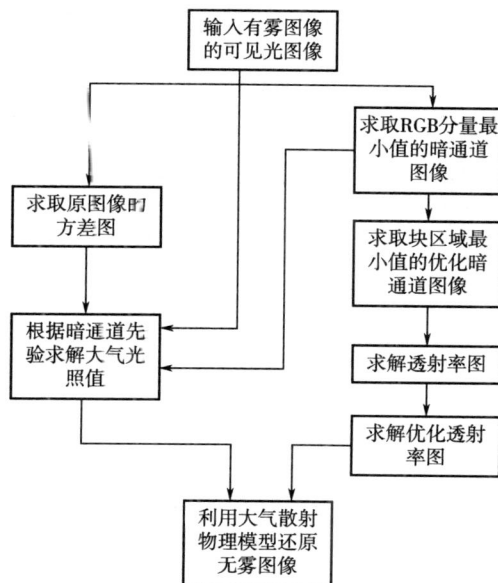

基于 WordNet 语义
相似度的多特征图像标签排序方法

发　明　人：刘宏哲　袁家政　吴焰樟　王棚飞

证　书　号：第 2426832 号

专　利　号：ZL 2014 1 0049041. X

专利申请日：2014 年 02 月 12 日

专利权人：北京联合大学

授权公告日：2017 年 03 月 29 日

摘要：

本发明涉及一种基于 WordNet 语义相似度的多特征图像标签排序方法，包括：建立训练样本库，提取样本库中图像的显著性区域图，训练 SVM 分类器，测试图像标签预处理，判断测试图像的类型，测试图像标签排序。本发明融合相关性、视觉性，多特征等方法，不仅考虑了场景类图像整幅图像的不同特征，而且考虑了对象类图像显著图的不同特征。在对图像标签进行排序之前，对图像标签的不正确性和标签的不全面性等问题进行改进，提高图像标签与图像内容之间的相关度，以及图像标签的准确性和全面性。

本发明不仅考虑了图像视觉特征之间的相似度，而且考虑了标签文本之间的语义相似度，使图像标签的排序更准确。

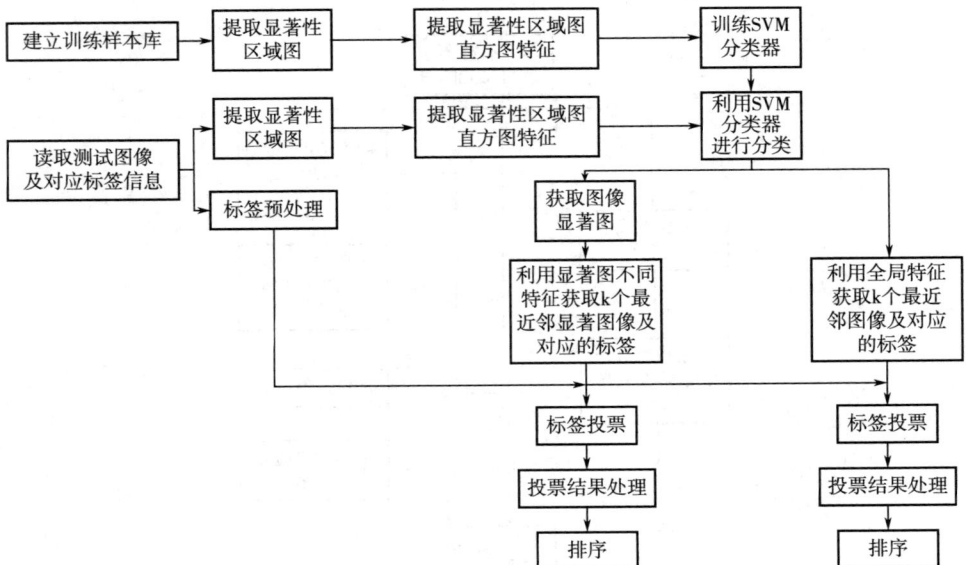

一种非法基站入侵的快速检测与定位方法

发　明　人：李克　纪占林　宋晓勤　汪淼
证　书　号：第 2428855 号
专　利　号：ZL 2013 1 0688635.0
专利申请日：2013 年 12 月 11 日
专 利 权 人：北京联合大学
授权公告日：2017 年 03 月 29 日

摘要：

本发明提出了一种非法基站入侵的快速检测与定位方法。

该方法利用普通用户手机上采集的基本网络参数（LAC，CI，场强等）以及用户业务行为，判断参数变化及业务行为是否符合预设的各预警特征条件，将符合特征条件的权重加总，根据该总权重判定当前是否属于一次非法基站入侵的预警；判断预警成立后，在用户 GPS 开关打开情况下，记录当前用户所在位置的 GPS 经纬度信息，将一级预警信息传递给远程的中央处理单元；中央处理单元根据攻击前 LAC 码将多个终端的上报信息分类，对归于一类的预警信息进行二次综合报警分析，判定是否满足预设的各报警特征条件，将符合报警特征条件的权重加总，根据总权重判定当前是否属于一次非法基站入侵报警，判断报警成立后，计算本次非法基站入侵时的非法基站位置并进行实时报警。本方法步骤如图。

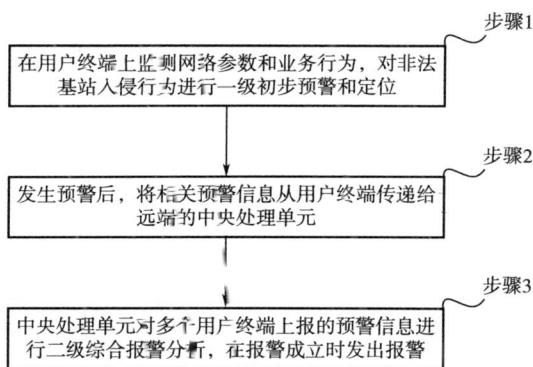

步骤1

在用户终端上监测网络参数和业务行为，对非法基站入侵行为进行一级初步预警和定位

步骤2

发生预警后，将相关预警信息从用户终端传递给远端的中央处理单元

步骤3

中央处理单元对多个用户终端上报的预警信息进行二级综合报警分析，在报警成立时发出报警

互感式三相电机
电流噪声故障检测法和实施该方法的装置

发　明　人：龙建雄

证　书　号：第 2430567 号

专　利　号：ZL 2013 1 0571135.9

专利申请日：2013 年 11 月 13 日

专利权人：北京联合大学

授权公告日：2017 年 03 月 29 日

摘要：

互感式三相电机电流噪声故障检测方法和实现该方法的装置，其中该检测方法包括如下步骤：

（1）通过三相电机的三相接线端的互感电路获得三相电机的电流信息；

（2）建立电流输出信息的 Y 型电路数学模型；

（3）获取电机电流噪声信号；

（4）判断电机电流噪声信号确定所述三相电机是否发生故障。

此外，该发明包括实现上述方法的装置。互感式三相电机电流噪声故障检测方法和实现该方法的装置的基本原理是通过在三相电机的三相接线端的每根导线上分别安装一个相同参数规格的电流互感器，将互感器组成为 Y 型电路就可以获取工况状态下的电机电流噪声信号，根据获取的电机电流噪声信号可以实现电机的在线运行故障的诊断。其特点是利用 Y 型电路数学模型滤除了 50Hz 工频信号，电机电流噪声信号的取样电路简单，抗干扰能力强，电路装置的实现简便经济，并且性能稳定可靠，适合在工程环境下对电机进行在线故障检测和诊断。

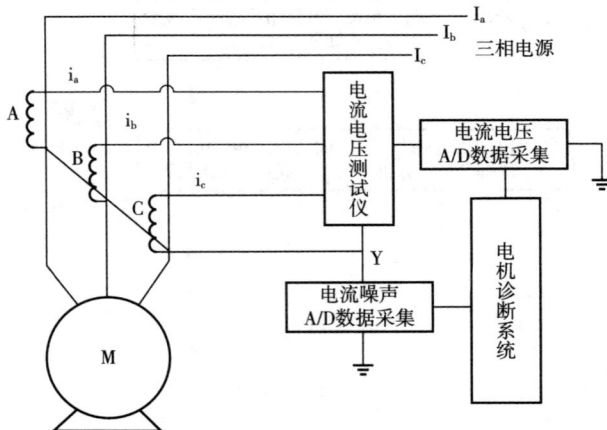

一种印刷设备污染防护装置

发 明 人：姚淑娜

证 书 号：第 2430690 号

专 利 号：ZL 2012 1 0112081.5

专利申请日：2012 年 04 月 17 日

专 利 权 人：北京联合大学

授权公告日：2017 年 03 月 29 日

摘要：

本发明提供一种印刷设备污染防护装置，包围在打印机和复印机的外部，使得在打印和复印过程飘散出来的污染物被该装置吸收，避免空气污染。图 1 为第一优选实施例中罩体部分的示意图，图 2 为第二优选实施例罩体与具有过滤作用的抽气装置相连接的示意图。

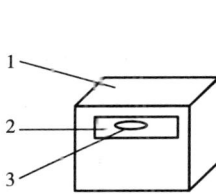 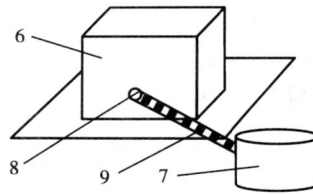

图 1   图 2

1—罩体   2—可以开关的门   3—内嵌式长椭圆形把手
6—罩体 1 的后部   7—抽气装置   8—孔   9—管道

一种智能车行进控制方法及系统

发 明 人：刘佳　刘宏哲　袁家政　钮文良　郑永荣
证 书 号：第 2439236 号
专 利 号：ZL 2014 1 0259590. X
专利申请日：2014 年 06 月 12 日
专 利 权 人：北京联合大学
授权公告日：2017 年 04 月 05 日

摘要：

本发明公开了一种智能车行进控制方法及系统，涉及自动控制技术领域。从设置在车辆上不同位置处的摄像头实时获取多幅不同角度的车辆前方道路图像，得到有效的车辆正前方道路图像，提取车道线信息，将其经坐标转换后标定在路权信息融合坐标系中对应位置处；获取预置行进范围内的路权信息，根据路权信息判断当前路权状态，按照路权状态结合车道线信息控制车辆行进。能避免繁杂的公式算法，不但提高了效率，且可根据实际图像进行缺失信息的获取，进一步提高了准确性，综合考虑了各种路权信息，可以根据具体情况更加精确和更加高效地判断出下一步行进控制的方式，可以省去大量无效计算的过程，车辆行进效率和准确度得到了大幅提升。

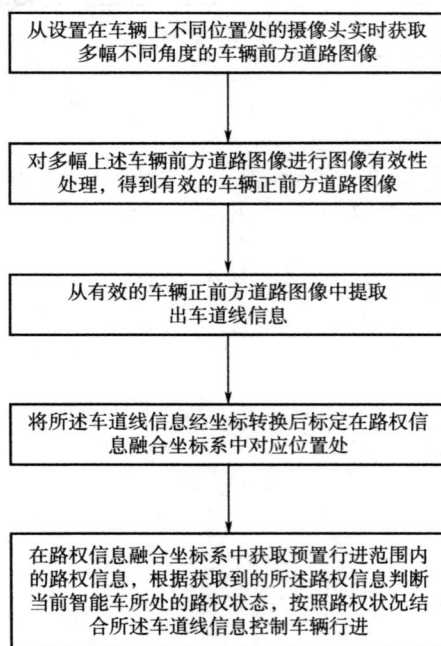

从设置在车辆上不同位置处的摄像头实时获取多幅不同角度的车辆前方道路图像

↓

对多幅上述车辆前方道路图像进行图像有效性处理，得到有效的车辆正前方道路图像

↓

从有效的车辆正前方道路图像中提取出车道线信息

↓

将所述车道线信息经坐标转换后标定在路权信息融合坐标系中对应位置处

↓

在路权信息融合坐标系中获取预置行进范围内的路权信息，根据获取到的所述路权信息判断当前智能车所处的路权状态，按照路权状况结合所述车道线信息控制车辆行进

一种基于微循环理念的主动散热三维芯片

发　明　人：王淑芳　马勇杰　席巍　郑业明

证　书　号：第 2445763 号

专　利　号：ZL 2015 1 0266491.9

专利申请日：2015 年 05 月 22 日

专利权人：北京联合大学

授权公告日：2017 年 04 月 12 日

摘要：

本发明涉及一种基于微循环理念的主动散热三维芯片，其物理结构包括芯片层、散热金属层和微流体循环层；其特征在于：芯片层与散热金属层交叠分布，芯片和散热金属片垂直层级堆栈；芯片层之间通过 TSVS（穿过硅片和金属片的通孔）进行信号连接；散热金属片设置在芯片层的上方；微流体循环层设置在芯片层和散热金属层的左侧、右侧、上方和下方。

该芯片能够解决片内多层堆叠产生的高热流密度问题，实现内部高热密度迅速传递到芯片表面的功能。

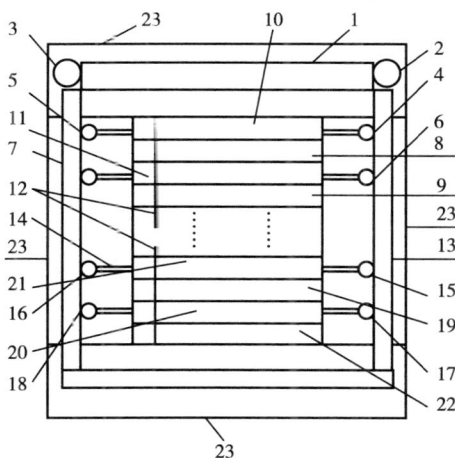

1—微储液池　2—第 1 个大功率微泵 M1　3—第 1 个大功率微泵 M2　4—散热金属层 1 上的小功率微泵 m_{11}　5—散热金属层 1 上的小功率微泵 m_{12}　6—散热金属层 2 上的小功率微泵 m_{21}　7—散热金属层 2 上的小功率微泵 m_{22}　8—芯片层 1　9—芯片层 2　10—散热金属层 1　11—散热金属层 2　12—信号线　13—微流体主通道　14—微流体分支　15—散热金属层（n-1）上的小功率微泵 $m_{(n-1)1}$　16—散热金属层（n-1）上的小功率微泵 $m_{(n-1)2}$　17—散热金属层 n 上的小功率微泵 m_{n1}　18—散热金属层 n 上的小功率微泵 m_{n2}　19—芯片层 n-1　20—散热金属层 n　21—散热金属层 n-1　22—散热金属层 n　23—微流体循环层（有 4 处）

氯代烃的催化燃烧催化剂及其制备方法

发 明 人：周考文　范慧珍　赵明航

证 书 号：第 2453925 号

专 利 号：ZL 2014 1 0605598.7

专利申请日：2014 年 11 月 03 日

专 利 权 人：北京联合大学

授权公告日：2017 年 04 月 12 日

摘要：

本发明涉及一种氯代烃的催化燃烧催化剂及其制备方法，是由铂原子掺杂的 Al_2O_3、SnO_2 和 BaO 组成的复合材料。其制备方法是：将铝盐、锡盐和钡盐共溶于盐酸水溶液中，加入适量苹果酸和异丁醇，恒温搅拌后加入葡萄糖和氯铂酸，加热回流，旋转蒸发，降至室温后滴加氨水至 pH 值为 5.5~6.5，继续搅拌后静置陈化，过滤并将滤出物烘干研磨后，在箱式电阻炉中焙烧，自然冷却得到由铂原子掺杂的 Al_2O_3、SnO_2 和 BaO 组成的复合材料。

使用本发明所提供的复合材料作为氯代烃的催化燃烧催化剂，200℃ 时氯苯的转化率超过 55%，T_{90} 约为 250℃。

一种基于 K-means 的
高分辨率遥感地图道路提取方法

发 明 人：何宁　张璐璐　徐成　王金宝　刘伟　刘丽
证 书 号：第 2464363 号
专 利 号：ZL 2014 1 0219942.9
专利申请日：2014 年 05 月 23 日
专 利 权 人：北京联合大学
授权公告日：2017 年 04 月 26 日

摘要：

本发明公开了一种基于 K-means 的高分辨率遥感地图道路提取方法，属于图像处理领域，可应用于遥感图像中的道路提取。针对目前高分辨率遥感地图图像道路提取技术所存在的问题和缺点，本发明提出了一种针对不同的道路类型基于 K-means 的道路提取方法，基于数学形态学方法并结合图像分割方法，得到一种道路分割、提取的方法，来达到提取高分辨率遥感图像中完整道路信息的目的，可以使得高分辨率地图中的道路分割结果连续性好，而且道路无明显的裂痕。图 1 为流程图，图 2 为 K-means 聚类流程。

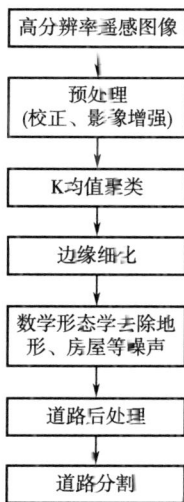

图 1

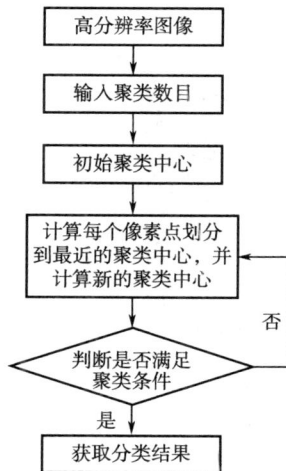

图 2

一种摩擦超越离合器

发　明　人：夏齐霄　卢振洋
证　书　号：第 2470228 号
专　利　号：ZL 2015 1 0312446.2
专利申请日：2015 年 06 月 08 日
专利权人：北京联合大学
授权公告日：2017 年 05 月 03 日

摘要：

一种摩擦超越离合器属于机械领域。其特征在于：离合器由外圈，内圈及开合器组成；开合器为一整体，由刚柔单元在圆周上重复串接而成；刚柔单元由刚性部分和柔性部分构成；刚性部分为变截面形状，其两端的宽度为 L1，厚度为 L2，中间部分宽度为 L2，厚度为 L1，且 L1>L2；柔性部分的宽度为 L1，厚度为 L2，与刚性部分相衔接；柔性部分的两端是圆弧形状，中间部分为直线段；在该直线段的两端是有开口方向相反的两个抛物线形缺口。由于刚性部分与内径在切点的夹角 β，以及外圈在切点的夹角 α 均为锐角。图 1 为摩擦超越离合器装配图，图 2 为刚柔单元结构图。

本发明离合器在做脱离运动时，摩擦力能最大限度地减少，而在做锁合运动时，摩擦力能最大限度地增加。

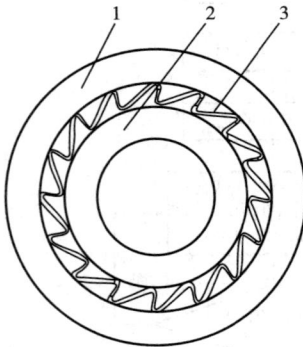

图 1

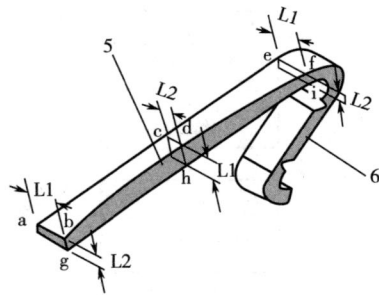

图 2

1—外圈　2—内圈　3—开合器　5—刚性部分　6—柔性部分

一种快速加热混水储水箱

发　明　人：李春旺　任晓更　田沛哲　朱永林
证　书　号：第 2471738 号
专　利　号：ZL 2015 1 0010559.7
专利申请日：2015 年 01 月 09 日
专 利 权 人：北京联合大学
授权公告日：2017 年 05 月 03 日

摘要：

本发明提供一种快速加热混水储水箱，其由箱体、混水布水器单元、补水管、热回收机组供回水管、混水出水管、泄水管，溢流管等组成。本发明的快速加热混水储水箱采用模块化结构，单个水箱可根据需求对混水布水器单元进行模块化组合，也可对多个水箱进行模块化组合。

本发明的水箱结构具有抗干扰性，加热蓄热过程稳定，箱体内水的温度分布均匀，可以有效解决生活热水用水量的不均匀性与热回收机组产热量基本恒定所带来的矛盾问题。

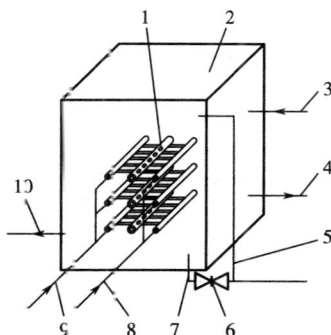

1—直接式混水布水器　2—水箱体　3—生活热水回水管　4—生活热水供水管
5—溢流管　6—泄水阀　7—泄水管　8—补水管　9—机组热水供水管　10—机组热水回水管

中央空调矩形风口射流调节装置

发 明 人：李春旺　杨志成　田沛哲　吴义民

证 书 号：第 2472446 号

专 利 号：ZL 2014 1 0787911.3

专利申请日：2014 年 12 月 17 日

专 利 权 人：北京联合大学

授权公告日：2017 年 05 月 03 日

摘要：

本发明涉及中央空调矩形风口射流调节装置，其包括：风管道、联接部件、射流调节机构和控制单元，所示风管道是空调通风的支管，其通过联接部件与射流调节机构连接。所述射流调节机构包括：多个活动叶片、微型电机、减速器、伞状支撑结构和支撑矩形框。减速器的输出通过所述螺纹丝杠将所述微型电机的旋转运动转化为垂直位移运动，从而驱动所述伞状支撑结构和所述活动叶片动作。

本发明的结构设计，可根据环境与人的需求，实现空气射流角度的手动调节、动态风模式和自动控制，满足室内的气流组织优化和人体舒适性要求。

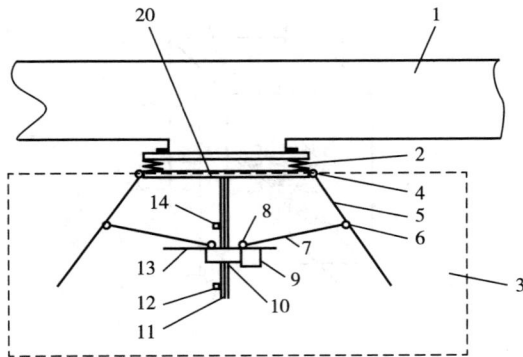

1—风管道　2—联接部件　3—射流调节机构　4—活动叶片铰接　5—活动叶片
6—第一轴承活动铰接　7—支撑杆件　8—第二轴承活动铰接　9—微型电机　10—减速器
11—螺纹丝杠　12—最低位限位接近开关　13—风口底板　14—高位限位接近开关　20—支撑矩形框

具有积分饱和预处理功能的 PID 控制方法

发　明　人：钱琳珠　张益农　王德政
证　书　号：第 2471529 号
专　利　号：ZL 2014 1 0070621.7
专利申请日：2014 年 02 月 28 日
专利权人：北京联合大学
授权公告日：2017 年 05 月 03 日

摘要：

本发明所述的具有积分饱和预处理功能的 PID 控制方法对系统阶跃响应的过渡过程进行分析，按照给定值与反馈量之间的误差和被控量的变化率，提供具有积分饱和预测功能的 PID 控制方法，按照不同情况对积分累计值进行不同的处理，以彻底消除积分饱和现象，使系统的稳态特性和动态特性均达到非常好的控制效果，而且具有很好的抗干扰能力。

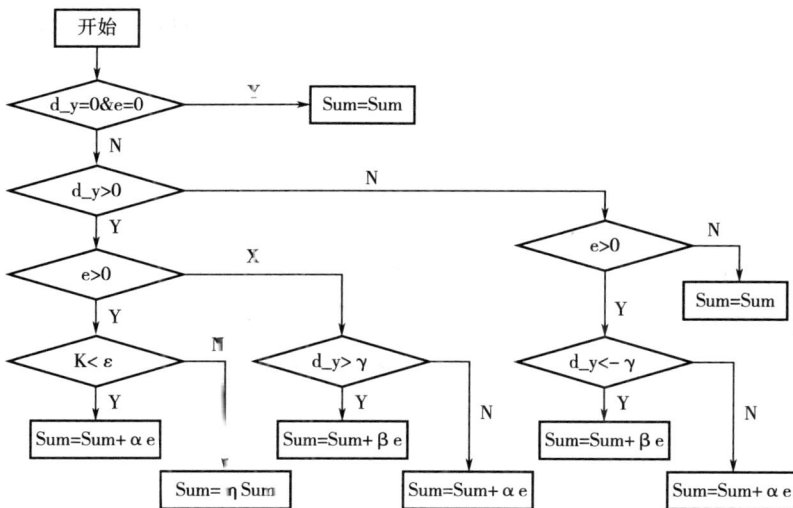

一种生命体征监测设备的评估系统与方法

发　明　人：姜余祥　杨萍　王燕妮　梁晓云　张雪　李英杰　史海森
证　书　号：第 2484956 号
专　利　号：ZL 2014 1 0821055.9
专利申请日：2014 年 12 月 25 日
专 利 权 人：北京联合大学
授权公告日：2017 年 05 月 17 日

摘要：

本发明涉及一种生命体征监测设备的评估系统与方法。所述系统包括控制模块、模拟生命体征信号源模块、生命体征信号调整电路模块、显示器模块。

应用所述系统对待评估设备进行评估的方法包括：设置所述系统的初始参数；测量系统增益校准参数；对待评估设备进行评估；在显示器上显示评估结果。应用本发明可以为待评估设备提供不同类型的体征信号，实现对待评估设备传递函数、频率响应、带内幅度波动、信噪比和病灶特征信号等多种特性的评估。解决了现有生命体征监测设备在研发过程中采用理论计算建模和模拟仿真无法有效验证模型的有效性问题。

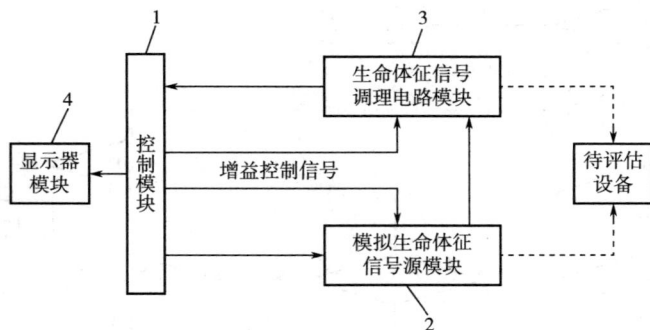

架空电缆巡线机器人的搭脱线器及方法

发　明　人：杨志成　张利霆　张景胜
证　书　号：第 2490135 号
专　利　号：ZL 2015 1 0650074.4
专利申请日：2015 年 10 月 09 日
专 利 权 人：北京联合大学
授权公告日：2017 年 05 月 17 日

摘要：

　　一种架空电缆巡线机器人的挂线脱线器，具有一机架：机架一侧竖架的顶端活动连接行走机构，该行走机构的框架上套设有行走轮和传动涡轮；同在该侧竖架上部安设有一灵敏杆、一圆弧形的传动杆和一可触动行走机构动作的触发机构；所述传动杆的一端抵在灵敏杆的下端，另一端可在转动时触及触发机构；在该机架另一侧顶部由下至上依次安装有行走电机、减速机构和输出涡轮，所述的行走电机通过减速机构与输出涡轮连接，在该侧竖架的顶部同时还安设一个上部带有卡口的脱扣器；当所述机架一侧的框架被另一侧竖架上的脱扣器上部卡口咬合时，传动涡轮与输出涡轮相互齿接。

　　利用其可使机器人跨越障碍物时实现快速地搭线、脱线，尽量保证能量不被吸收且损失最小。

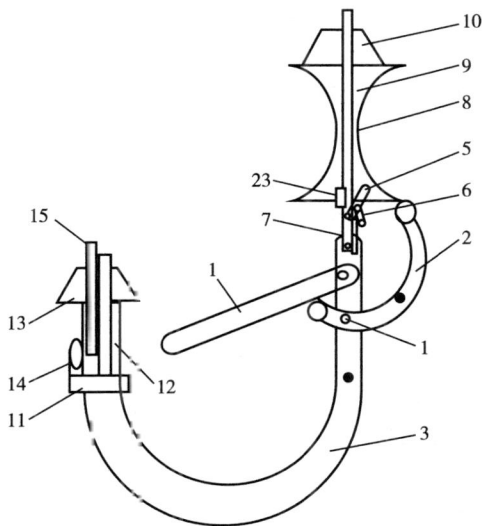

1—灵敏杆　2—传动杆　3—机架　5—触发杆　6—锁扣
7—限位卡　8—框架　9—行走轮　10—传动涡轮　11—行走电机　12—减速机构
13—输出涡轮　14—脱线电机　15—脱扣器　23—传动块

一种大规模 MIMO 系统的
大尺度衰落估计方法与装置

发 明 人：李文法　李克　宋晓勤　钱丽　汪淼
证 书 号：第 2504248 号
专 利 号：ZL 2014 1 0140820.0
专利申请日：2014 年 04 月 10 日
专 利 权 人：北京联合大学
授权公告日：2017 年 06 月 06 日

摘要：

本发明提出了一种面向大规模阵列天线 MIMO 通信系统的大尺度衰落估计方法。该方法基于匹配滤波器原理先对目标小区用户到目标小区基站的信道进行初步估计，在此基础上利用大规模阵列天线 MIMO 系统所特有的信道统计特性通过处理得到目标小区用户到基站信道的大尺度衰落估计。在此基础上，基于导频信号重构和串行干扰消除方法按照各邻区对目标小区的导频信号干扰强度排序依次对各邻区进行处理，得到各邻区用户到目标小区基站的信道的大尺度衰落估计。最后，根据估计结果计算各邻区对目标小区的导频干扰强度对邻区排序进行更新用于下一个周期的大尺度衰落估计。本方法步骤如图所示。图中 Y_1 为导频信号。

本发明可以有效解决大规模 MIMO 系统的大尺度衰落信道估计的问题。

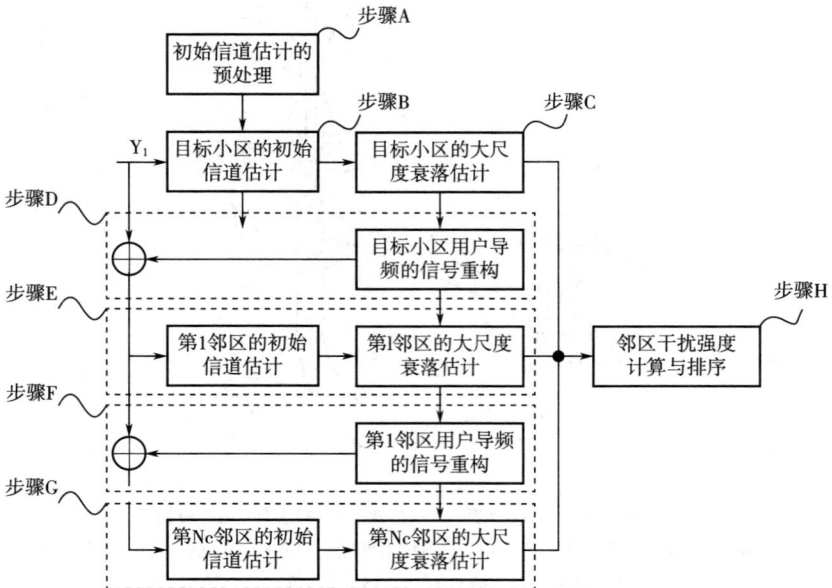

侧吸管无阀压电泵

发　明　人：夏齐霄　卢振洋　季红益
证　书　号：第 2538138 号
专　利　号：ZL 2016 1 0016638.3
专利申请日：2016 年 01 月 12 日
专 利 权 人：北京联合大学
授权公告日：2017 年 05 月 30 日

摘要：

　　侧吸管无阀压电泵属于液体机械领域。其特征在于：两个相同的压电振子，面对面安装在泵体的上下两侧，泵体的上下两个端面上有沉孔，沉孔内安装压电振子，泵腔相对于上下两压电振子对称的中间面上有一支撑板，支撑板与沉孔的底面之间有一台阶，使得支撑板的厚度小于泵腔的高度，在垂直于支撑板的端面的中间位置加工有主外侧管和主内侧管，主外侧管的直径大于主内侧管，在垂直于主外侧管和主内侧管的轴线上，支撑板内还加工有圆形支管。支管的直径不大于主外侧管，支管与主外侧管和主内侧管的接合面相切，泵体外侧设有凸台以方便支管与外管路联接，泵体的侧面有放气孔和封闭螺栓。图示为泵体的主视图和俯视图。

　　本发明应用在液体源不允许有反向流的场合。

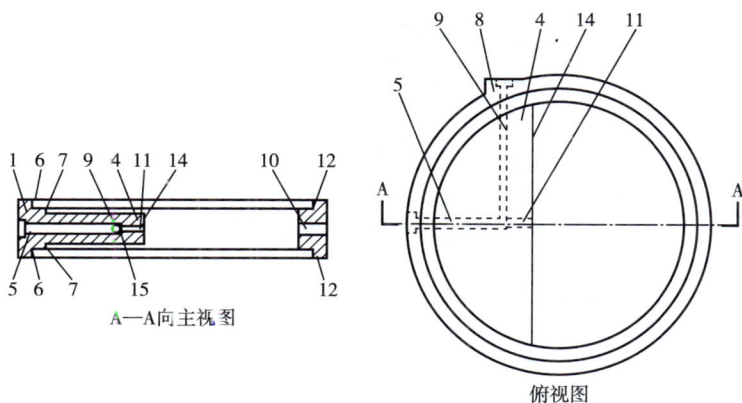

A—A向主视图

俯视图

1—泵体　4—支撑板　5—主外侧管　6—沉孔　7—台阶　8—凸台　9—支管
10—放气孔　11—主内侧管　12—上下两个端面　14—支撑板的端面　15—接合面

基于时空关联与
先验知识的交通信号灯实时识别方法

发 明 人：刘宏哲　袁家政　周宣汝
证 书 号：第 2537885 号
专 利 号：ZL 2014 1 0251450.8
专利申请日：2014 年 06 月 07 日
专 利 权 人：北京联合大学
授权公告日：2017 年 06 月 30 日

摘要：

基于时空关联与先验知识的交通信号灯实时识别方法属于智能交通行业的交通信息检测领域。本发明首先利用先验知识在原始图像上定位感兴趣区域，通过经验值过滤掉与红绿灯无关的区域。然后，提取信号灯红绿色区域并在此基础上利用形状特征过滤。之后读入过滤后的子区域，依次提取子区域的 HOG 特征，再利用分类器对信号灯样本进行训练。最后，依据分类器的判别函数对当前信号灯进行识别。如前方绿灯，可以行驶；如果前方红灯，发出停车信号。如果二者都存在，依据时空关联信息与所在车道决定行驶与否。

本发明符合红绿灯的检测识别特点，能够实时准确地检测出红绿灯信息，运用于智能车当中，辅助其正确安全行驶。

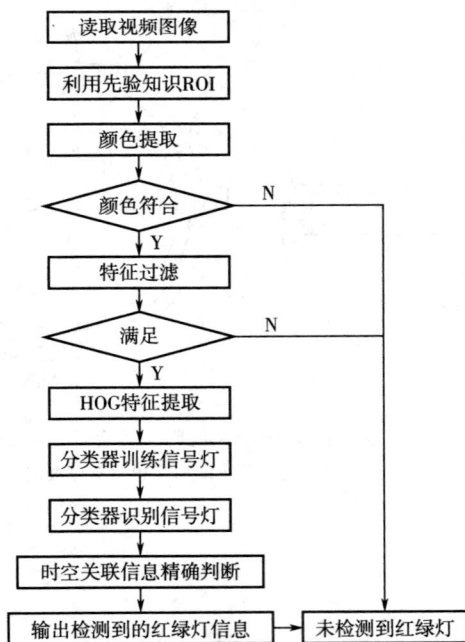

一种基于机器视觉的
太阳能电池激光刻线参数检测方法及系统

发　明　人：浦剑涛　张益农　方建军
证　书　号：第 2547820 号
专　利　号：ZL 2014 1 0199333.1
专利申请日：2014 年 05 月 12 日
专利权人：北京联合大学
授权公告日：2017 年 07 月 11 日

摘要：

本发明涉及了一种基于机器视觉的太阳能电池激光刻线参数检测方法及系统，该方法基于机器视觉技术对太阳能电池板激光刻线图像进行视觉分析，提取激光刻线的边缘，实现对刻线宽度和相邻刻线间隔的高精度测量。实验表明，该方法稳定可靠，测量精度和重复精度指标都能满足工业应用要求。

本发明还公开了用于实现所述方法的系统。

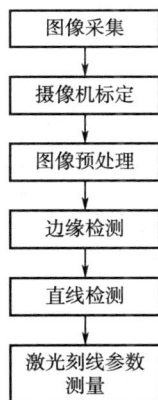

```
┌─────────────┐
│  图像采集    │
└─────────────┘
      │
┌─────────────┐
│  摄像机标定  │
└─────────────┘
      │
┌─────────────┐
│  图像预处理  │
└─────────────┘
      │
┌─────────────┐
│  边缘检测    │
└─────────────┘
      │
┌─────────────┐
│  直线检测    │
└─────────────┘
      │
┌─────────────┐
│ 激光刻线参数 │
│    测量      │
└─────────────┘
```

一种适应白天检测的
运动车辆刹车灯状态识别方法

发 明 人：鲍泓　刘伟　徐成　张璐璐　刘丽　潘振华　史志坚
　　　　　王金宝　王波波
证 书 号：第 2553424 号
专 利 号：ZL 2014 1 0161489.0
专利申请日：2014 年 04 月 22 日
专 利 权 人：北京联合大学
授权公告日：2017 年 07 月 14 日

摘要：

　　本发明涉及一种适应白天检测的运动车辆刹车灯状态识别方法。所述方法包括：裁剪图像生成感兴趣区域 ROI；精确定位前方车辆区域；对定位后的车辆区域进行刹车灯状态识别；输出刹车灯状态信息。本发明通过提取车体区域内刹车灯的颜色特征、形状特征以及结构特征，实时准确地输出前方车辆刹车灯状态信息。

　　实验表明，本发明所述方法在晴天对各种车辆刹车灯的识别准确率都在 91% 以上，即使是在恶劣的雨天，准确率也在 80% 以上。另外，本发明所述方法计算速度较快，每帧的处理时间在 100ms 左右，具有较强的实用性。因此，本发明解决了现有检测方法不能在白天进行刹车灯状态识别或计算模型复杂速度慢等问题。

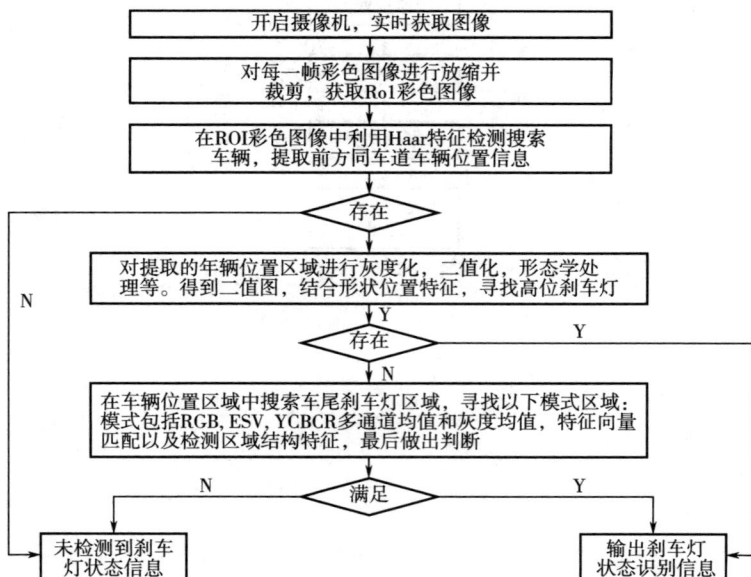

侧吸管液体混合输送无阀压电泵

发　明　人：夏齐霄　卢振洋　季红益
证　书　号：第 2566302 号
专　利　号：ZL 2016 1 0039193.0
专利申请日：2016 年 01 月 21 日
专　利　权　人：北京联合大学
授权公告日：2017 年 07 月 28 日

摘要：

　　侧吸管液体混合输送无阀压电泵属于液体机械领域。两个相同的压电振子，面对面安装在泵体的上下两侧，泵体的上下两个端面上有沉孔，沉孔内安装压电振子，两个压电振子与泵体内的空间构成泵腔，泵腔为一圆柱体形，泵腔相对于上下两压电振子对称的中间面上有一支撑板，支撑板位于泵腔中部，支撑板与沉孔的底面之间有一台阶，使得支撑板的厚度小于泵腔的高度，横梁厚度小于泵腔的高度，在垂直于支撑板的端面的中间位置加工有圆形主外侧雪和主内侧管，支撑板内还加工有支管一和支管二。图 1 为泵体的 A—A 向主视图和俯视图。

　　本发明使压电泵在混合两种液体的同时完成输送工作，两种液体始终流出液体源，克服目前无阀压电泵在工作时，液体在流道中反复流动，造成效率低的缺陷。

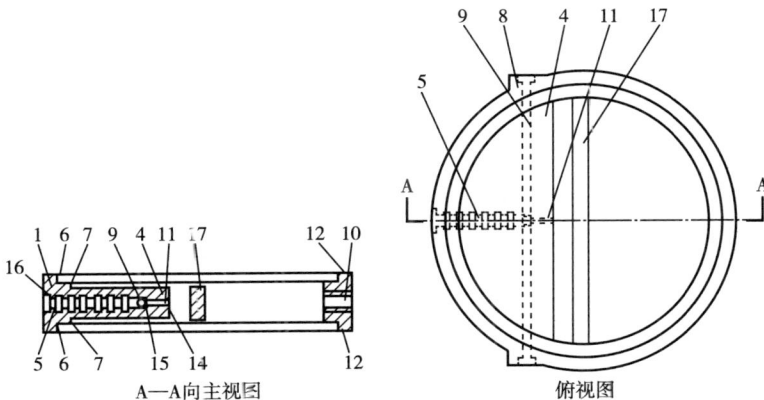

A—A 向主视图　　　　　　俯视图

1—泵体　4—支撑板　5—主外侧管　6—沉孔　7—台阶　8—凸台　9—支管一
10—放气孔　11—主内测管　12—上下两个端面　14—支撑板的端面　15—接合面　16—膨胀室　17—横梁

一种检测异丁醇气体的
负载型复合纳米敏感材料及其制备方法

发　明　人：于春洋　杨宏伟

证　书　号：第 2573116 号

专　利　号：ZL 2015 1 0333917.8

专利申请日：2015 年 06 月 16 日

专　利　权　人：北京联合大学

授权公告日：2017 年 08 月 01 日

摘要：

本发明涉及一种检测异丁醇气体的 $CdS-ZnS/Au-TiO_2$ 负载型复合纳米敏感材料，属于无机纳米材料与传感技术领域。本发明提供的负载型复合纳米敏感材料，其特征是以 Au 原子掺杂的 TiO_2 为载体，负载 CdS 和 ZnS 制备而成，其中各组分含量范围为 CdS（5%～20%）、ZnS（5%～15%）、Au（2%～5%）和 TiO_2（60%～88%），粒径范围为 30～55nm。

使用本发明所提供的负载型复合纳米敏感材料制成的异丁醇传感器，具有响应时间快、灵敏度高，且选择性和稳定性好等优点，具有较好的实际应用价值。

一种基于蓝牙技术的手机防盗系统

发　明　人：马楠　刘冠伯　钟婕　王世华　师鹏飞　郐涛　陈阳　范莉丽

证　书　号：第 2584915 号

专　利　号：ZL 2014 1 0150081.3

专利申请日：2014 年 04 月 16 日

专 利 权 人：北京联合大学

授权公告日：2017 年 08 月 15 日

摘要：

一种基于蓝牙技术的手机防盗系统，包括手机应用和蓝牙外置硬件，手机应用与蓝牙外置硬件协同作用实现手机的防盗或防止隐私数据意外丢失。设置两级防盗，达到有效报警，实现安全保护的效果。第一级警报功能实现当手机遗失指定距离后，通过发出警报声音，达到提醒用户，发现手机被盗的防盗效果；第二级警报不仅可以发出警报声音，而且将根据用户的选择，格式化用户手机的储存内容（包含 SD 卡储存的内容），实现安全保护隐私数据的效果。

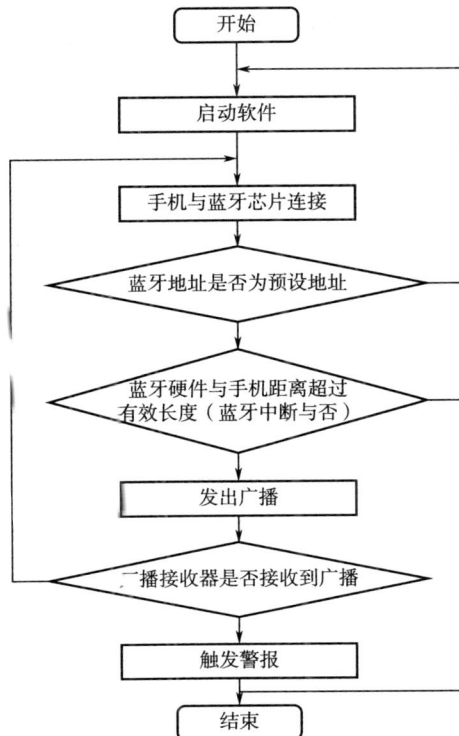

快速测定甲醛和一氧化碳的催化发光敏感材料

发　明　人：周考文　范慧珍　张洁
证　书　号：第 2585321 号
专　利　号：ZL 2015 1 0186046.1
专利申请日：2015 年 04 月 20 日
专 利 权 人：北京联合大学
授权公告日：2017 年 08 月 15 日

摘要：

一种快速测定甲醛和一氧化碳的催化发光敏感材料，是由石墨烯负载的 Pd、CeO_2 和 NiO 组成的纳米复合粉体材料。其制备方法是将天然鳞片石墨加入浓硫酸中，搅拌后，加入磷酸钠和高锰酸钾，升温并加入双氧水，再升温、搅拌、抽滤、水洗，得到氧化石墨烯；将二氯化钯、铈盐和镍盐共溶于盐酸水溶液中，加入柠檬酸和柠檬酸钠，随后加入氧化石墨烯，搅拌后加入水合肼，搅拌、静置、陈化、过滤、干燥、研磨、焙烧，得到石墨烯负载的 Pd、CeO_2 和 NiO 组成的复合粉体材料。

使用本发明所提供的敏感材料制作的检测甲醛和一氧化碳的气体传感器，可以在现场快速、准确测定空气中的微量甲醛和一氧化碳而不受常见共存物的干扰。

一种富含酚类物质的山竹果皮巨峰葡萄酒自酿方法

发　明　人：刘彦霞　李萌

证　书　号：第 2638778 号
专　利　号：ZL 2015 1 0080578.7
专利申请日：2015 年 02 月 14 日
专 利 权 人：北京联合大学
授权公告日：2017 年 09 月 26 日

摘要：

一种富含酚类物质的山竹果皮巨峰葡萄酒自酿方法，属于葡萄酒技术领域。在酿葡萄酒的过程中加入山竹果皮，是将山竹果皮粉碎成颗粒，与捏碎的葡萄混合均匀一起进入下一步程序。通过在巨峰葡萄酿酒过程中加入山竹果皮发酵，增加了葡萄酒中酚类物质的含量，改善了巨峰葡萄酒的风味品质，同时充分利用了山竹果皮资源，减少污染。

基于时空关联的停止线实时识别与测距方法

发 明 人：袁家政　刘宏哲　郑永荣
证 书 号：第 2649275 号
专 利 号：ZL 2014 1 0677821.9
专利申请日：2014 年 11 月 23 日
专 利 权 人：北京联合大学
授权公告日：2017 年 10 月 10 日

摘要：

基于时空关联的停止线实时识别与测距方法属于无人驾驶领域。首先通过智能车上的 GPS 装置获取路口类型、距离，当距离小于 100 米时将会及时启动停止线识别程序。通过摄像机获取车辆前方的路面图像，对原始图像进行灰度化、逆透视变换、自适应二值化处理，然后对二值化图像进行水平边沿信息提取，再对图像进行霍夫直线变换检测直线，计算直线的长度以及直线和直线间的宽度来确定是否为停止线。停止线测距是利用图像逆透视变换后呈线性关系，建立模型，进行停止线与车辆的距离测算。当连续 5 帧图像都识别到停止线并且所测距离是一个由大到小的变化过程时，则认为稳定识别到了停止线并将其结果进行返回。

本发明减少运算开销还极大地提高停止线识别的准确性、实时性以及停止线测距的精度。

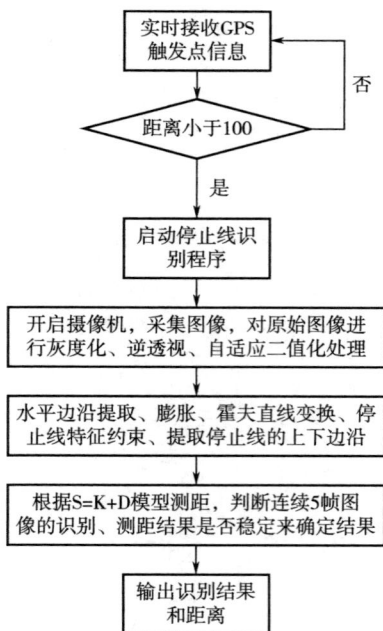

一种苯和二氧化硫的催化发光敏感材料

发　明　人：周考文　范慧珍　彭兆快

证　书　号：第 2653273 号

专　利　号：ZL 2015 1 1031120.9

专利申请日：2015 年 12 月 25 日

专 利 权 人：北京联合大学

授权公告日：2017 年 10 月 20 日

摘要：

一种苯和二氧化硫的催化发光敏感材料，其特征是石墨烯负载的由 Bi_2O_3、PbO 和 In_2O_3 组成的复合材料。其制备方法是：将天然石墨分别经过发烟硫酸、高锰酸钾浓硫酸溶液和过氧化氢的氧化处理，制成氧化石墨烯；将草酸铋、醋酸铅和硝酸铟制成溶液，加入琼脂粉形成凝胶，将此凝胶烘干，焙烧和冷却，得到由 Bi_2O_3、PbO 和 In_2O_3 组成的复合金属氧化物；将此复合金属氧化物和前述的氧化石墨烯加入水合肼水溶液中，用氙灯照射，过滤并烘干即得到石墨烯负载的由 Bi_2O_3、PbO 和 In_2O_3 组成的复合材料。

使用本发明所提供的敏感材料制作气体传感器，可以在现场快速、准确测定空气中的微量苯和二氧化硫而不受常见共存物的干扰。

一种低温甲烷催化燃烧催化剂的制备方法

发 明 人：周考文　范慧珍　程艳玲

证 书 号：第 2663493 号

专 利 号：ZL 2015 1 0345763.4

专利申请日：2015 年 06 月 23 日

专 利 权 人：北京联合大学

授权公告日：2017 年 10 月 20 日

摘要：

本发明涉及一种低温甲烷催化燃烧催化剂的制备方法，是由 Fe_2O_3、SnO_2 和 ZrO_2 组成的纳米复合粉体材料。其制备方法是：将易溶于酸性水溶液的铁盐、锡盐和锆盐共溶于盐酸水溶液中，加入适量没食子酸和正丁醇，升温并搅拌，加热回流，旋转蒸发，降至室温后滴加氨水至 pH 值为 2.8-3.1 和 4.8-5.2，分别静置陈化，过滤并将滤出物烘干研磨后，在箱式电阻炉中在 280-300℃ 和 460-480℃ 变温焙烧，自然冷却得到由 Fe_2O_3、SnO_2 和 ZrO_2 组成的复合粉体材料。

使用本发明所提供的复合粉体材料作为甲烷的催化燃烧催化剂，200℃ 时甲烷的转化率超过 70%，T_{90} 约为 230℃。

一种具有增强免疫调节作用的
类球红细菌纳米粉及其制备方法

发　明　人：李祖明　孔丽娜　高丽萍　惠博棣　白志辉　王栋　杨卫东

证　书　号：第 2665478 号

专　利　号：ZL 2014 1 0247137.7

专利申请日：2014 年 06 月 05 日

专 利 权 人：北京联合大学

授权公告日：2017 年 10 月 24 日

摘要：

一种具有增强免疫调节作用的类球红细菌纳米粉及其制备方法，属于类球红细菌技术领域。本发明用苹果酸铷、葡萄糖、硫酸铵和酵母浸粉为主要原料，生产具有增强免疫调节作用的纳米粉的方法，采用的菌株是一株具有增强免疫调节作用的类球红细菌（Rhodobacter Sphaeroides）。

本发明将类球红细菌制备为纳米粉，经动物实验表明该纳米粉具有增强免疫调节作用。由于其尺寸上的微观性，纳米材料具有与传统材料不同的表面效应、小尺寸效应、量子尺寸效应及宏观量子隧道效应，因此类球红细菌纳米粉便于实验动物和人体所吸收利用。采用高能纳米冲击磨制备纳米粉容易实现扩大生产和产业化，将其开发为功能（保健）食品有利于人体健康。

架空电缆巡线机器人的荡越式机器臂及越障方法

发 明 人：杨志成 张利霞 张景胜 闫贵琴 刘茜
证 书 号：第 2676796 号
专 利 号：ZL 2015 1 0650556.X
专利申请日：2015 年 10 月 09 日
专 利 权 人：北京联合大学
授权公告日：2017 年 10 月 31 日

摘要：

本发明公开了一种架空电缆巡线机器人的荡越式机器臂和越障方法，该机器人由本体和控制系统组成，该本体至少包括有一机体、一对行走机构和一对机器臂，各行走机构具有一对行走轮，各行走机构位于对应侧的机器臂之上且中部与该对应侧机器臂的指关节相连接；一对机器臂分别安装在机体的两端侧，各机器臂中至少包括有一对指关节、一腕关节、一带有肘关节的肘臂和一肩关节，其中，所述的肩关节设在机体的端点处；在各机器臂的指关节和腕关节间还设有一个水平旋转关节；各机器臂的腕关节与机体两端点间连有柔索，该整根绳索以腕关节处的定滑轮为支点可向两侧滑动以调节两侧绳索长度和张力。其跨越障碍物长、稳定性强且快捷。

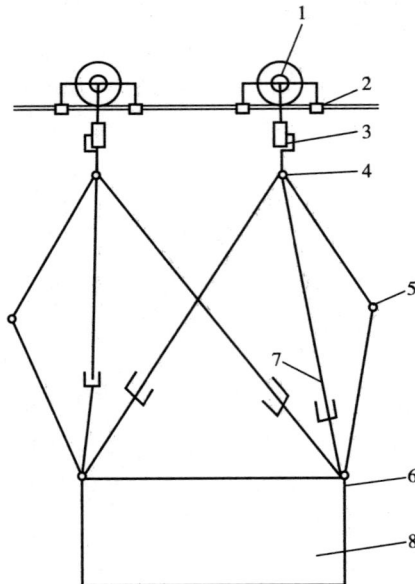

1—行走机构 2—指关节 3—水平旋转关节 4—腕关节 5—肘关节 6—肩关节 7—柔索 8—机体

一种夜间巡逻机器人自动循迹方法

发　明　人：张军　刘元盛　鲍泓　章学静　袁汝诚　李英杰　梁晓云
证　书　号：第 2634516 号
专　利　号：ZL 2015 1 0312932.4
专利申请日：2015 年 06 月 09 日
专利权人：北京联合大学
授权公告日：2017 年 11 月 07 日

摘要：

本发明涉及一种夜间巡逻机器人自动循迹方法，机器人沿地面铺设的配套循迹线自动巡逻，所述方法包括：机器人初始化；所述机器人底部安装的灰度传感器和所述灰度传感器自身包含的照亮装置完成对所述配套循迹线的检测；所述机器人根据检测数据依照循迹算法得到移动结果，所述机器人根据所述移动结果进行自动巡逻移动，所述循迹算法中取黑白色灰变值的平均值为识别黑白色临界值，设定当灰度值高于黑白色临界值时识别为白色，当灰度值低于黑白色临界值时则识别为黑色，所述移动结果包括左偏、右偏、直行、左转弯、右转弯。

本方案通过合理设计黑白线轨迹铺设方法和灰度传感器在机器人底部的位置，结合相应的循迹算法，可以实现机器人在夜间黑暗环境下精确、稳定循迹。

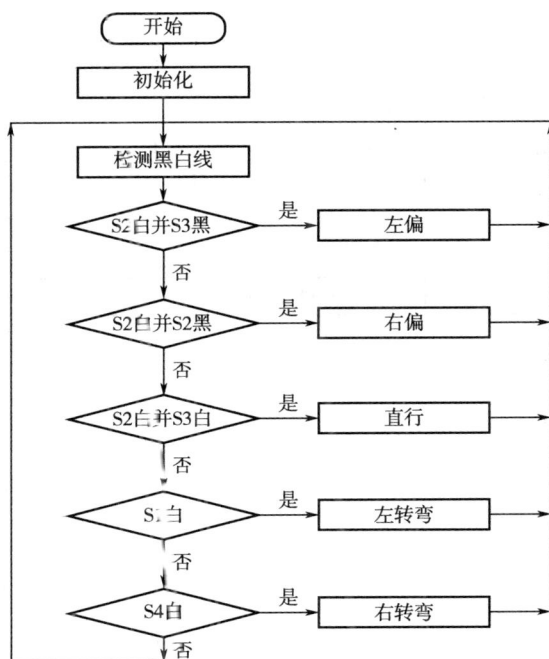

一种可穿戴式心电信号监测评估系统及实现方法

发 明 人：姜余祥　马楠　甘银云　孙聪　杨育垚
证 书 号：第 2684524 号
专 利 号：ZL 2014 1 0677704.2
专利申请日：2014 年 11 月 24 日
专 利 权 人：北京联合大学
授权公告日：2017 年 11 月 07 日

摘要：

本发明涉及一种可穿戴式心电信号监测评估系统及实现方法，所述系统包括嵌入式控制单元，用于协调所述系统内部各单元的工作；模拟心电信号源，用于系统调试；心电信号调整电路，用于接入不同特征的心电信号以及对关键参数进行设定；心电信号接口，用于接收心电信号；蓝牙通信接口，用于完成数据传输；移动终端，用于发布应用软件的测试，所述终端包括蓝牙通信接口。该系统具有生理信号检测和处理、信号特征提取和数据传输等基本功能模块，可以实现对人体的无创监测、诊断，同时设计者可以根据所设计的应用较为灵活的组件硬件结构和方便地完成软件调整，从而在较短的时间内构成应用系统，并对应用系统的结构和性能指标和仿真。

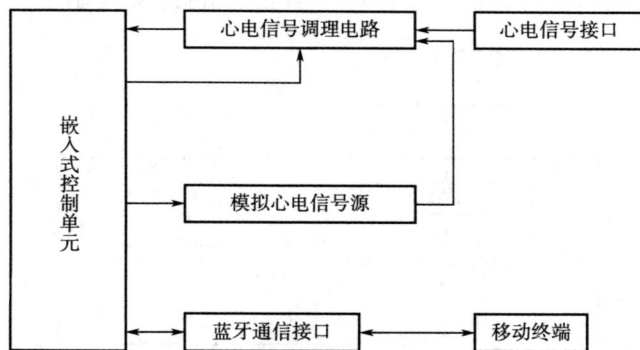

自然形态连续花纹生成器

发 明 人：曲欣
证 书 号：第 2696254 号
专 利 号：ZL 2013 1 0298332.8
专利申请日：2013 年 07 月 16 日
专 利 权 人：北京联合大学
授权公告日：2017 年 11 月 14 日

摘要：

本发明提供的自然形态连续花纹生成器，涉及花纹生成技术领域，包括拍摄台（1）、支撑杆（2）、数码拍摄头（3）、创意镜头（4）、电源（5）、固定装置（6）和数据导线（7），其中，固定装置（6）包括第一固定装置（6-1）和第二固定装置（6-2），拍摄台是整台设备的底座，被拍摄物放置在拍摄台上，数码拍摄头位于拍摄台正上方，由支撑杆纵向连接，数码寻线从支撑杆中间穿过，拍摄台外接电源，并通过第一固定装置与连接杆连接，连接杆通过第二固定装置与数码拍摄头连接，数码拍摄头上装有创意镜头。

本发明提供一种自然形态连续花纹生成器，能够从自然形态中取材，并直接转化为大面积连续图案。

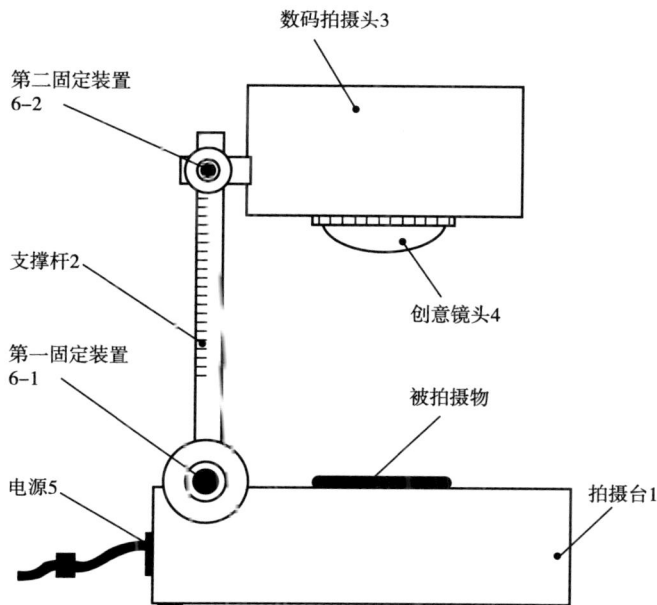

一种山豆根、贯众复配农用杀菌剂及其制备方法

发　明　人：葛喜珍　裴庆慧　田平芳
证　书　号：第 2703164 号
专　利　号：ZL 2015 1 0262283.1
专利申请日：2015 年 05 月 21 日
专 利 权 人：北京联合大学
授权公告日：2017 年 11 月 17 日

摘要：

本发明公开了一种山豆根、贯众复配农用杀菌剂及其制备方法。该杀菌剂是以山豆根、贯众和地榆的复方提取液为主要成分，加入助剂复配而成的水剂，按重量百分比计由以下成分组成：复方提取液 50%~80%，表面活性剂 2%~8%，增效剂 0~8%，防冻剂 5%~10%，余量为水。其制备方法为：（1）将山豆根、贯众和地榆按比例混合，粉碎，微波水提，滤液醇沉，真空抽滤，浓缩得到 0.8~2.0g 生药/mL 的复方提取液；（2）向复方提取液中依次加入防冻剂、表面活性剂、增效剂，混合，加水定容，其中按重量百分比计，复方提取液 50%~80%，表面活性剂 2%~8%，增效剂 0~8%，防冻剂 5%~10%，余量为水。

本发明的农用杀菌剂成本低、效果好，无毒无残留，生产工艺简单，适宜工业化生产。

基于双低成本摄像头的车道偏离预警方法

发　明　人：刘宏哲　袁家政　李超　宣寒宇　牛小宁　门晓杰
证　书　号：第 2705885 号
专　利　号：ZL 2016 1 0423005.4
专利申请日：2016 年 06 月 15 日
专 利 权 人：北京联合大学
授权公告日：2017 年 11 月 21 日

摘要：

基于双低成本摄像头的车道偏离预警方法属于辅助驾驶领域。本发明利用双低成本的摄像头实现了车道偏离预警算法。首先通过安装在智能车左右车耳朵下的摄像头获取实时图像；接着分别对两副图像进行预处理、IPM、特征点提取等；再根据候选车道线的特征点进行聚类后得到车道线特征点；再对图像进行霍夫直线变换检测；最后提取左摄像头的最右边车道线和右摄像头的最左边车道线进行计算偏离距离。偏离距离计算是在图像逆透视变换后的 IPM 图像上建立的模型，有效地解决出现一侧摄像头检测失败的情况。

本发明用双低双成本的摄像头代替了传统单个高清工业摄像头，不仅极大地降低了成本，而且在算法运算开销、准确性、实时性等方面都有很好的表现。

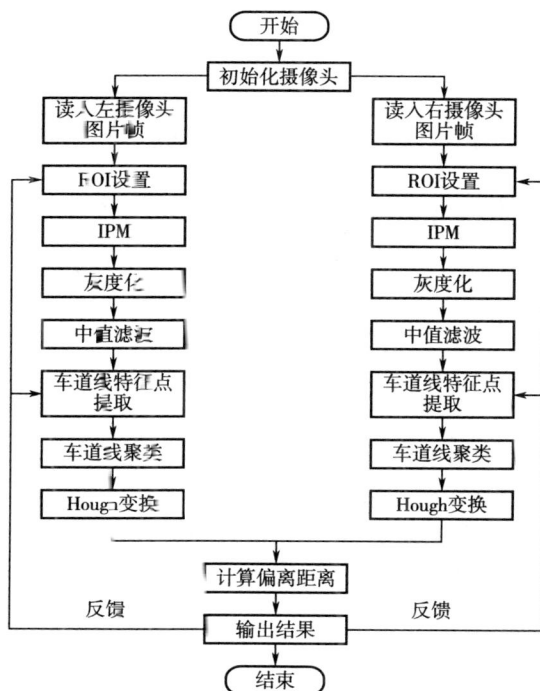

一种焊枪姿态调整机构

发　明　人：卢振洋　夏齐霄
证　书　号：第 2713217 号
专　利　号：ZL 2016 1 0017783.3
专利申请日：2016 年 01 月 12 日
专利权人：北京联合大学
授权公告日：2017 年 11 月 24 日

摘要：

一种焊枪姿态调整机构，属于机械领域。第一底座和第二底座分别固定在焊接机器人末端，为机构机架；机构的构件分别位于两个平面内：第一底杆的一个端部与第一底座以转动副 B 相连接；第一底杆的另一个端部与第一连杆的一个端部以转动副 C 联接，该第一连杆的另一个端部以转动副 H 联接于第一支杆的中部；第三连杆在一个端部以转动副 G 联接第一支杆的一个端部，该第三连杆的另一个端部以转动副 F 连接到第一底杆的中部；第一支杆的另一个端部以转动副 I 联接背托的中部；以上转动副 F、C、H、G和 I 的轴线相互平行，垂直于平面 a；另一平面类似；第一底杆的轴线 BC 与第二底杆的轴线 DE 相互垂直。

本发明可保证焊枪工作中可任意调整工作角而不偏离焊缝。

1—第一底座　2—第一底杆　4—第一支杆　5—背托　6—第一连杆　7—焊枪托
8—第二底座　9—第二连杆　10—第二支杆　11—第二底杆　16—第三连杆　19—第四连杆
A—转动副　B—转动副　C—转动副　D—转动副　E—转动副　F—转动副　G—转动副　H—转动副
I—转动副　J—转动副　K—转动副　L—转动副　M—转动副　N—转动副　O—点　a—平面　b—平面

一种基于流体雾化的太阳能散热伞

发 明 人：王淑芳　席巍

证 书 号：第 2723025 号

专 利 号：ZL 2016 1 0006611.6

专利申请日：2016 年 01 月 05 日

专 利 权 人：北京联合大学

授权公告日：2017 年 12 月 01 日

摘要：

本发明公开了一种基于流体雾化的太阳能散热伞，伞柄内设有流体驱动设备和微容器，流体驱动设备利用转换装置内的电能将微容器内的流体抽出经过流体雾化设备雾化后经微流体通道喷出，伞杆底部设置双位推动开关，双位推动开关通过上位和下位位置的切换能够实现微型蓄电池的太阳能充电和微通道散热功能的转换。

本发明通过太阳能发电驱动流体雾化降温，不仅能有效解决紫外线照射的问题，而且充分利用绿色能源营造伞内清凉空间，环保、节约资源，功能多样，使用方便，实用性较强。

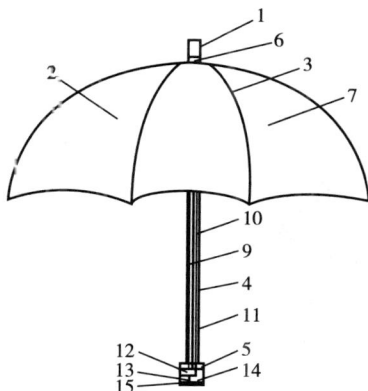

1—伞头　2—伞面　3—伞骨　4—伞杆　5—伞柄　6—微型蓄电池
7—柔性薄膜太阳能电池　9—流体通道　10—导线　11—电源开关
12—强力微泵　13—泵抽流体通道　14—微容器　15—旋转式微容器盖

一种自动嫁接机整排切苗装置

发　明　人：李军　刘长青　席巍　李明海　薛瑶
证　书　号：第 2735200 号
专　利　号：ZL 2015 1 0323247.1
专利申请日：2015 年 06 月 15 日
专利权人：北京联合大学
授权公告日：2017 年 12 月 12 日

摘要：

本发明涉及一种自动嫁接机整排切苗装置，包括切苗机构和苗夹持机构，所述苗夹持机构包括上夹持机构和下夹持机构，分别夹持苗的上下两个位置，为切苗做准备，切苗位置位于两个苗夹持位置的中间；切苗机构包括切苗气缸、切苗气缸固定板、微调平台、切苗机构固定板、刀片锁紧套筒、刀架、刀片，刀片固定套筒和刀架与切苗气缸的连接板。图 1 为立体图，图 2 为图 1 中 I 处的放大图。

本发明中的刀架为特殊的刀架结构，可以快速便捷地更换切苗刀片和刀片固定块，因此可以满足劈接法和斜接法等不同嫁接方法的切苗需求。

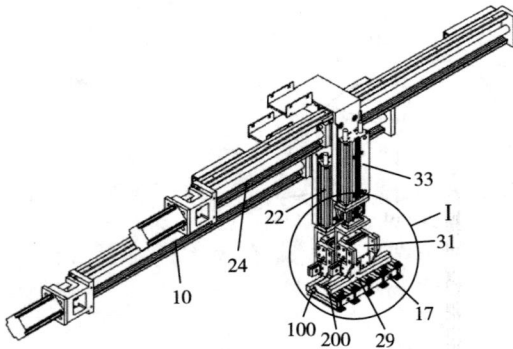

图 1

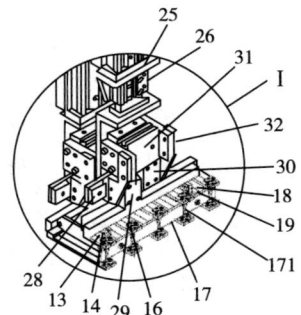

图 2

10—第一直线运动机构　13—左侧挡苗板气缸固定板　14—左侧挡苗板气缸
16—导苗块　17—导苗板　18—右侧挡苗板气缸　19—右侧挡苗板气缸固定板
22—第一升降大气缸　24—第二直线运动机构　25—升降气缸连接板　26—升降气缸
28—第二夹苗滑轨　29—上部左夹持爪　30—上部右夹持爪　31—第二夹苗气爪
32—夹持爪连接板　33—第二升降大气缸　100—下夹持机构　171—刀槽　200—上夹持机构

智能淋浴行为控制系统与方法

发　明　人：李春旺　杨志成　朱永林　任慧荣　李玉玲
证　书　号：第 2753193 号
专　利　号：ZL 2015 1 0025788.6
专利申请日：2015 年 1 月 19 日
专　利　权　人：北京联合大学
授权公告日：2017 年 12 月 26 日

摘要：

本发明提供智能淋浴行为控制系统与方法，所述智能淋浴行为控制系统包括：淋浴器和智能淋浴行为控制器。所述智能淋浴行为控制方法通过家庭成员对淋浴过程的用水需求特征，设定标准总用水量和各淋浴环节标准用水量，形成家庭成员个性化淋浴标准程序。根据本发明的智能淋浴行为控制系统与方法，可以选择适用淋浴过程为普通模式和智能控制模式，其智能控制模式通过语音进行提醒和用水控制，以调节和规范人们淋浴行为习惯，起到节水节能作用。此外，本发明的系统与方法还可以实现按次和月进行个人和全家淋浴用水量数据统计，并通过 USB 接口导出和利用 Wi-Fi 无线通信发送数据，用于存储、统计以及科学用水管理等。

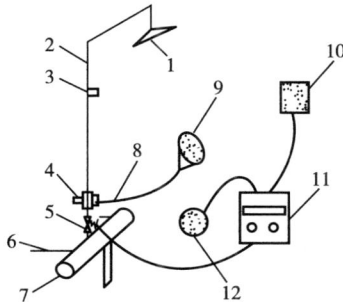

1—固定沐浴喷头　2—固定管道　3—支架　4—淋浴分水器　5—电磁阀　6—冷热水管
7—淋浴混水阀　8—金属软管　9—活动喷头　10—扬声器　11—智能控制单元　12—拾音器

一种热障密封件

发　明　人：刘端祥

证　书　号：第 2756375 号

专　利　号：ZL 2015 1 0882916.9

专利申请日：2015 年 12 月 04 日

专利权人：北京联合大学

授权公告日：2017 年 12 月 29 日

摘要：

本发明涉及一种热障密封件，包括外层密封件，在所述外层密封件内设有至少两个内层密封件，所述外层密封件和所述内层密封件均包括由网面围成的网状骨架，所述内层密封件的网状骨架套装在所述外层密封件的网状骨架内且轴向相同，本发明为能够很好满足 800℃ 高温的，由金属和陶瓷纤维，融合编织技术和激光焊接技术制造成的复合材料密封件，这种密封件能够满足高温环境下刚度和热障性能要求。本发明热障密封件综合了金属与陶瓷纤维的各自优势，在受压缩后，依靠高温合金钢材料的弹性趋于恢复自由状态形状，产生自动压紧效应，形成接触面间的接触力来实现密封。图 1 为断面剖视图，图 2 为图 1 中网状骨架的结构示意图。

本发明制造方便，密封性能可靠，可广泛应用在高温环境下。本发明一般应用航天装备上。

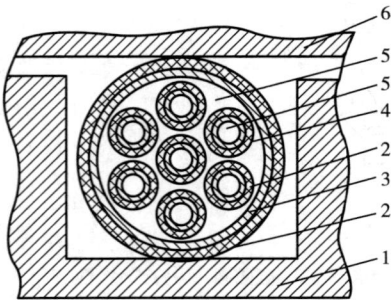

图 1

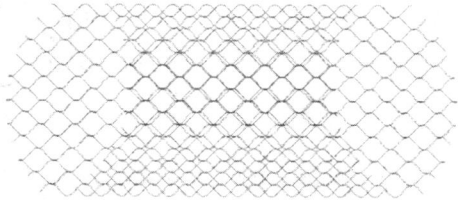

图 2

1—凹槽　2—隔热织层　3—外层密封件　4—内层密封件　5—隔热材料　6—向上法兰

实用新型专利

一种具有警报功能的电能表

发 明 人：陈景霞　王廷梅　刘琨　赵劲松　李爱菊　杜丽娟　李琳

证 书 号：第 5857346 号

专 利 号：ZL 2016 2 0046558.8

专利申请日：2016 年 01 月 19 日

专 利 权 人：北京联合大学

授权公告日：2017 年 01 月 11 日

摘要：

一种具有警报功能的电能表，该电能表包括警报模块 9、显示模块 10、用电功率比较模块 11、电器最大功率输入模块 12 和 Wi-Fi 模块 13，电器最大功率输入模块 12 输入最大功率电器的功率值，用电功率比较模块 11 用于计算实际用电总功率与电能表额定功率的差值，并将该差值与最大功率电器的功率值进行比较，显示模块 10 用于显示用电量信息和所述差值，警报模块 9 用于报警，Wi-Fi 模块 13 将警报信息和所述差值发送到移动终端或互联网终端 14。

该电能表能在家庭实际用电总功率接近电能表额定功率时进行警报提醒，避免了跳闸等情况的发生。

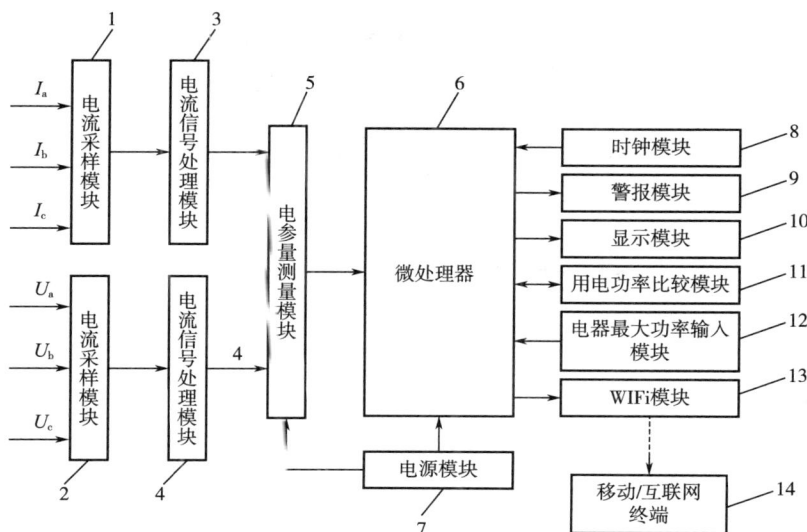

一种涂料喷嘴的清洗装置

发　明　人：任晓耕　丁丽
证　书　号：第 5931200 号
专　利　号：ZL 2016 2 0470057.2
专利申请日：2016 年 05 月 20 日
专利权人：北京联合大学
授权公告日：2017 年 02 月 15 日

摘要：

本实用新型涉及一种涂料喷嘴的清洗装置，包括喷嘴和针型阀芯，所述喷嘴上安装液体清洗帽，所述液体清洗帽上安装气体清洗帽，所述气体清洗帽上安装套筒，所述喷嘴与所述液体清洗帽安装后构成液体清洗腔道，所述液体清洗帽和所述气体清洗帽安装后构成气体清洗腔道。

本实用新型先利用液体清洗腔道内的高流速清洗液对喷嘴的涂料喷射孔周边进行冲刷清洗，然后再通过气体清洗腔道内的高速气流二次清洗，清洗更彻底，效果更好。

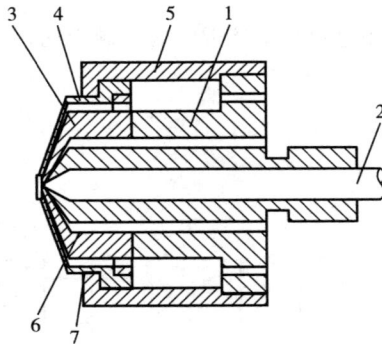

1—喷嘴　2—针型阀芯　3—液体清洗帽　4—气体清洗帽　5—套筒　6—液体清洗腔道　7—气体清洗腔道

一种自动装卸料小车的电气控制系统

发　明　人：陈惠荣　杨志成

证　书　号：第 6018271 号

专　利　号：ZL 2016 2 1106738.7

专利申请日：2016 年 10 月 09 日

专　利 权 人：北京联合大学

授权公告日：2017 年 03 月 29 日

摘要：

本实用新型公开了一种自动装卸料小车的电气控制系统，包括主回路、控制回路，主回路包括三相电机，控制回路包括两个并联支路，第一支路包括反向行驶启动按钮的常闭触点、正向到位行程开关的常闭触点、正向行驶接触器的线圈、反向行驶接触器的常闭触点，第二支路包括正向行驶启动按钮的常闭触点、反向到位行程开关的常闭触点、反向行驶接触器的线圈、正向行驶接触器的常闭触点，三相电机的转轴与速度继电器的转轴相连，正向行驶接触器的线圈与速度继电器的常闭触点相串联，反向行驶接触器的线圈与速度继电器的常闭触点相串联。

本实用新型可避免因主回路电源相序接反造成三相电机逆向转动带来的一系列安全事故，确保装卸料的安全作业。

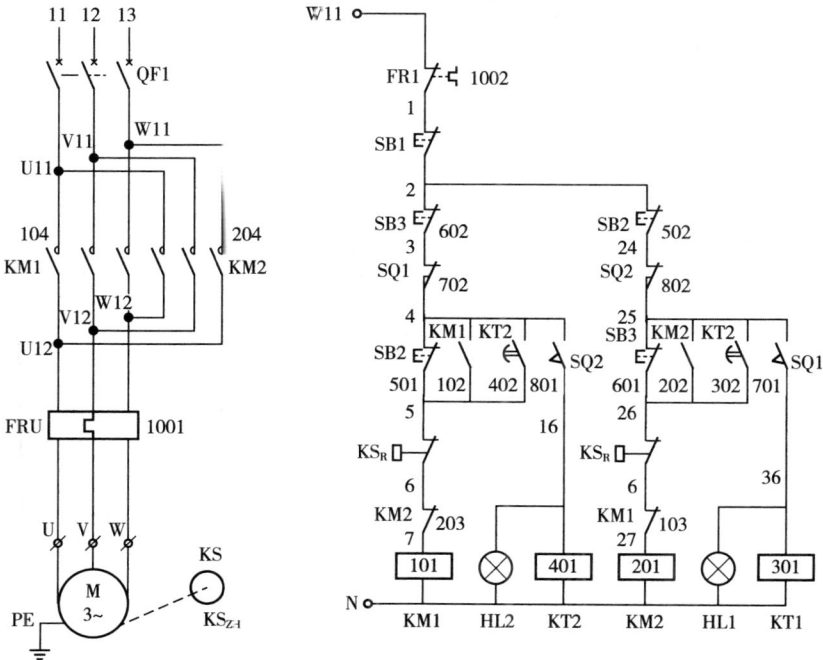

一种传感器原理及应用实验教学系统

发　明　人：龙浩　李媛
证　书　号：第 6093604 号
专　利　号：ZL 2016 2 0514557.1
专利申请日：2016 年 05 月 31 日
专 利 权 人：北京联合大学
授权公告日：2017 年 04 月 19 日

摘要：

本实用新型公开了一种传感器原理及应用实验教学系统，它包括传感器模块、无线数据收发模块、无线交互协调器和开放式上位机，其中：传感器模块包括若干不同种类的传感器以及调理传感器所输出模拟信号的信号调理模块，信号调理模块与无线数据收发模块有线连接，无线数据收发模块与在实验室环境下实现短距离无线通信的无线交互协调器之间进行无线通信，无线交互协调器与支持多种语言二次开发个性化交互界面以及增减、更改实验项目的开放式上位机之间通过串口通信方式有线连接。

本实用新型使实验操作变得更加灵活，实验过程采用无线方式实现，可根据实验需求进行扩充，实验拓展性强，实用性强。

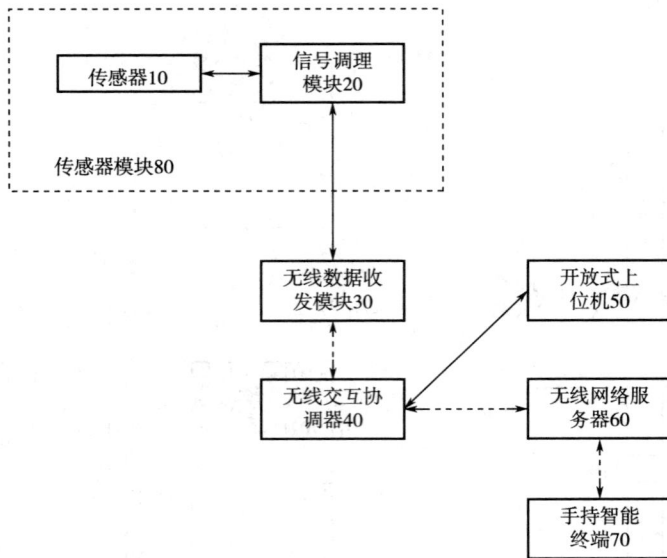

一种椭圆柱体樟木块长条书架

发 明 人：姜喜兰　张树蕊　吴中平　柳鹄　李达　张远利
证 书 号：第 6111781 号
专 利 号：ZL 2016 2 0892142.8
专利申请日：2016 年 08 月 16 日
专 利 权 人：北京联合大学
授权公告日：2017 年 04 月 26 日

摘要：

一种椭圆柱体樟木块长条书架，涉及一种书架。包括底板和固定在底板上的多个椭圆柱体樟木块，底板为具有一定厚度的柔性可弯曲的长方形平面条状结构材料，樟木块整体为椭圆柱体即截面为椭圆，椭圆柱体上端面为具有一定的坡度的斜平面，底端端面为平面，樟木块底端固定在底板上；多个樟木块相互平行，相邻的两个樟木块具有一定间隔空隙。解决了书籍或档案因空气流通不畅、潮湿等容易发霉、滋生霉菌、虫害等问题。

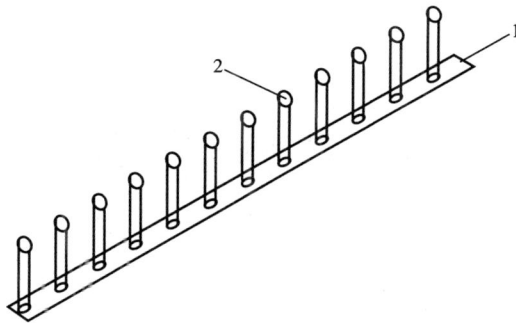

1—底板　2—樟木块

一种足球守门员训练用自动发球装置

发 明 人：朱超　范清惠　王光军　张强　王彬
证 书 号：第 6117138 号
专 利 号：ZL 2016 2 1105955.4
专利申请日：2016 年 10 月 09 日
专 利 权 人：北京联合大学
授权公告日：2017 年 05 月 03 日

摘要：

本实用新型涉及一种足球守门员训练用自动发球装置，包括机身、活动推板和电动机，所述活动推板的两侧通过弹性杆与支撑柱连接；电动机与活动推板通过拉力绳间接地连接在一起。工作时，电动机启动后拉力绳的一端缠绕在电动机的旋转轴上，另一端与活动推板固定连接，拉力绳缠绕的过程中将活动推板向电动机的方向拉近，活动推板移动到一定位置后使拉力绳脱离活动推板，在弹性杆的作用下，活动推板向前运动，从而将足球推出。

本实用新型的自动发球装置具有安全高效、移动方便等优点。

1—机身　2—支撑架　3—移动轮　4—支撑柱　5—电动机　6—推板移动槽
7—缓冲板　8—弹性杆　9—活动轮　10—绕线盘　11—旋转轴　12—活动推板
13—固定把手　14—钩子　15—放置槽　16—拉力绳

一种椭圆柱体樟木块拱形长条书架

发　明　人：姜素兰　张远利　闫龚　张树蕊　李达　吴中平

证　书　号：第 6216382 号

专　利　号：ZL 2016 2 0891404.9

专利申请日：2016 年 08 月 16 日

专 利 权 人：北京联合大学

授权公告日：2017 年 06 月 13 日

摘要：

一种椭圆柱体樟木块拱形长条书架，涉及一种书架。包括拱形底板和固定在底板上的多个椭圆柱体樟木块，底板为具有一定厚度的柔性可弯曲的条状拱形结构，底板的整体为长条状结构，沿长条的长度方向可弯曲，垂直长度方向的截面为拱形结构；樟木块整体为椭圆柱体即截面为椭圆，椭圆柱体上端面为具有一定的坡度的斜平面，底端端面为与拱形结构相对应的半圆柱凹槽，樟木块底端固定在底板拱形结构上；多个樟木块相互平行，相邻的两个樟木块具有一定间隔空隙，相邻的两个樟木块之间的拱形结构沿拱形宽度方向打有通孔。解决了书籍或档案因空气流通不畅、潮湿等容易发霉，滋生霉菌、虫害等问题。

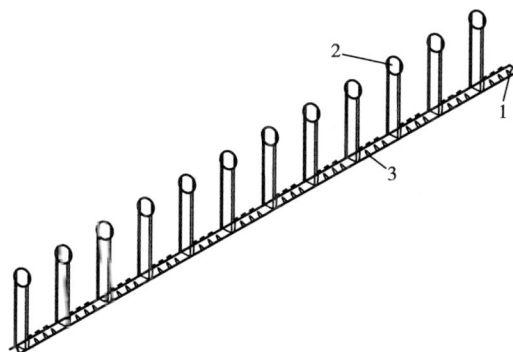

1—底板　2—樟木块　3—通孔

一种楔形长方体柱樟木块带梯形凸起的长条书架

发 明 人：姜素兰　闫燊　张远利　杨影　柳鹄　李达
证 书 号：第 6214631 号
专 利 号：ZL 2016 2 0890274.7
专利申请日：2016 年 08 月 16 日
专 利 权 人：北京联合大学
授权公告日：2017 年 06 月 13 日

摘要：

一种楔形长方体柱樟木块带梯形凸起的长条书架，涉及一种书架。包括底板和固定在底板上的多个楔形长方体柱樟木块，底板为柔性可弯曲的条状结构，楔形长方体柱樟木块整体为长方体柱，上端面具有一定的坡度，从而构成楔形，樟木块底端下端面为平面结构，樟木块底端固定在底板上；多个楔形长方体柱樟木块相互平行，相邻的两个楔形长方体柱樟木块具有一定间隔空隙，在相邻的两个楔形长方体柱樟木块间隔空隙之间底板上具有梯形台凸起，使得凸起与樟木块之间具有空隙。解决了书籍或档案因空气流通不畅、潮湿等容易发霉、滋生霉菌、虫害等问题。

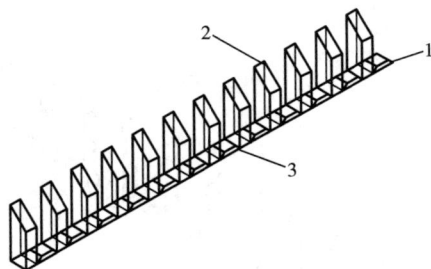

1—底板　2—樟木块　3—梯形台凸起

一种楔形长方体柱樟木块长条书架

发 明 人：姜素兰　吴中平　张远利　闫奂　杨影　张树蕊

证 书 号：第 6219155 号

专 利 号：ZL 2016 2 0891431.6

专利申请日：2016 年 08 月 16 日

专 利 权 人：北京联合大学

授权公告日：2017 年 06 月 13 日

摘要：

一种楔形长方体柱樟木块长条书架，涉及一种书架。包括底板和固定在底板上的多个楔形长方体柱樟木块，底板为具有一定厚度的柔性可弯曲的长方形平面条状结构材料，楔形长方体柱樟木块整体为长方体柱，上端面具有一定的坡度，从而构成楔形。樟木块底端固定在底板上；多个楔形长方体柱樟木块相互平行，相邻的两个楔形长方体柱樟木块具有一定间隔空隙。解决了书籍或档案因空气流通不畅、潮湿等容易发霉、滋生霉菌、虫害等问题。

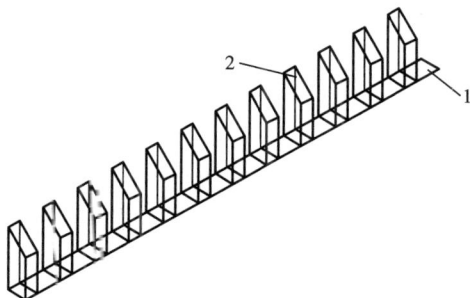

1—底板　2—樟木块

汽车驾驶座椅系统工效学测试装置

发 明 人：杨爱萍　张欣　王明举　吴会楠
证 书 号：第 6257818 号
专 利 号：ZL 2016 2 1155840.6
专利申请日：2016 年 10 月 31 日
专 利 权 人：北京联合大学
授权公告日：2017 年 06 月 27 日

摘要：

本实用新型涉及汽车驾驶座椅系统工效学测试装置，包括座椅、座椅支架、模拟驾驶室支架、滑道、导轨支架、电动导轨和光栅尺，座椅支架的下端与滑道相连，所述模拟驾驶室支架的下端安装有电动导轨，电动导轨上设有滑块，所述滑块与座椅支架之间通过连接板相连接并形成联动结构，电动导轨上安装有光栅尺。图示为主视图和俯视图。

本实用新型与现有技术相比的有益效果是：可以根据测试需求通过控制电动导轨的电机实现滑块联动座椅支架相对初始位置的前后方向移动，并通过光栅尺上显示的位移数值，以测出所需要的相对位置数据；也可以通过所述调整靠背角度结构用于测试出最适合操作者的驾驶坐姿角度。

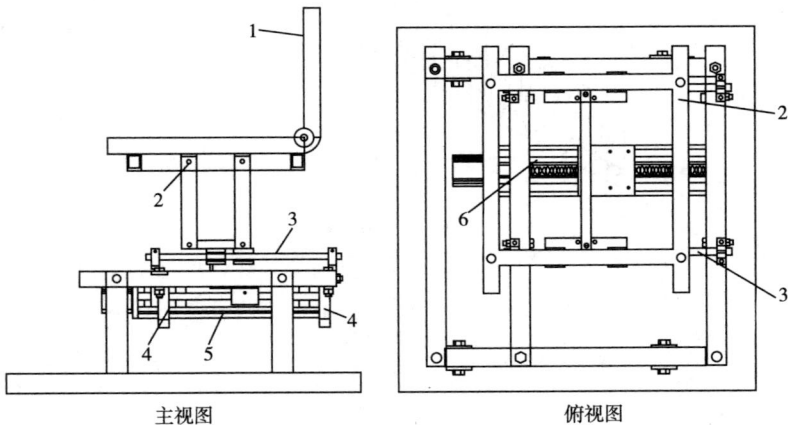

主视图　　　　　　　　　　　　俯视图

1—座椅　2—座椅支架　3—滑道　4—导轨支架　5—电动导轨　6—光栅尺

汽车驾驶台手刹系统工效学测试装置

发　明　人：杨爱萍　张欣　王明举　吴会楠

证　书　号：第 6266655 号

专　利　号：ZL 2016 2 1155720.6

专利申请日：2016 年 10 月 31 日

专 利 权 人：北京联合大学

授权公告日：2017 年 06 月 30 日

摘要：

　　本实用新型涉及汽车驾驶台手刹系统工效学测试装置，包括手刹杆、手刹杆基座、手刹支架和测试平台，手刹杆基座上装有手刹杆，手刹杆基座的底部装有手刹支架，手刹支架与所述测试平台之间装有三坐标测量系统。

　　本实用新型与现有技术相比的有益效果是：本实用新型用于汽车驾驶室结构与布局的人机工程学优化设计，结构简单、安装方便、测量精确，通过所述三坐标测量系统实现被测试者使用手刹杆时的相对位置测量和调整，精确记录被试者在驾驶姿态下达到自身最佳感觉的手刹位置数据，经一定样本的统计分析后获得适合各国人们舒适操作手刹杆的空间相对位置参数，最终用于指导手刹杆在驾驶室内的优化布局设计工作。

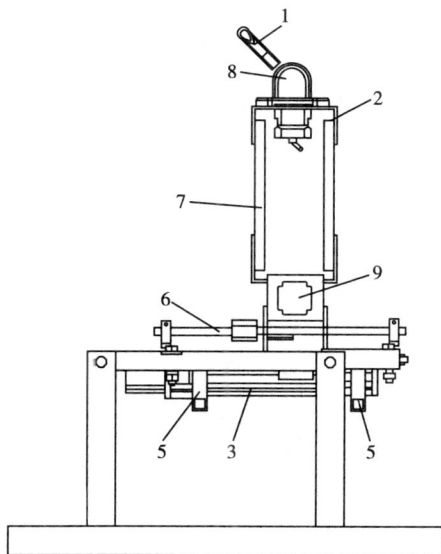

1—手刹杆　2—手刹支架　3—X 轴电动导轨总成　5—导轨支架

6—Y 轴导向滑道　7—Z 轴电动导轨总成　8—手刹杆基座　9—Y 轴电动导轨总成

一种稳衡炉温控制仿真教学系统

发　明　人： 佟世文　王磊　李凤仪　孔德豪　靳强
证　书　号： 第 6305340 号
专　利　号： ZL 2016 2 1332959.6
专利申请日： 2016 年 12 月 07 日
专利权人： 北京联合大学
授权公告日： 2017 年 07 月 14 日

摘要：

本实用新型公开了一种稳衡炉温控制仿真教学系统，系统上电后，由微处理器对四条支路进行实时的单支路调节，通过单支路调节算法以及温度加热仿真计算后作用于该支路，进行该支路数据的输出，输出到支路管道后将温度和流量变送器的信号传递至上位机数据采集以及监控系统；上位机数据采集以及监控系统将采的信号进行差动平衡计算，作用于模拟电动调节阀，完成所述稳衡炉温控制仿真教学系统的平衡控制。

通过干扰系数调节旋钮模拟现场发送变动时的情况，如发生意外事故时，可通过控制器使流量温度仍然保持恒定。在所述稳衡炉温控制仿真教学系统中，上位机数据采集以及监控系统实时采集现场情况，并可从中对现场情况进行监控。

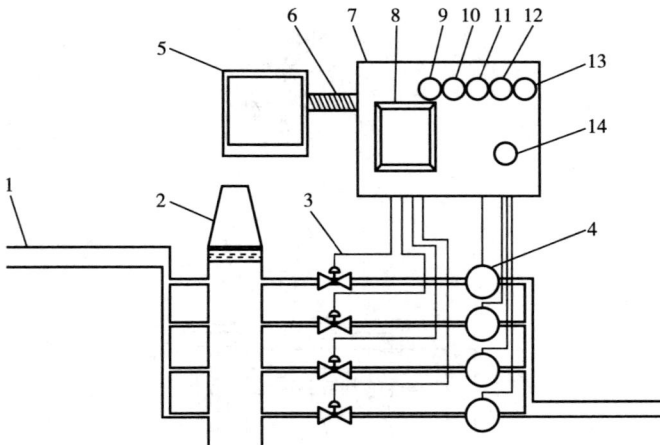

1—待加热液体总入口管道　2—恒温加热炉　3—电动调节阀　4—温度和流量变送器
5—上位机监控及数据采集系统　6—网络连接线　7—整体恒温加热参数操控面板
8—现场参数调节显示屏　9—干扰系数调节旋钮　10—比例系数调节旋钮　11—积分系数调节旋钮
12—微分系数调节旋钮　13—支路管道温度设定旋钮　14—支路选择旋钮

用电功率控制装置

发　明　人：金培莉　周玲燕
证　书　号：第 6521582 号
专　利　号：ZL 2016 2 1223798.7
专利申请日：2016 年 11 月 14 日
专利权人：北京联合大学
授权公告日：2017 年 10 月 10 日

摘要：

　　本实用新型公开了一种用电功率控制装置，设置于 220V 交流电和宿舍供电系统之间，它由电源电路、电压采样电路、电压比较电路、开关控制电路连接组成；电源电路接 220V 交流电，电源电路将 220V 交流电经降压、整流、稳压和滤波后输出 12V 直流电压为放大器提供电源电压；电压采样电路包括电流互感器、整流二极管和滤波电容，对宿舍用电功率进行采样；开关控制电路包括三极管、继电器，根据电压比较的结果实现在宿舍供电系统的开关控制。

　　本实用新型的用电功率控制装置，电路结构简单，实用性强，用于集体宿舍的限电控制，根据用电功率来自动判断电路开、合的状态，不需要人为干预更换保险丝，便捷、安全。

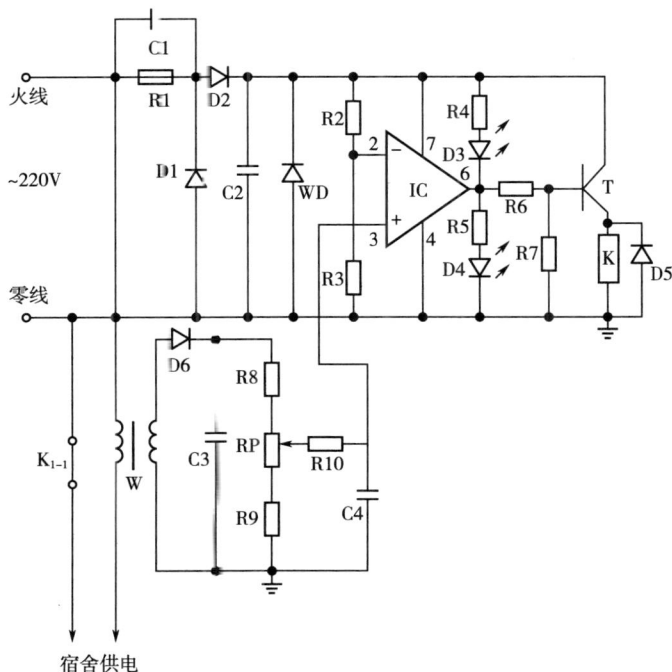

蓝牙智能控制器

发 明 人：张翠霞　周道贤

证 书 号：第 6550400 号

专 利 号：ZL 2016 2 1141251.2

专利申请日：2016 年 10 月 20 日

专 利 权 人：北京联合大学

授权公告日：2017 年 10 月 20 日

摘要：

本实用新型提供一种蓝牙智能控制器，包括显示单元、外围电路控制驱动电路单元、蓝牙 SOC、传感器，所述外围电路控制驱动电路单元连接所述蓝牙 SOC，所述传感器连接所述蓝牙 SOC。

本实用新型利用蓝牙技术构建智能插座和智能灯带提醒器，给人全新的与世界增强的用户体验，能很好地控制家中电器，灯带，是未来的一个应用方向。

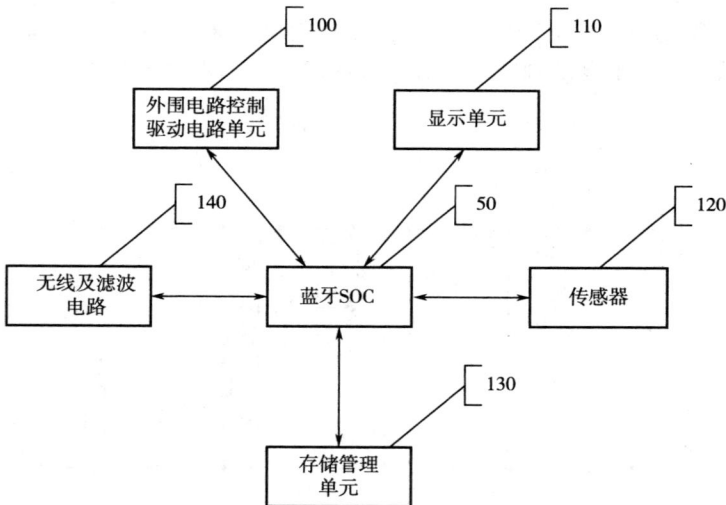

车载投影仪支架

发 明 人：逯燕玲 解文彬 白劲杰 杨广林 李艳涛
证 书 号：第 6657993 号
专 利 号：ZL 2017 2 0228054.2
专利申请日：2017 年 03 月 09 日
专 利 权 人：北京联合大学；南北旅游咨询（北京）有限责任公司
授权公告日：2017 年 11 月 28 日

摘要：

一种车载投影仪支架。它包括底盘和立柱；该立柱固定设于该底盘中部；该立柱截面呈正方形，在四个侧面分别设有竖向的滑道；各滑道内设有调节螺栓，与该滑道外侧的支撑杆连接；其中一个支撑杆上方还设有固定杆，该固定杆下端与对应滑道内的固定螺栓固定连接，该固定杆上端设有与车载投影仪对应的固定部；该支撑杆、固定杆均能沿对应的滑道竖向滑动，并通过对应的调节螺栓、固定螺栓固定位置。图示为主视图和 A-A 方向的剖视图。

本实用新型结构简单，容易携带，能适应各种地形，可以解决大型旅游车辆、火车、轮船上移动投影仪的途中稳定加固、支撑平衡和电力使用等问题。

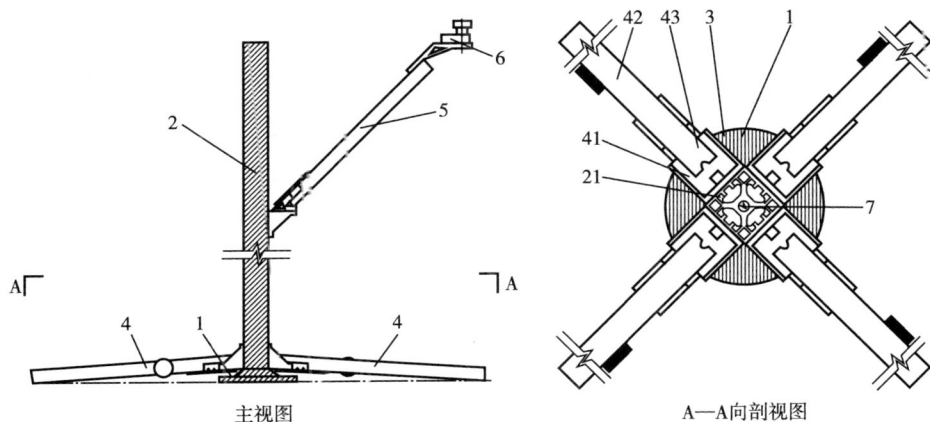

主视图

A—A向剖视图

1—底盘 2—立柱 3—调节螺栓 4—支撑杆 5—固定杆 6—固定部
7—蓄电池 21—竖向的滑道 41—第一滑座 42—第一伸缩杆 43—第一限位部

一种隔离型数控振荡电路

发 明 人：田文杰　吉素霞　贺玲芳

证 书 号：第 6761284 号

专 利 号：ZL 2017 2 0244289.0

专利申请日：2017 年 03 月 13 日

专 利 权 人：北京联合大学

授权公告日：2017 年 12 月 22 日

摘要：

　　本实用新型公开了一种隔离型数控振荡电路，它包括单片机，单片机与 DA 转换电路连接，振荡电路通过用来实现隔离以及调节振荡电路输出频率功能的线性光电耦合电路与 DA 转换电路连接。

　　本实用新型在单片机隔离控制的基础上实现了频率可调的振荡电路，达到了单片机与振荡电路有效结合的目的，在教学领域具有良好的应用前景。

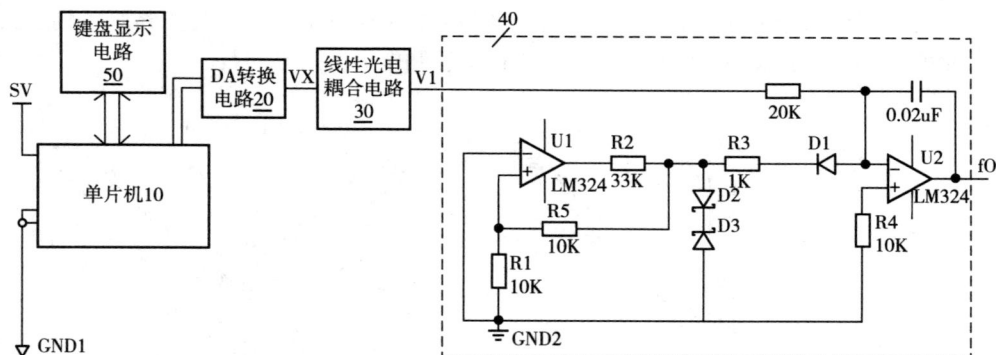

一种坐姿正脊按摩椅

发 明 人：程光　李迪

证 书 号：第 6781188 号

专 利 号：ZL 2016 2 1478912.0

专利申请日：2016 年 12 月 30 日

专 利 权 人：北京联合大学

授权公告日：2017 年 12 月 26 日

摘要：

本实用新型涉及一种坐姿正脊按摩椅，包括靠背，靠背上固设有安装底座，在安装底座的中轴线两侧并对应于人体脊柱周围两侧的上下位置各对称设置有两组转轮机构，所述两组转轮机构包括第一转轮机构、第二转轮机构、第三转轮机构和第四转轮机构，在靠背的顶部固设有牵引机构安装支座，牵引机构安装支座上装有牵引机构。

本实用新型与现有技术相比的有益效果是：通过对称设置的两组转轮机构所产生的轴向牵引和横向拉伸的联合载荷，实现对脊柱侧弯矫正的最佳效果；通过设置牵引机构所产生的轴向牵引力，实现拉伸脊柱的功能；所述转轮机构能够间接增加牵引力，以增加人体正脊的舒适感。

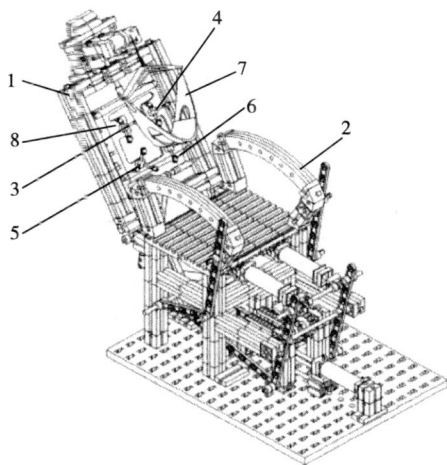

1—靠背　2—扶手　3—第一转轮机构　4—第二转轮机构　5—第三转轮机构
6—第四转轮机构　7—牵引机构　8—安装底座

颈部动度监测系统

发　明　人：程光
证　书　号：第 6779477 号
专　利　号：ZL 2016 2 1481565.7
专利申请日：2016 年 12 月 30 日
专利权人：北京联合大学
授权公告日：2017 年 12 月 26 日

摘要：

本实用新型公开了一种颈部动度监测系统，颈部动度监测系统包括多功能颈部动度测量仪、颈部动度监测装置及终端系统，多功能颈部动度测量仪具有固定架，固定架设置有旋转方向传感器、倾斜角度传感器和数据传输模块，颈部动度监测装置包括 MCU 控制器、电源模块、数据接口和显示模块，终端系统包括数据库。

本实用新型的颈部动度监测系统可以快速准确地进行颈部活动度测量并进行测量数据分析，将环形固定架套在人体的颈部，旋转方向传感器测量颈部旋转的方向和旋转角度，倾斜角度传感器测量颈部屈伸的方向和屈伸的角度，颈部活动度检测数据通过数据传输模块和数据接口传输至 MCU 控制器进行存储，MCU 控制器通过蓝牙模块或 Wi-Fi 模块与终端系统进行数据交互。

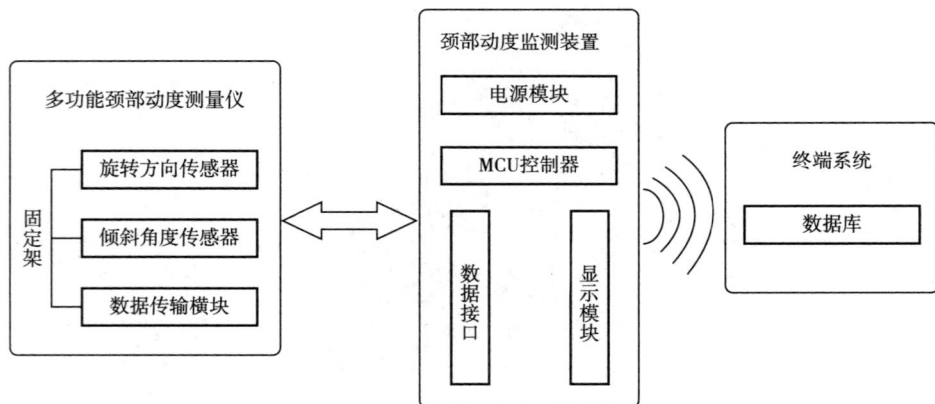

一种预防脊柱微变形的按摩椅

发　明　人：程光　李迪
证　书　号：第 6781258 号
专　利　号：ZL 2016 2 1482714.1
专利申请日：2016 年 12 月 30 日
专 利 权 人：北京联合大学
授权公告日：2017 年 12 月 26 日

摘要：

本实用新型涉及一种预防脊柱微变形的按摩椅，包括靠背，靠背上固设有安装底座，在安装底座的中轴线两侧并对应于人体脊柱周围两侧的上下位置各对称设置有两组转轮机构，所述两组转轮机构包括第一转轮机构、第二转轮机构、第三转轮机构和第四转轮机构。

本实用新型与现有技术相比的有益效果是：通过对称设置的两组转轮机构所产生的轴向牵引和横向拉伸的联合载荷，实现对脊柱侧弯矫正的最佳效果；同时所述转轮机构还能够间接增加牵引力，以增强人体在进行预防脊柱微变形的按摩过程中的舒适感。

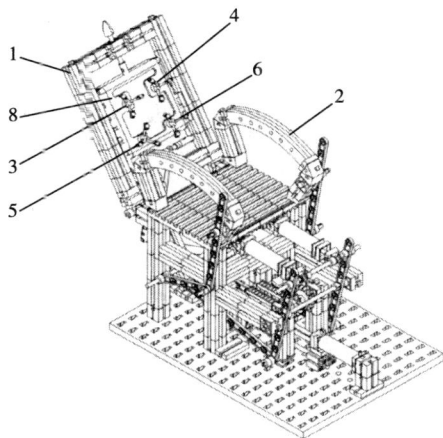

1—靠背　2—云手　3—第一转轮机构　4—第二转轮机构
5—第三转轮机构　6—第四转轮机构　8—安装底座

外观设计专利

挂毯

设 计 人：邓亚楠　乔鸿雁　夏航
证 书 号：第 4243256 号
专 利 号：ZL 2017 3 0010951.1
专利申请日：2017 年 01 月 11 日
专 利 权 人：北京联合大学
授权公告日：2017 年 08 月 01 日

摘要：

1. 本外观设计产品的名称：挂毯。

2. 本外观设计产品的用途：本外观设计产品用于装饰。

3. 本外观设计产品的设计要点：产品的图案和色彩的结合。

4. 最能表明本外观设计设计要点的图片或照片：主视图。

5. 省略视图：除主视图外其他视图无设计要点，故省略。

6. 请求保护的外观设计包含色彩。

主视图

挂毯

设　计　人：邓亚楠　乔鸿雁　夏航
证　书　号：第 4243253 号
专　利　号：ZL 2017 3 0010752.0
专利申请日：2017 年 01 月 11 日
专 利 权 人：北京联合大学
授权公告日：2017 年 08 月 01 日

摘要：

1. 本外观设计产品的名称：挂毯。
2. 本外观设计产品的用途：本外观设计产品用于装饰。
3. 本外观设计产品的设计要点：产品的图案和色彩的结合。
4. 最能表明本外观设计设计要点的图片或照片：主视图。
5. 省略视图：除主视图外其他视图无设计要点，故省略。
6. 请求保护的外观设计包含色彩。

主视图

挂毯

设　计　人：邓亚楠　乔鸿雁　夏航
证　书　号：第 4243257 号
专　利　号：ZL 2017 3 0010753.5
专利申请日：2017 年 01 月 11 日
专 利 权 人：北京联合大学
授权公告日：2017 年 08 月 01 日

摘要：

1. 本外观设计产品的名称：挂毯。

2. 本外观设计产品的用途：本外观设计产品用于装饰。

3. 本外观设计产品的设计要点：产品的图案和色彩的结合。

4. 最能表明本外观设计设计要点的图片或照片：主视图。

5. 省略视图：除主视图外其他视图无设计要点，故省略。

6. 请求保护的外观设计包含色彩。

主视图

第四部分

2018年专利

收录 2018 年北京联合大学获得国家知识产权局授权的专利 54 项，其中，发明专利 39 项、实用新型专利 14 项、外观设计专利 1 项。

发明专利

一种基于多传感器
与视频识别技术的酒驾检测系统与方法

发　明　人：杨萍　姜余祥　王燕妮　袁汝诚　李海东　肖旭　盛秀桦
证　书　号：第 2803136 号
专　利　号：ZL 2014 1 0804948.2
专利申请日：2014 年 12 月 19 日
专利权人：北京联合大学
授权公告日：2018 年 02 月 02 日

摘要：

　　本发明涉及一种基于多传感器与视频识别技术的酒驾检测系统与方法。所述系统包括：中央处理模块，酒精传感器模块，信号处理模块，GPS 模块，摄像头模块，语音模块，GSM 模块，显示和控制模块。通过摄像头获取的人脸图像进行识别，判断是否存在替代司机启动汽车以便通过检测的现象。汽车行驶过程中，通过获取驾驶员在驾驶过程中的图像分析，结合多传感器酒精检测，判断驾驶员是否存在饮酒行为。检测到存在饮酒行为后，发出报警信号，进行汽车闭锁控制，给出语音提示，将驾驶员的饮酒行为和当前位置信息通过短信发至亲友。

　　本发明融合多传感器与视频识别技术进行驾驶员饮酒行为检测，能够实现代替检测和驾驶过程饮酒检测，提高了识别准确率。

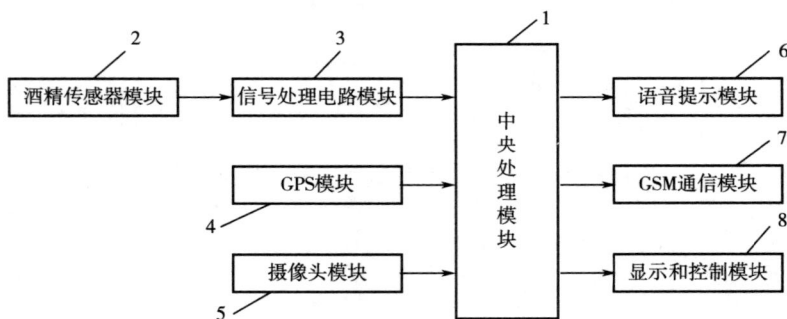

一种电气信号采样隔离电路

发　明　人：刘景云　李平
证　书　号：第 2801205 号
专　利　号：ZL 2015 2 0262446.6
专利申请日：2015 年 05 月 21 日
专利权人：北京联合大学
授权公告日：2018 年 02 月 02 日

摘要：

一种电气信号采样隔离电路，该电路包括方波发生电路、输入信号放大反向电路、模拟多路选择开关、信号反馈补偿电路和采样输出电路。方波信号经过由 Q1 和 R11 组成的放大电路后，经过 C3 输入到变压器 T2 的 1 号绕组 W21。方波信号经过 T2 进行隔离。二极管 D1 对变压器 T2 的 2 号绕组 W22 进行检波，R12 为下拉电阻。经过转换的信号用来对采样开关 S1 进行逻辑控制，高电平 S1 闭合，低电平 S1 断开。使得采样隔离电路输出的信号 Vout 与原输入信号 Vin 隔离并保持一致。

该采样隔离电路能够实现采样输入输出隔离，具有结构原理简单、精度高、隔离效果好的特点。

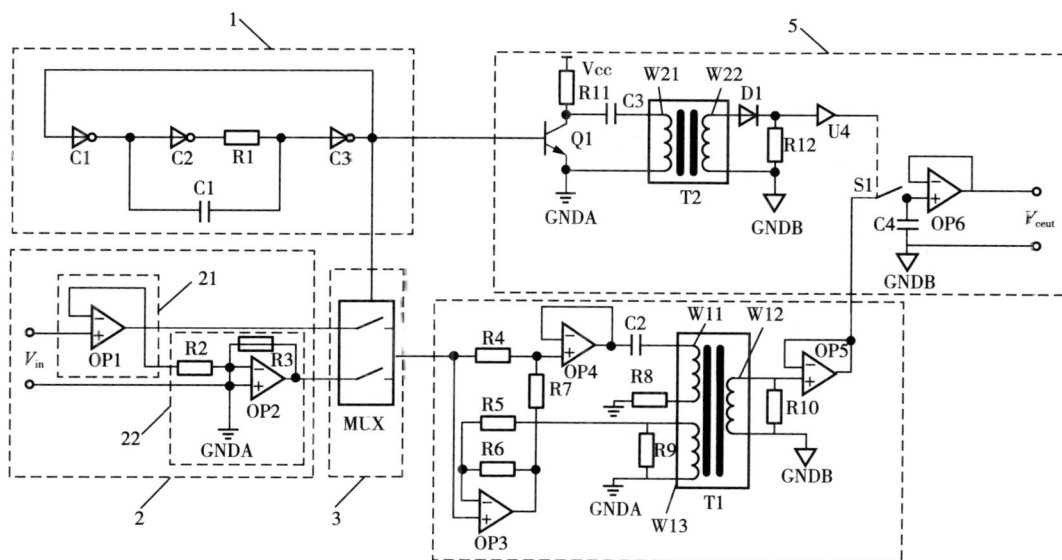

1—方波发生电路　2—输入信号放大反向电路　3—模拟多路选择开关
4—信号反馈补充电路　5—采样输出电路　21—跟随器21　22—反向电路

基于多源逆透视图像无缝拼接的车道线识别方法

发　明　人：袁家政　刘宏哲　鲍泓　郑永荣
证　书　号：第 2803200 号
专　利　号：ZL 2015 1 0081267.2
专利申请日：2015 年 02 月 15 日
专利权人：北京联合大学
授权公告日：2018 年 02 月 02 日

摘要：

　　基于多源逆透视图像无缝拼接的车道线识别方法属于计算机视觉领域和安全智能交通领域。首先通过安装在车辆内后视镜处的摄像机和车辆左右倒车镜处的摄像机采集视频图像，分别对这三个摄像机的原始图像进行预处理，然后进行逆透视变换，再将三幅逆透视图像进行无缝拼接得到一幅图像，最后对图像进行车道线识别。

　　基于多源逆透视图像无缝拼接的车道线识别方法可以解决多车道线识别、大曲率弯道识别等问题，适用于智能车视觉导航和车道偏离预警。

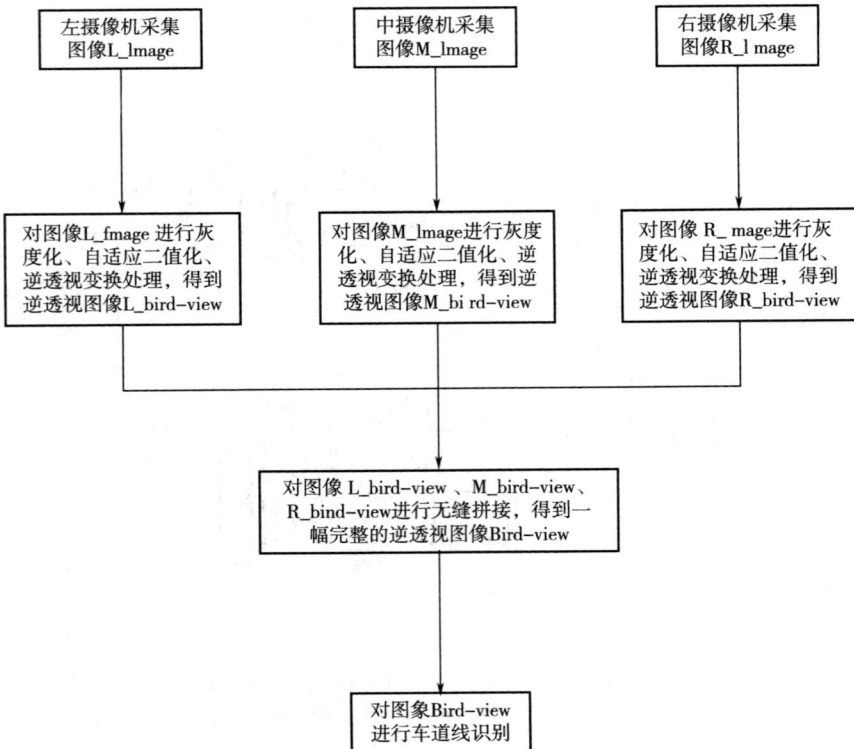

一种监测正己烷气体的
复合纳米敏感材料及其制备方法

发 明 人：于春洋　杨宏伟
证 书 号：第 2809148 号
专 利 号：ZL 2015 1 0333773.6
专利申请日：2015 年 06 月 16 日
专 利 权 人：北京联合大学
授权公告日：2018 年 02 月 06 日

摘要：

本发明涉及一种监测正己烷气体的复合纳米敏感材料，属于无机纳米材料与传感技术领域。本发明提供的复合纳米敏感材料，是由 Y_2O_3、Al_2O_3、TiO_2 和 NiO 纳米粉体组成，其中各组分含量范围为 Y_2O_3（35~45%）、Al_2O_3（25~35%）、TiO_2（15%~25%）和 NiO（10%~20%），粒径范围为 25~42nm。

使用本发明所提供的复合纳米敏感材料制成的正己烷传感器，具有线性范围宽、灵敏度高，且选择性和稳定性好等优点，可以在线监测微量正己烷而不受共存物质的影响。

一种防治果树褐腐病的穿心莲水剂及其制备方法

发 明 人：葛喜珍　裴庆慧　田平芳

证 书 号：第 2808833 号

专 利 号：ZL 2015 1 0262436.2

专利申请日：2015 年 05 月 21 日

专利权人：北京联合大学

授权公告日：2018 年 02 月 06 日

摘要：

本发明公开了一种防治果树褐腐病的穿心莲水剂及其制备方法。该穿心莲水剂包括穿心莲、百部和忍冬藤的复方提取物、茶皂素、防冻剂和防腐剂；提取物的原料配比为：穿心莲 80-120 份、百部 5-40 份、忍冬藤 5-35 份。其制备方法为：（1）将穿心莲、百部、忍冬藤按比例混合，微波水提，pH＝6.0-8.0，提取时间为 30-45 分钟，微波功率为 500W，温度为 50℃；提取 2 次，合并提取液，过滤，滤液醇沉，真空抽滤，浓缩得到 0.8-2.3g 生药/mL 的复方提取液。（2）将复方提取液与茶皂素、防冻剂和防腐剂混合搅拌，加入 0.5％羧甲基纤维素钠水溶液定容即得穿心莲水剂。

本发明能够有效地杀菌防腐，效果好，无毒无残留，生产工艺简单，适宜工业化生产。

一种主食用马铃薯生浆、生粉及其生产工艺

发 明 人：徐峰　郭豫　赵江燕　赵建　常想　魏永强　刘丹

证 书 号：第 2836153 号

专 利 号：ZL 2016 1 0245708.4

专利申请日：2016 年 04 月 20 日

专 利 权 人：北京联合大学

授权公告日：2018 年 03 月 06 日

摘要：

本发明公开了一种主食月马铃薯生浆、生粉及其生产工艺，所述马铃薯生浆的生产工艺包括以下步骤：原料选择，洗涤、去皮，切片，浸泡，清洗、沥干，打浆，离心，滤液处理，干燥等。经过上述工艺获得的马铃薯生粉，再经过造粒处理，即得到马铃薯颗粒全生粉。

本发明所述的马铃薯生粉、颗粒生粉生产工艺，整个操作过程保证能够避免马铃薯淀粉糊化，能够最大程度地保持马铃薯的色、香、味，及其中的蛋白活性，解决了马铃薯面团在主食加工上的性能问题。对于推进马铃薯主食化具有重要意义。

一种智能养花系统和方法

发 明 人：姜余祥　杨萍　王燕妮　赵永永　王海　车贵红　田景文
证 书 号：第 2851964 号
专 利 号：ZL 2015 1 0998922.0
专利申请日：2015 年 12 月 28 日
专 利 权 人：北京联合大学
授权公告日：2018 年 03 月 20 日

摘要：

本发明涉及一种智能养花系统及方法。该系统包括：养花本体和移动终端，养花本体包括数据采集模块，采集花卉生长环境的数据和花卉生长状态的数据；嵌入式控制器模块，用于接收传感器返回的数据，并经过分析处理后输出控制信号；无线通信模块，与移动端通信；控制执行模块，用于执行嵌入式控制器模块输出的控制信号。

本发明实现实时监测所养植物的生长环境，通过移动终端实现数据传输和监控功能，具有结构简单，设计合理，实现成本低，使用灵活方便，实用性强，使用效果好，便于推广使用。

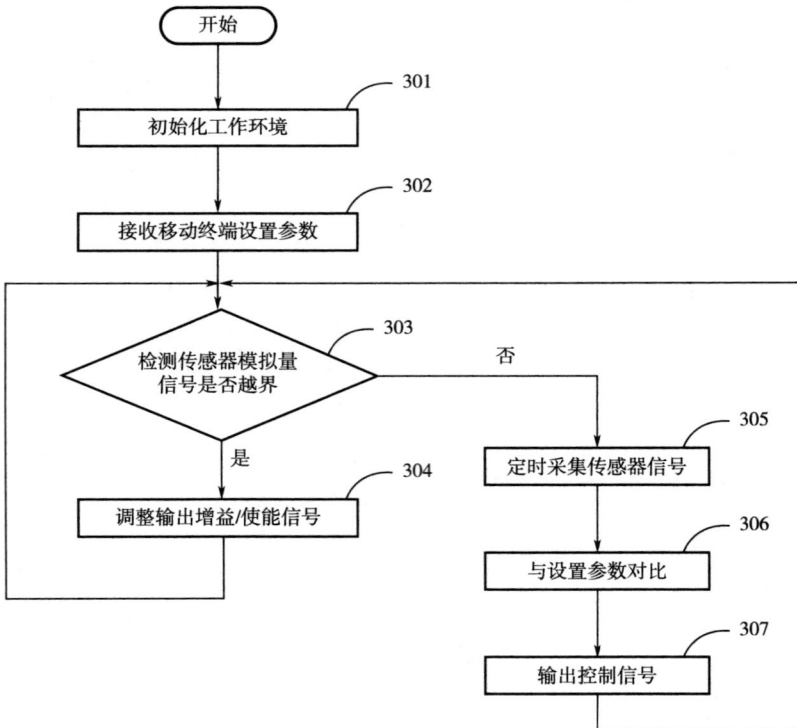

一种时变信号的网络化跟踪控制方法

发 明 人：佟世文　方建军　李雨珊　王松

证 书 号：第 2853229 号

专 利 号：ZL 2015 1 0907461.1

专利申请日：2015 年 12 月 10 日

专 利 权 人：北京联合大学

授权公告日：2018 年 03 月 23 日

摘要：

一种时变信号的网络化跟踪控制方法，属自动化控制领域。采用模糊聚类的方法离线获得被控对象的数学模型；根据数学模型采用迭代的方法获得被控对象的预测输出，用被控过程输出和模型计算输出的偏差来在线校正预测模型；将未来的给定值与预测的模型输出的偏差及偏差的变化作为状态变量，构造切换函数。将切换函数及切换函数的变化量作为二维模糊控制器的输入，通过模糊控制获得未来的滑模控制作用；将这些未来的滑模控制作用"打包"通过网络由控制器端发送到过程端，在过程端通过网络时延补偿器选择控制序列作用于被控过程以补偿网络中的时延；在下一个执行周期，重复执行。

本发明克服网络中存在的不确定性，更能适应非线性系统的网络化跟踪控制。

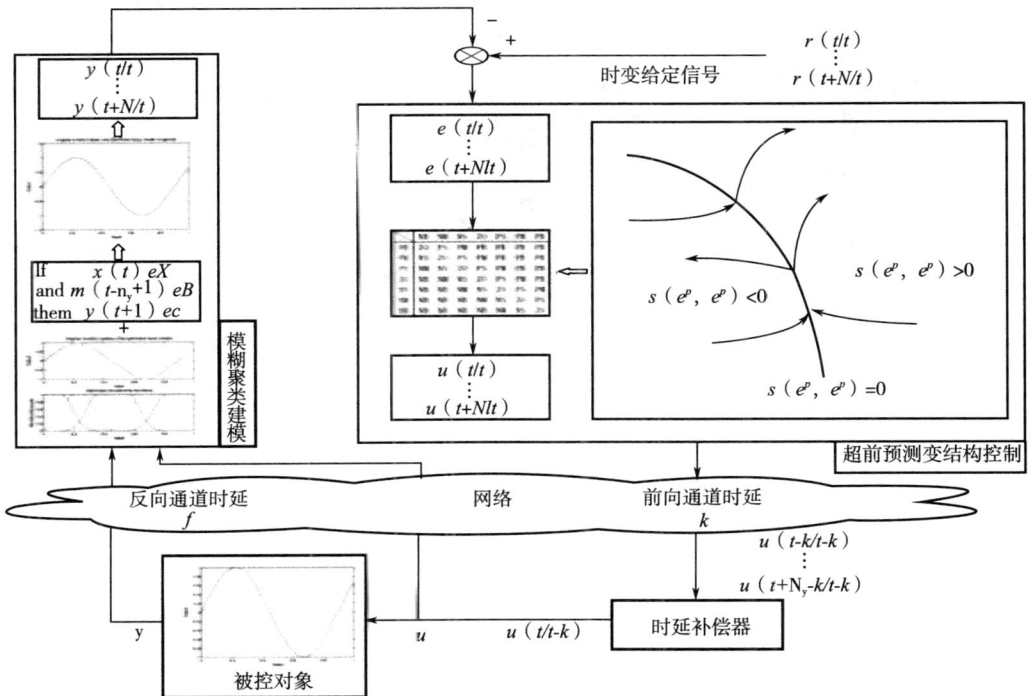

一种促生态修复型融雪剂及其制备方法

发 明 人：韩永萍　贾冠群　周文平　贺志福　潘福娣
证 书 号：第 2863118 号
专 利 号：ZL 2016 1 0274747.5
专利申请日：2016 年 04 月 28 日
专 利 权 人：北京联合大学
授权公告日：2018 年 03 月 30 日

摘要：

一种促生态修复型融雪剂及其制备方法，该融雪剂包括如下质量比的组分：聚天冬氨酸 10~30 份，腐殖酸 30~50 份，醋酸盐 10~30 份，氯盐 0~20 份。首先按质量比例准备腐殖酸，加入高锰酸钾和 30% 的双氧水，进行联合预氧化反应；联合预氧化反应结束后加入醋酸盐和氯盐搅拌溶解，降至室温；加入聚天冬氨酸，混合均匀后直接装桶作为液态融雪剂，或喷雾制成固体颗粒融雪剂。

本发明的融雪剂可以在融雪化冰的同时，刺激植物生长，缓解土壤中残留氯盐融雪剂对环境的危害，并且可以生物降解，制备工艺简单，生产成本相对较低，适合工业化应用。

（A）　　　　　　　　　（C）　　　　　　　　　（B）

一种厚朴、大黄复配农用杀菌剂及其制备方法

发　明　人：李可意　刘红梅　葛喜珍　孙爱博

证　书　号：第 2863216 号

专　利　号：ZL 2016 1 0213499.3

专利申请日：2016 年 04 月 07 日

专 利 权 人：北京联合大学

授权公告日：2018 年 03 月 30 日

摘要：

本发明公开了一种厚朴、大黄复配农用杀菌剂及其制备方法。该杀菌剂是以厚朴、大黄和地锦草的复方提取液为主要成分，加入助剂复配而成的水悬浮剂，按重量百分比计由以下成分组成：复方提取液 50%～80%，润湿分散剂 4%～10%，防冻剂 3%～10%，增稠剂 0.1%～0.5%，余量为水。其制备方法为：（1）将厚朴、大黄和地锦草按比例混合，粉碎，浸渍，60%～85% 乙醇提取，抽滤，减压浓缩得到 1.0～3.0g 生药/mL 的复方提取液；（2）向复方提取液中依次加入防冻剂，增稠剂混合，加水定容，其中按重量百分比计，复方提取液 50%～80%，润湿分散剂 4%～10%，防冻剂 3%～10%，增稠剂 0.1%～0.3%，余量为水。

本发明的农用杀菌剂，成本低、效果好、无毒无残留、生产工艺简单，适宜工业化生产。

一种话费套餐分析与推荐的方法

发 明 人：李克

证 书 号：第 2865703 号

专 利 号：ZL 2015 1 0366306.3

专利申请日：2015 年 06 月 29 日

专 利 权 人：北京联合大学

授权公告日：2018 年 03 月 30 日

摘要：

本发明涉及一种话费套餐分析与推荐的方法，要解决现有电信用户在其所订购套餐与其实际业务使用需求不匹配时，所带来的不必要的话费开支和套餐内容的浪费，对用户现有套餐的适用度进行评价，并推荐更优化的话费套餐。本方法步骤如下：（1）客户端在用户终端上后台运行，监测并记录用户的"业务使用行为"；（2）在用套餐信息查询；（3）业务使用量分析；（4）套餐适用度评价；（5）可选套餐经济性评价；（6）将各可选套餐含在用套餐的模拟话费金额进行排序；（7）用户基于推荐套餐进行判断，如果确定进行变更，引导用户完成套餐变更操作。

本发明实现对用户套餐适用度的全自动分析、推荐和订购，自动化程度高，便于用户使用。

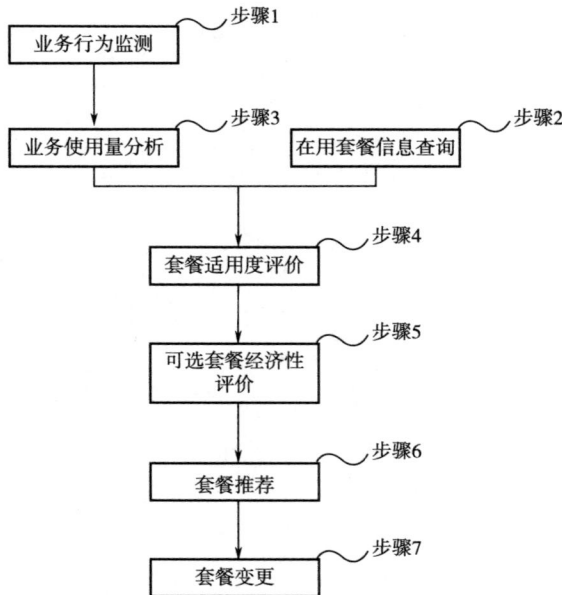

一种基于蓝牙和 GPS 混合定位的系统与方法

发　明　人：王燕妮　姜余祥　杨萍　令杰　杨桐　朱琳　肖连生

证　书　号：第 2873623 号

专　利　号：ZL 2014 1 0802103. X

专利申请日：2014 年 12 月 19 日

专利权人：北京联合大学

授权公告日：2018 年 04 月 06 日

摘要：

本发明属于空间定位技术领域，涉及一种基于蓝牙与 GPS 混合定位的系统与方法。所述系统包括控制端和接收端。控制端为一部具有蓝牙功能并安装系统软件的手机；接收端安装在待定位物体上，包括：微处理器模块，GPS 模块，GSM 模块，蓝牙模块，声光模块。所述方法包括：近距离蓝牙定位，远距离 GPS 定位，由远距离 GPS 定位转换到近距离蓝牙定位。

本发明针对现有的单一 GPS 定位方式定位精度差，信号易被障碍物遮挡等问题，利用蓝牙信号没有角度及方向性限制，穿透性强等特点，提出了基于 GPS 和蓝牙混合定位的系统和方法，在远距离时使用 GPS 快速定位，近距离时使用蓝牙准确定位，提高了定位的速度和准确性。

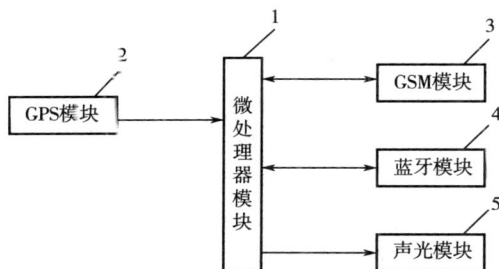

一种车载手机支架

发　明　人：程光
证　书　号：第 2875471 号
专　利　号：ZL 2015 1 0461990. 3
专利申请日：2015 年 07 月 31 日
专利权人：北京联合大学
授权公告日：2018 年 04 月 10 日

摘要：

本发明涉及一种车载手机支架，包括与吸盘固定连接的支架，所述支架包括上夹板和下夹板；所述下夹板上安装有行车记录装置，所述行车记录装置上设有数据接口，所述数据接口可以穿过所述下夹板上开设的通孔与被夹持在夹板内的手机实现通信数据连接；所述行车记录装置包括，可充电蓄电池、摄像头、数据存储器、控制器、显示屏；在所述支架的表面镶嵌有太阳能电池板，所述太阳能电池板通过线路与可充电蓄电池连接。该车载手机支架通过上下夹板对手机进行夹持，支架通过球铰支架与吸盘连接，可实现 360° 的旋转。所述行车记录装置采集的信息存储在本身的数据存储器内并且可以通过通信模块实现与支架上的手机进行数据交互。

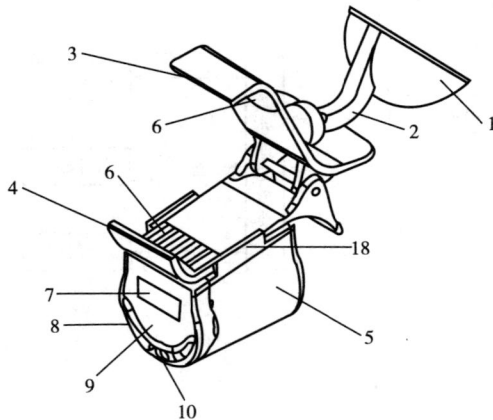

1—吸盘　2—球铰支架　3—上夹板　4—下夹板　5—行车记录装置
6—防滑纹路　7—显示屏　10—按键　18—卡扣

分组数据业务无线承载效率的测量方法

发 明 人：李克　陈婷婷　陈晓丹
证 书 号：第 2898795 号
专 利 号：ZL 2015 1 0249540.8
专利申请日：2015 年 05 月 15 日
专 利 权 人：北京联合大学
授权公告日：2018 年 04 月 24 日

摘要：

本发明公开一种分组数据业务无线承载效率的测量方法，包括步骤：同时从终端侧采集应用层数据，从终端侧采集传输层数据，从网络侧采集物理层数据；对采集的数据进行处理，从物理层数据中识别出测试终端及该测试终端对应的信道资源分配信息，从传输层数据中识别出对应的数据流量信息，基于时间戳关联应用层、传输层、物理层数据；然后，分别计算从应用层到传输层、从传输层到物理层、从应用层到物理层的承载效率。

本发明能够为空口资源对不同类型的特定业务数据的承载效率提供较为全面、准确的评估依据；且测量方法简单，易于实施。

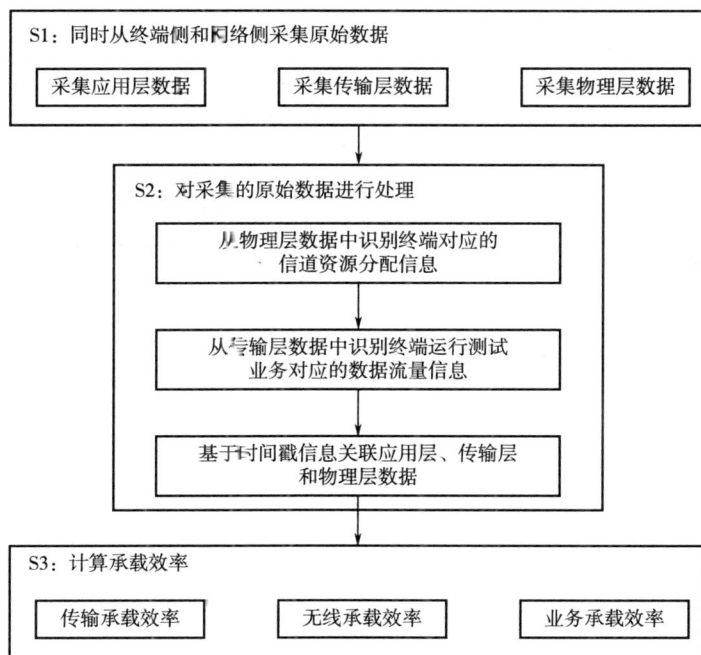

一种从姜黄中提取姜黄素的方法

发 明 人：黄汉昌

证 书 号：第 2920449 号

专 利 号：ZL 2016 1 0023830.5

专利申请日：2016 年 01 月 14 日

专 利 权 人：北京联合大学

授权公告日：2018 年 05 月 11 日

摘要：

本发明提供一种从姜黄中提取姜黄素的方法，包括如下步骤，称取一定量的姜黄粉末，按液料比 1：8~10 加 70%~85%丙酮，提取 3 次，减压回收丙酮，得到棕褐色油状浸膏，用石油醚：水：乙酸乙酯进行液液萃取，粗分离，再用乙醇-水进行结晶和重结晶，得针状的姜黄素结晶，再用 HPLC 测定其质量分数。经计算，结晶后用 HPLC 检测纯度可达 88%以上，重结晶后用 HPLC 检测纯度可达 95%以上。

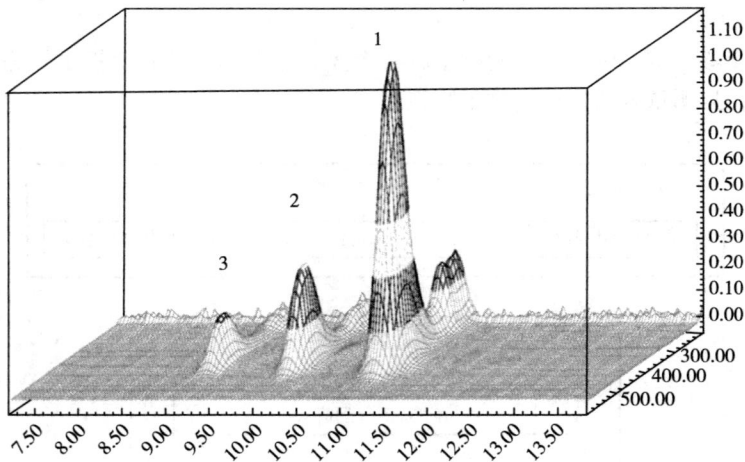

1—姜黄素　2—去甲氧基姜黄素　3—双去甲氧基姜黄素

一种利用平行四边形机构构成的爬楼机器人

发 明 人：张子义 杨忘勤 王川中 司林林 赵明辉 赵晨阳 龚鹤
证 书 号：第 2962191 号
专 利 号：ZL 2016 1 0113763.6
专利申请日：2016 年 03 月 01 日
专 利 权 人：北京联合大学
授权公告日：2018 年 06 月 15 日

摘要：

本发明涉及一种利用平行四边形机构构成的爬楼机器人，包括框架、主动 X 支架、从动 X 支架、行走足、支撑轴和动力输入轴，行走足由第一行走足支撑轴和第二行走足支撑轴支撑，装置于主动 X 支架和从动 X 支架之间。动力输入轴、支撑轴、第一行走支撑轴、第二行走支撑轴、主动 X 支架以及从动 X 支架构成平行四边形机构。本发明的爬楼机器人的每套爬楼机构包括四个平行四边形机构，平行四边形的引入使得所有各行走足的底板始终与地面平行，从而提高了整个机器人的工作稳定性。图 1 为原理图，图 2 为优选实施例结构示意图。

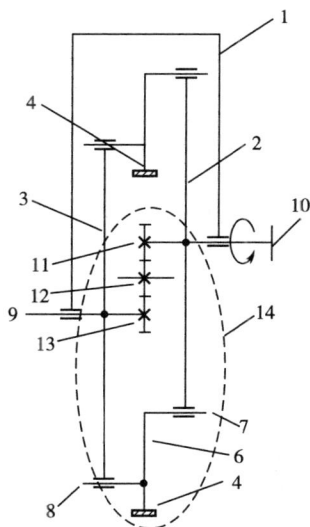

图 1

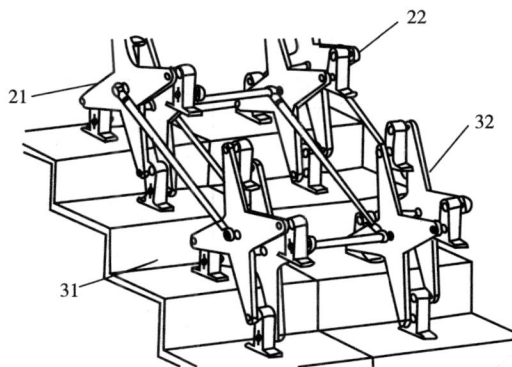

图 2

1—框架 2—主动 X 支架 3—从动 X 支架 4—行走足 6—行走足支腿 7—第一行走支撑轴
8—第二行走支撑轴 9—支撑轴 10—动力输入轴 11—第一齿轮 12—第二齿轮
13—第三齿轮 14—平行四边形机构 21—前排左侧爬楼机构 22—前排右侧爬楼机构
31—后排左侧爬楼机构 32—后排右侧爬楼机构

一种基于制动干预的
电动智能车双驾双控系统及控制方法

发 明 人: 韩玺　刘元盛　钮文良　鲍泓　路铭　邱明　张文娟　杨建锁

证 书 号: 第 2960414 号

专 利 号: ZL 2016 1 0078449.9

专利申请日: 2016 年 02 月 04 日

专 利 权 人: 北京联合大学

授权公告日: 2018 年 06 月 15 日

摘要:

本发明公开了一种基于制动干预的电动智能车双驾双控系统及控制方法，该系统包括电机控制器，电机控制器与能够实现原车控制信号和自动控制信号合理切换的分布式控制器相连接，分布式控制器与能够发送自动驾驶模式命令的上位机相连；该方法为嵌入式系统既接收上位机的指令，也向上位机发送底层的工作状态，根据有无制动干预，控制电子开关完成原车控制信号和自动控制信号的切换。

使用本发明改造后的电动车，无论在何种行驶模式下（自动驾驶和人工驾驶），确保制动踏板的长期有效，即不影响车辆改造前的制动效果；可以通过制动干预，即踩踏制动踏板使车辆制动，并使自动控制模式下的控制方法全部失效，所有控制信号切换到原车人工驾驶方式。

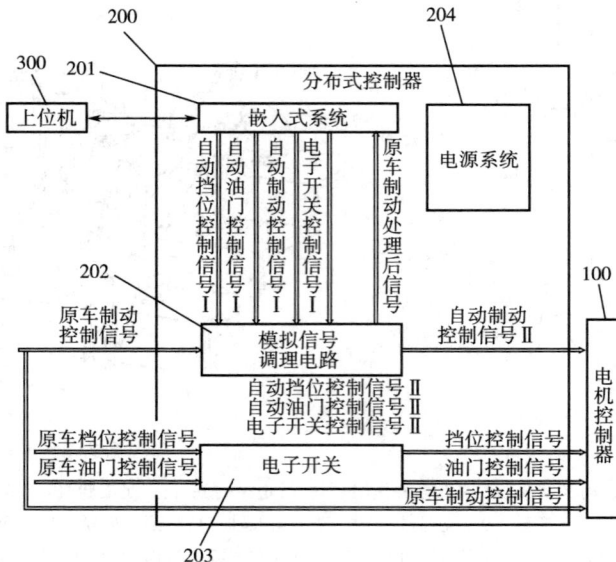

一种动压润滑斜盘斜齿轮无级变速器

发　明　人：霍红　李立新　孙建东

证　书　号：第 2959560 号

专　利　号：ZL 2015 1 0972711. X

专 利 申 请 日：2015 年 12 月 23 日

专 利 权 人：北京联合大学

授权公告日：2018 年 06 月 15 日

摘要：

本发明涉及一种动压润滑斜盘斜齿轮无级变速器，包括箱体，所述箱体内设置有主动机构和输出机构，所述主动机构包括倾斜度可调的斜盘和至少三个平行等角设置的导杆，所述导杆一端装有单向转动的主动斜齿轮，所述斜盘的盘面上设有环形槽，所述导杆另一端铰链连接有球头连杆，所述球头连杆与所述环形槽之间设有动压润滑结构。图 1 为主视剖面图，图 2 为图 1 的 A-A 向视图，图 3 为图 1 的 B-B 向视图。图中 n_2 为主动齿轮 2 的转动方向，n_3 为从动齿轮 3 的转动方向，n_5 为主动斜齿轮 5 的转动方向，n_7 为输出轴 7 的转动方向。

本发明与现有技术相比的有益效果是：由于采用了动压润滑结构，从而大幅减小了摩擦副的摩擦系数，同时大幅降低了斜盘与导杆之间运动接触表面的磨损，减小了无极变速器的启动力矩，使变速器的工作寿命大幅提高，同时也会大幅提高变速器的传动精度及传动效率。

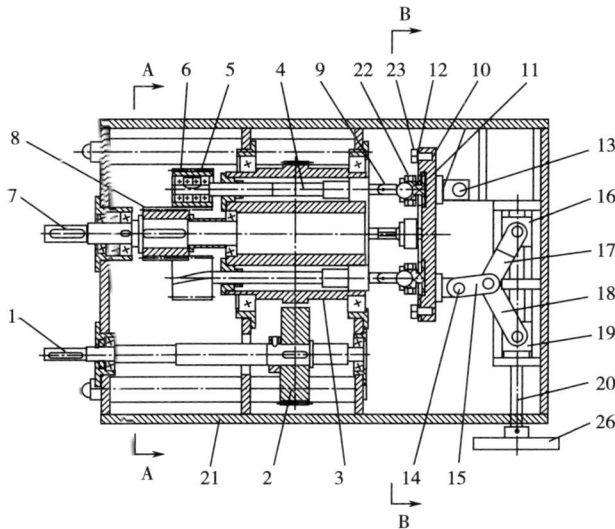

图 1

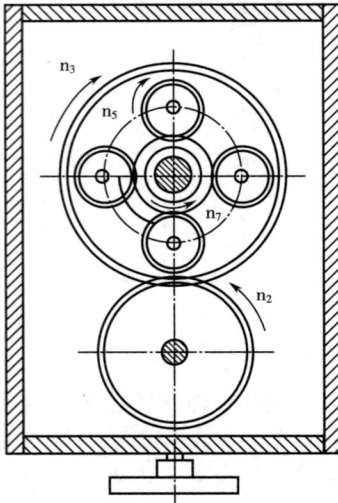
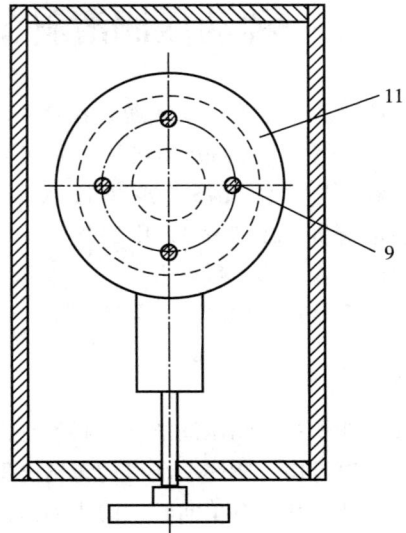

图 2　　　　　　　　　　　　图 3

1—输入轴　2—主动齿轮　3—从动齿轮　4—导杆　5—主动斜齿轮　6—超越离合器

7—输出轴　8—从动斜齿轮　9—球动连杆　10—动压润滑滑靴　11—斜盘　12—压板

13—斜盘固定铰链支座　14—斜盘活动铰链支座　15—第一连杆　16—右旋螺母　17—第二连杆

18—第三连杆　19—左旋螺母　20—双头螺杆　21—箱体　22—球头螺母　23—螺钉　26—调节手柄

基于 GPU 实时视频处理的多投影融合方法和系统

发 明 人：袁家玟 刘宏哲 李晓光
证 书 号：第 2962223 号
专 利 号：ZL 2015 1 0142218.5
专利申请日：2015 年 03 月 27 日
专 利 权 人：北京联合大学
授权公告日：2018 年 06 月 15 日

摘要：

本发明提供了一种基于 GPU 实时视频处理的多投影融合方法和系统。本发明通过设计并使用边缘融合和非线性几何校正并行算法，采用 CPU、GPU 协同运算的编程方式，可以有效提高算法的运行速度，减少了 CPU 资源的消耗，有效降低对 CPU 计算性能的依赖。提升硬件利用率和计算效率的同时，也为算法性能优化提供更多的空间，使得最终投影显示效果更加自然、流畅。借助于 DirectShow 的链路模型，增强系统对播放环境的适应能力，可以灵活的修改或者添加过滤器来完善系统功能，用户可以通过修改过滤器的参数来调整投影面的非线性几何校正和边缘融合效果。

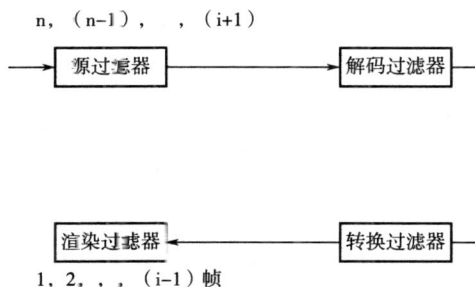

一种保护智能手机信息安全的方法和系统

发 明 人：张玉祥

证 书 号：第 2964162 号

专 利 号：ZL 2015 1 0757262.7

专利申请日：2015 年 11 月 09 日

专 利 权 人：北京联合大学

授权公告日：2018 年 06 月 19 日

摘要：

一种保护智能手机信息安全的方法和系统，在技术实现上分为智能手机端子系统和云端子系统两部分，智能手机中的应用软件通过调用智能手机端子系统保存和读取数据。智能手机端子系统将应用软件的数据拆分成数据片段并加密，将数据以数据碎片的形式，组成数据碎片文件，分布存储在智能手机和多个云端存储空间内。云端子系统完成手机丢失时云端数据的锁定，以及手机恢复数据时的解除锁定。智能手机丢失或者单个云端存储空间遭到攻击，非法获取者只能得到手机或者云存储空间内的无意义的碎片式数据；另外，数据的分布式存储保证了数据的冗余度，智能手机用户在手机丢失后的数据恢复也能保证数据的完整性。

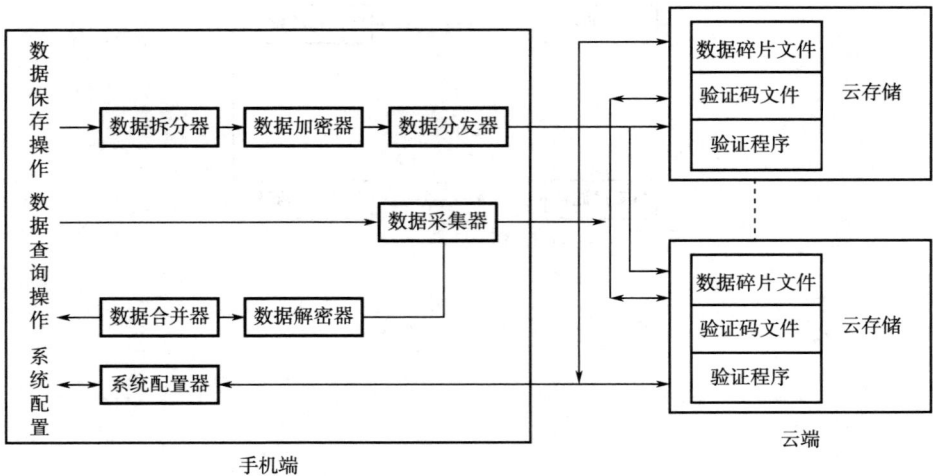

一种基于整体建模的谐振音叉结构设计方法

发 明 人：李晶 讧立群

证 书 号：第 2980388 号

专 利 号：ZL 2015 1 1021297.0

专利申请日：2015 年 12 月 30 日

专 利 权 人：北京联合大学

授权公告日：2018 年 05 月 29 日

摘要：

本发明公开了一种基于整体建模的谐振音叉结构设计方法，包括谐振音叉力学模型的建立和谐振音叉的结构设计两个基本步骤。步骤一，针对谐振音叉结构的特点，首先建立其物理模型，然后以提高音叉性能为目标，根据能量耗散最小原则建立其简化模型；步骤二，首先建立谐振音叉系统的控制方程，通过对方程的求解得到其固有频率和模态，进而得出谐振音叉结构设计依据。

本发明提出了一种基于整体建模的谐振音叉结构设计方法，通过对谐振音叉整体结构进行分析，建立了更为准确的模型，为指导其结构设计、提高谐振式加速度计的灵敏度和分辨率提供了理论依据。

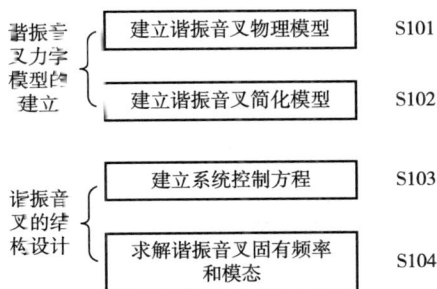

一种马铃薯源纯化水及其制备方法

发　明　人：徐峰　郭豫　赵江燕　赵健　刘丹
证　书　号：第 2996175 号
专　利　号：ZL 2017 1 0032551. X
专 利 申 请 日：2017 年 01 月 16 日
专 利 权 人：北京联合大学
授权公告日：2018 年 07 月 10 日

摘要：

　　本发明提供一种马铃薯源纯化水的制备方法，通过马铃薯去皮、破碎、护色、打浆、杀菌、快速脱水、超滤、纳滤、反渗透、获得马铃薯源纯化水。该方法在生产马铃薯生粉和淀粉的同时将马铃薯中排出的水分进一步加工成可以引用的马铃薯源纯化水，可以作为人畜饮用水，也可以作为工业用水，为马铃薯深加工领域又开辟了一条新的创造经济效益的途径。

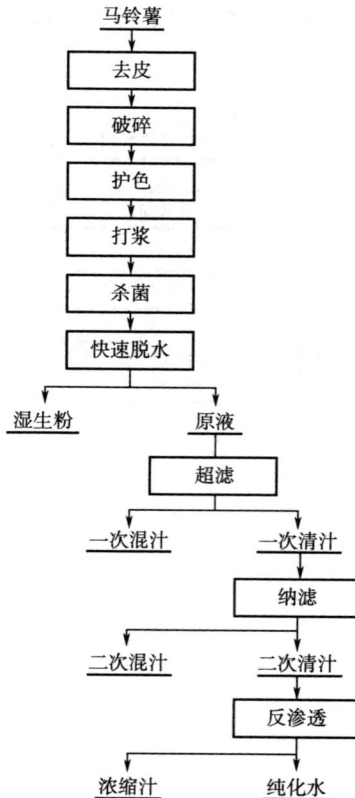

```
                        马铃薯
                          │
                       ┌──┴──┐
                       │ 去皮 │
                       └──┬──┘
                       ┌──┴──┐
                       │ 破碎 │
                       └──┬──┘
                       ┌──┴──┐
                       │ 护色 │
                       └──┬──┘
                       ┌──┴──┐
                       │ 打浆 │
                       └──┬──┘
                       ┌──┴──┐
                       │ 杀菌 │
                       └──┬──┘
                       ┌──┴──┐
                       │快速脱水│
                       └──┬──┘
                   ┌──────┴──────┐
                 湿生粉          原液
                                 │
                             ┌───┴───┐
                             │ 超滤  │
                             └───┬───┘
                         ┌───────┴───────┐
                      一次混汁          一次清汁
                                         │
                                     ┌───┴───┐
                                     │ 纳滤  │
                                     └───┬───┘
                                 ┌───────┴───────┐
                              二次混汁          二次清汁
                                                 │
                                             ┌───┴───┐
                                             │ 反渗透 │
                                             └───┬───┘
                                         ┌───────┴───────┐
                                      浓缩汁          纯化水
```

一种防治马铃薯干腐病的可湿性粉剂及其制备方法

发　明　人：蓄喜珍　裴庆慧　李可意　刘红梅　田平芳
证　书　号：第 2993106 号
专　利　号：ZL 2015 1 0796271.7
专利申请日：2015 年 11 月 18 日
专 利 权 人：北京联合大学
授权公告日：2018 年 07 月 10 日

摘要：

本发明公开了一种防治马铃薯干腐病的可湿性粉剂及其制备方法。该可湿性粉剂按重量百分比计，由以下配比的成分组成：有效成分 7%～12%、载体 45%～79%、润湿剂 5%～15%、分散剂 2%－9%、助悬剂 1%～4%，其中有效成分为青皮、枳实、穿心莲、白头翁和驱虫斑鸠菊的药材乙醇提取物与小檗碱的混合物。其制备方法包括：（1）提取药材乙醇提取物；（2）将药材乙醇提取物与小檗碱按比例混合得到有效成分；（3）将有效成分与载体、润湿剂、分散剂、助悬剂按比例混合，气流粉碎，收集气流粉碎后的粉剂，过 325 目筛，如此反复操作直到全部过 325 目筛即得可湿性粉剂。

本发明的可湿性粉剂对马铃薯干腐病防治效果好、对环境友好。其制备方法简单、成本低，适宜工业化生产。

一种防治桃树黑星病的天然杀菌剂及其制备方法

发 明 人：葛喜珍　尹一鸣　田平芳　刘杨平　缪刚　彭枢才
证 书 号：第 2998374 号
专 利 号：ZL 2016 1 0288872.1
专利申请日：2016 年 05 月 04 日
专 利 权 人：北京联合大学
授权公告日：2018 年 07 月 13 日

摘要：

本发明公开了一种防治桃树黑星病的天然杀菌剂及其制备方法。该天然杀菌剂由小檗碱提取物 6-10 重量份、垂盆草提取物 1-5 重量份、防冻液甘油、防腐剂乙醇、水，超声混合而成；该天然杀菌剂中小檗碱的含量为 5%，其制备方法包括以下步骤：（1）提取垂盆草提取物；（2）提取小檗碱提取物；（3）小檗碱提取物与垂盆草提取液按比例混合，加防冻液甘油、防腐剂乙醇、水，超声制成杀菌剂。

本发明的防治桃树黑星病的天然杀菌剂原料来源丰富，成本低廉，采用纯天然的组份制成，不仅无毒无公害，且能够有效防治桃树黑星病。

一种防治甘薯枯萎病的可湿性粉剂及其制备方法

发 明 人：葛喜珍 裴庆慧 刘杨平 王玥
证 书 号：第 2998235 号
专 利 号：ZL 2015 1 0795102.3
专利申请日：2015 年 11 月 18 日
专 利 权 人：北京联合大学
授权公告日：2018 年 07 月 13 日

摘要：

本发明公开了一种防治甘薯枯萎病的可湿性粉剂及其制备方法。该可湿性粉剂按重量百分比计，由以下配比的成分组成：有效成分 5%～15%、载体 40%～75%、润湿剂 5%～15%、分散剂 5%～15%、助悬剂 1%～7%，其中有效成分为紫花地丁、烟草、白头翁、蛇床子和穿心莲的超高压乙醇提取物与小檗碱的混合物。其制备方法包括：（1）用超高压方法提取紫花地丁、烟草、白头翁、蛇床子和穿心莲的乙醇提取物；（2）将乙醇提取物与小檗碱按比例混合得到有效成分；（3）将有效成分与载体、润湿剂、分散剂、助悬剂按比例混合，气流粉碎，收集气流粉碎后的粉剂，过 325 目筛，即得可湿性粉剂。

本发明的可湿性粉剂拌细土撒施在苗床或定植沟能强烈抑制甘薯枯萎病，无毒、无农药残留、对环境友好。

一种防治土壤病虫害的基质及其制备方法

发 明 人：葛喜珍　田平芳　王玥　刘红梅　李可意　刘杨平　韩永萍

证 书 号：第 3003101 号

专 利 号：ZL 2015 1 0828068.3

专利申请日：2015 年 11 月 25 日

专 利 权 人：北京联合大学

授权公告日：2018 年 07 月 17 日

摘要：

本发明公开了一种防治土壤病虫害的基质及其制备方法。以知柏地黄丸药渣和三黄片药渣为原料，将药渣晒干、压碎、混合；按体积计，向其中加入 6~10 倍于药渣的水；再加入纤维素酶、果胶酶酶解，100℃灭活；然后向其中加入活化的酵素菌腐熟发酵，烘干药渣，即得基质。本发明利用中药废渣发酵生产基质，变废为宝，可用于蔬菜、果树、花卉及其他农作物田间防治土壤病虫害。

采用本发明的基质不仅能抑制土壤病虫害的发生，地上病虫害明显降低，保护有益微生物，还能提供土壤氮、磷、钾，提高植物免疫能力。

基于三层架构的智能汽车交互系统及设计方法

发　明　人：马楠　张欢　鲍泓　阳钧　徐歆恺　夏航
证　书　号：第 3041063 号
专　利　号：ZL 2016 1 0115569.1
专利申请日：2016 年 03 月 01 日
专 利 权 人：北京联合大学
授权公告日：2018 年 03 月 21 日

摘要：

　　本发明涉及一种基于三层架构的智能汽车交互系统，包括：车载信息模块：车载信息模块位于车辆内部，包括图像模块、导航模块、雷达及决策模块；交互中间模块：交互中间层是建立在智能车与移动端之间进行交互的程序，用于对接智能车导航、雷达、图像、决策等各组接口，提供移动端交互程序一个稳定的数据接口；交互中间模块从智能车导航、雷达、图像各组接收车辆数据并进行必要的处理。

　　本发明保证了数据的实时性、有效性和完整性，又提高了数据处理速度的智能汽车控制系统。实现在无线终端设备上实时显示智能车图像、导航、雷达信息。同时还句乘客提供语音播报和自主控制功能；提供一种简约高效的智能车人机交互系统。

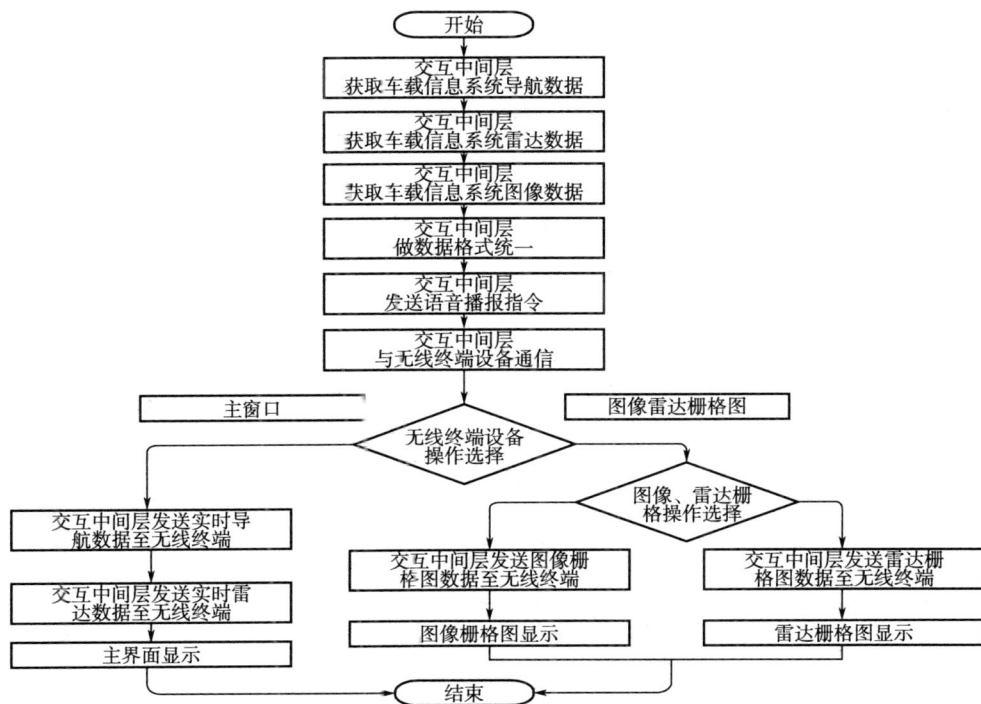

一种导频分配方法

发　明　人：李克　李文法
证　书　号：第 3057768 号
专　利　号：ZL 2016 1 0035291.7
专利申请日：2016 年 01 月 19 日
专 利 权 人：北京联合大学
授权公告日：2018 年 09 月 04 日

摘要：

　　一种导频分配方法，本方法可有效解决实际网络架构和传播环境下大规模 MIMO 系统中的相邻小区用户之间严重的导频污染问题。本方法包括如下步骤：（1）生成网络级基序列；（2）生成小区级基序列；（3）生成用户级导频序列；（4）计算各用户导频序列与邻区各导频序列间的统计互相关值；（5）对每个小区中的用户导频序列按照其统计互相关值进行排序和分组；（6）确定用户所属的导频分组；（7）用户导频分配；（8）信道估计更新；（9）用户导频更新。

　　本方法可有效降低 MIMO 系统中由于正交导频序列数量有限而导致的相邻小区用户之间严重的导频污染，提高 MIMO 技术的实际性能；本方法实现简便，运算复杂度较低，具有较好的可实现性。

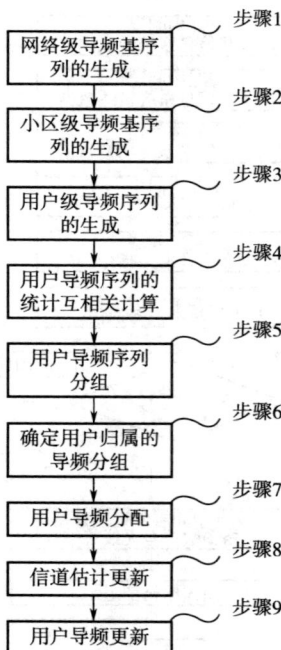

步骤	内容
步骤1	网络级导频基序列的生成
步骤2	小区级导频基序列的生成
步骤3	用户级导频序列的生成
步骤4	用户导频序列的统计互相关计算
步骤5	用户导频序列分组
步骤6	确定用户归属的导频分组
步骤7	用户导频分配
步骤8	信道估计更新
步骤9	用户导频更新

快速测定甲醛和二氧化硫的催化发光敏感材料

发　明　人：周考文　范慧珍　刘白宁
证　书　号：第 3071507 号
专　利　号：ZL 2015 1 1031157.1
专利申请日：2015 年 12 月 25 日
专 利 权 人：北京联合大学
授权公告日：2018 年 09 月 14 日

摘要：

　　一种快速测定甲醛和二氧化硫的催化发光敏感材料，是铂原子掺杂的由 Al_2O_3、CaO 和 In_2O_3 组成的复合材料。其制备方法是：将醋酸铝、氯化钙和硝酸铟制成溶液，加入少量琼脂粉形成凝胶，将此凝胶烘干和焙烧后，得到由 Al_2O_3、CaO 和 In_2O_3 组成的复合粉体，将此复合粉体和氯铂酸加入葡萄糖水溶液中，用氙灯照射，过滤、水洗、烘干，即得到 Pt 原子掺杂的由 Al_2O_3、CaO 和 In_2O_3 组成的复合材料。

　　使用本发明所提供的敏感材料制作气体传感器，可以在现场快速、准确测定空气中的微量甲醛和二氧化硫而不受常见共存物的干扰。

一种马铃薯果汁饮料及其制备方法

发 明 人：徐峰　郭豫　赵江燕　赵健　刘丹
证 书 号：第 3119676 号
专 利 号：ZL 2017 1 0032676.2
专利申请日：2017 年 01 月 16 日
专 利 权 人：北京联合大学
授权公告日：2018 年 10 月 23 日

摘要：

本发明提供一种马铃薯果汁饮料及其制备方法，通过马铃薯去皮、破碎、护色、打浆、杀菌、快速脱水、超滤、加热熟化、过滤、调配，获得马铃薯果汁饮料。该方法在生产马铃薯生粉和淀粉的同时将马铃薯中排出的水分进一步加工成可以食用的马铃薯果汁，解决了马铃薯淀粉生产领域废水排放超标污染环境的问题，同时马铃薯果汁作为一种新的饮品还可增加经济效益。

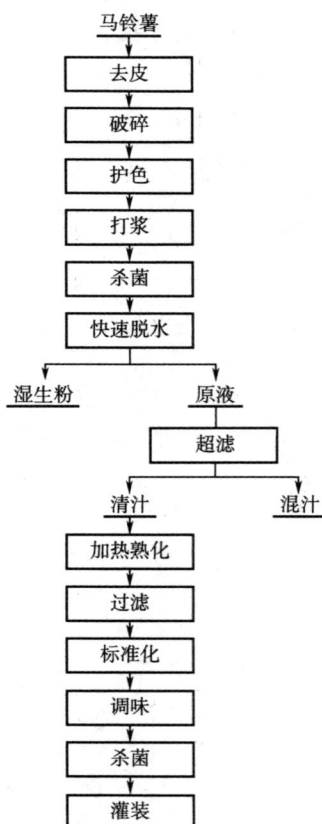

马铃薯原汁、原汁饮料及其制备方法

发　明　人：徐峰　郭豫　赵江燕　赵健　刘丹
证　书　号：第 312065 号
专　利　号：ZL 2017 1 0032414.6
专利申请日：2017 年 01 月 16 日
专利权人：北京联合大学
授权公告日：2018 年 10 月 23 日

摘要：

本发明提供一种马铃薯原汁、原汁饮料及其制备方法，通过马铃薯去皮、破碎、护色、打浆、杀菌、快速脱水、超滤、纳滤、反渗透、混合获得马铃薯原汁，进一步制成马铃薯原汁饮料。该方法在生产马铃薯生粉和淀粉的同时将马铃薯中排出的水分进一步加工成可以食用的马铃薯原汁及原汁饮料，最终排放物为纯净水，解决了马铃薯淀粉生产领域废水排放超标污染环境的问题，同时马铃薯原汁饮料作为一种新型饮品还可增加经济效益。

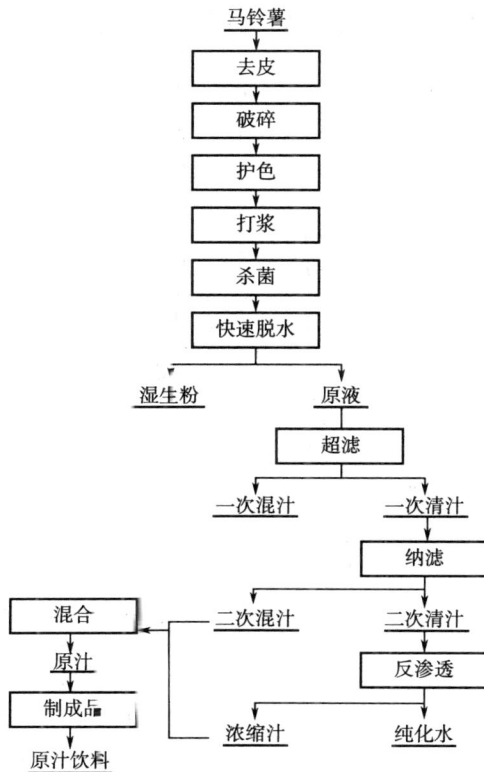

一种复配农用杀虫杀菌组合物及其应用

发 明 人：葛喜珍　薛科科　李映　田平芳　张元
证 书 号：第 3120612 号
专 利 号：ZL 2016 1 0459355.6
专利申请日：2016 年 06 月 22 日
专 利 权 人：北京联合大学
授权公告日：2018 年 10 月 23 日

摘要：

本发明公开了一种复配农用杀虫杀菌组合物及其应用。该复配农用杀虫和杀菌组合物包含绿僵菌、小檗碱、载体和助剂，其中绿僵菌、小檗碱、载体和助剂的重量比为：2-20：3-20：30-70：20-60；所述绿僵菌为绿僵菌分生孢子，所述小檗碱为含小檗碱的单体或混合物。绿僵菌和小檗碱复配用于农业杀虫、杀菌，可用于在防治作物虫害和病害，减少单独使用的人工费用，节约水电，环境友好，可扩大生物农药的杀虫、杀菌谱、减少用药次数。

本发明不含任何化学农药成分，在环境中易于降解，对人、畜、环境安全，病原菌对其不易产生抗药性；同时具有稳定、高效、低成本的优点。

一种茶树油-小檗碱
抗菌复合悬乳剂及其制备方法

发 明 人：韩永萍　邢正　蔡鑫
证 书 号：第 3120240 号
专 利 号：ZL 2015 1 0225029.4
专利申请日：2015 年 05 月 05 日
专 利 权 人：北京联合大学
授权公告日：2018 年 10 月 23 日

摘要：

本发明涉及一种茶树油-小檗碱抗菌复合悬乳剂及其制备方法。该方法以具有强抗菌活性的茶树油和小檗碱或其衍生物为原料，通过乳化、复配，得到茶树油—小檗碱悬乳剂。茶树油是一种天然植物精油，具有良好抗菌活性。小檗碱又名黄连素，是中药黄连、黄芩等的主要成分，各种微生物对其几乎不产生耐药性。

本发明制备的茶树油-小檗碱植物源抗菌复合悬乳剂，不仅有效抑制褐腐菌、霜霉菌，对番茄枯萎灰霉菌、灰葡萄胞霉、及引起采摘后水果腐烂的炭疽病菌有明显的抑制作用，还对植物的根腐病有一定的防效，很大程度上拓宽了抗菌谱，可以作为抗菌防腐添加剂，用于果蔬保鲜、化妆品等诸多领域，或作为农药用于防治植物病虫害。

一种微藻絮凝沉降收获方法

发　明　人：程艳玲　于水波　华威　刘文慧　赵有玺
证　书　号：第 3118862 号
专　利　号：ZL 2014 1 0453206. X
专利申请日：2014 年 09 月 05 日
专 利 权 人：北京联合大学
授权公告日：2018 年 10 月 23 日

摘要：

一种微藻絮凝沉降收获方法，该方法包括：A. 测定培养液中微藻密度，调节培养液 pH 值为 5-11；B. 将含有微藻的培养液放入絮凝反应罐中，在搅拌下加入絮凝剂，絮凝剂用量为微藻干重的 3%~20%，并持续搅拌 1-5 分钟；其中，该絮凝剂为式 I 所示的季铵盐阳离子淀粉；C. 沉降 10-45 分钟，絮凝后微藻沉降到絮凝罐底部；D. 将絮凝后藻泥收集，脱水，干燥。

该方法通过对絮凝剂种类、添加量、絮凝时间、搅拌速度及搅拌时间等进行优化，实现了规模化养殖微藻的高效分离采收。

一种浏览类业务感知分析方法

发　明　人：李克
证　书　号：第 3126002 号
专　利　号：ZL 2016 1 0320411.8
专利申请日：2016 年 05 月 15 日
专 利 权 人：北京联合大学
授权公告日：2018 年 10 月 26 日

摘要：

一种浏览类业务感知分析方法属于移动通信领域，解决如何有效利用从终端侧采集的海量用户浏览类业务感知数据对用户的浏览类业务感知差的全网层面的原因进行分析和定位定界，从而为优化网络相关参数、算法、协议等以提升移动网络对浏览类业务的承载能力进而提升用户的浏览类业务感知提供参考和依据。本方法步骤如图所示。

从实际移动网络（若干地市电信公司的 3G 网络）中采集的终端数据对浏览业务感知质差的原因进行了分析，分别发现了某网络存在的 DNS 解析时间过高问题、新浪网首包时延偏大等问题，这些问题得到了电信的优化部门的确认并做了相应网络调整（优化DNS 服务器、增加本地新浪 CDN 服务器等），后续的测试也验证了问题得到了解决，指标得到了提升。

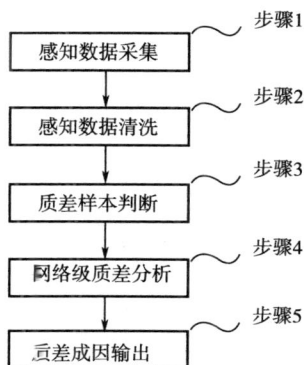

一种基于 Leap Motion 的优势点检测识别方法

发　明　人：刘宏哲　袁家政　张雪鉴
证　书　号：第 3148155 号
专　利　号：ZL 2016 1 0391403.2
专利申请日：2016 年 06 月 04 日
专 利 权 人：北京联合大学
授权公告日：2018 年 11 月 13 日

摘要：

一种基于 Leap Motion 的优势点检测识别方法属于计算机系统的人机交互领域。首先，本方法获取手势顶点，建立手势库以验证改进的非参数控制优势点检测算法。然后，给出在首点和尾点之间的所有点，并连接首点和尾点，组成线段。找到在给出的点中找到离这条线段最远的点，判断这个点是否大于 ε，如果成立则保留该点，反之舍去。重复此法，并最终得到优化后的折线。其中参数 ε 由改进的非参数控制优势点检测算法自适应得出来。

将该算法应用在 Leap Motion 体感控制器上，可以扩展更多手势。该发明对手势识别有很好的自适应性、精确性，可以更加精确地对手势进行识别，在人机交互的应用中有广泛的用途。

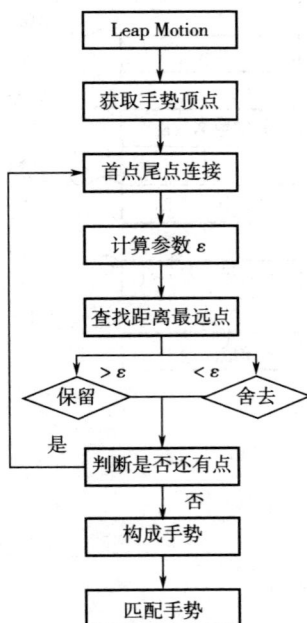

移动网络小区信息侦测与覆盖标定方法

发　明　人：李克
证　书　号：第 3155127 号
专　利　号：ZL 2016 1 0282683.3
专利申请日：2016 年 05 月 02 日
专 利 权 人：北京联合大学
授权公告日：2018 年 1 月 20 日

摘要：

移动网络小区信息侦测与覆盖标定方法属于移动通信领域，解决如何准确地获取移动网络的小区关键参数从而构建基站信息表以及对各小区的真实覆盖范围进行精确测量和标定的问题。本方法利用用户终端采集的移动网络的用户在网信息，并通过大数据分析手段确定小区关键参数（小区标识，站址经纬度，方向角，站型等），构建出基站信息表，基于终端采集的用户在网信息的海量采样数据，精确标定各小区的覆盖边界，构建全网的小区覆盖地图。可准确地获取到移动网络的小区关键参数，并进而构建出基站信息表，可有效避免传统的通过人工搜集汇总逐级上报的方式进行基站信息表维护所带来的时间延迟和人工误差，以及对本网络的真实覆盖范围进行精确的评估。本方法步骤如图所示。

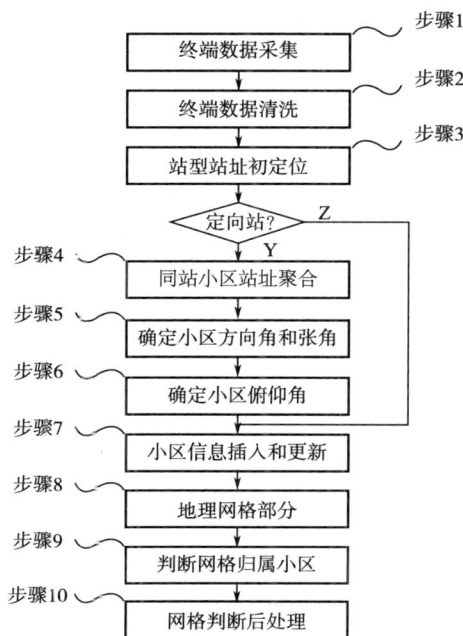

一种计算图像局部特征描述子的方法

发 明 人：梁晔　刘宏哲
证 书 号：第 3171089 号
专 利 号：ZL 2015 1 0411766.3
专利申请日：2015 年 07 月 14 日
专 利 权 人：北京联合大学
授权公告日：2018 年 12 月 04 日

摘要：

本发明属于图像的特征描述方法技术领域，公开了一种计算图像局部特征描述子的方法。本发明通过变换矩阵对 SIFT 描述子进行变换，获得一个 16x8 的矩阵，然后对获得的 16x8 的矩阵变换成 128 维向量，之后即为局部特征描述子。本发明方法概念简单，没有增加 SIFT 描述子的维数。新的描述子具有更强的判别能力和鲁棒性。

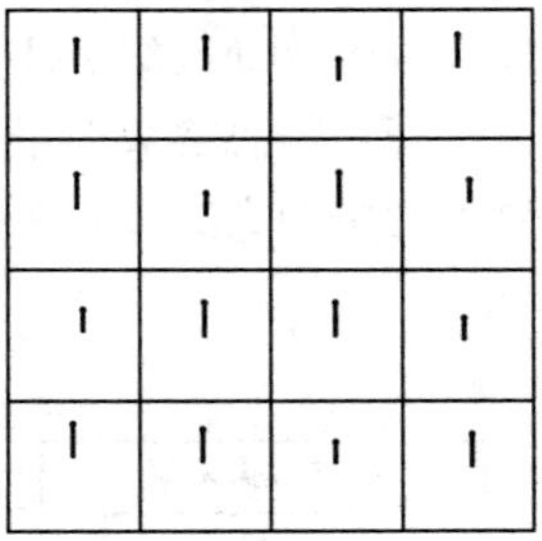

一种藜芦碱植物源复配杀菌剂及其应用

发 明 人：葛喜珍　薛科科　李映　田平芳　缪刚

证 书 号：第 3179377 号

专 利 号：ZL 2016 1 0459375.3

专利申请日：2016 年 06 月 22 日

专 利 权 人：北京联合大学

授权公告日：2018 年 12 月 11 日

摘要：

本发明公开了一种藜芦碱植物源复配杀菌剂及其应用。所述藜芦碱植物源复配杀菌剂按重量百分比计包含藜芦碱 0.1%～10%、柳树皮提取物 1%～20%，其余为助剂；所述藜芦碱为含藜芦总碱的纯品、混合物或藜芦属植物提取物。所述藜芦碱植物源复配杀菌剂为微乳剂、水剂或可湿性粉剂。本发明的杀菌剂不含任何化学农药成分，在环境中易于降解，对人、畜、环境安全，病原菌对其不易产生抗药性；同时具有稳定、高效、低成本的优点。

本发明的杀菌剂可以用于防治农作物的褐腐病、灰霉病、软腐病、黑星病、细菌性穿孔病、霜霉病、疫霉病、白粉病、晚疫病、干腐病等病害中的一种或多种，也可以用于其他植物病害的防治。

实用新型专利

一种多功能背包

发　明　人：杨丽珍
证　书　号：第 6823600 号
专　利　号：ZL 2017 2 0121545.7
专利申请日：2017 年 02 月 10 日
专 利 权 人：北京联合大学
授权公告日：2018 年 01 月 05 日

摘要：

本实用新型公开一种多功能背包。包括：第一侧面小包、第二侧面小包、小包组件以及背包带；在所述第一侧面小包、所述第二侧面小包和所述小包组件上分别设置可拆卸的侧壁，各个侧壁与小包主体之间通过拉链拉合，当可拆卸侧壁与小包主体连接时，所述第一侧面小包、所述第二侧面小包和所述小包组件可以各自独立使用，当各个小包卸除所述可拆卸侧壁后，所述第一侧面小包、所述第二侧面小包和所述小包组件之间可以通过各自的链牙相互拉合，从而形成一个尺寸较大的背包。

本申请中的背包可以根据用户的使用需求，拆分成相应的尺寸，降低用户对于背包的购置成本。

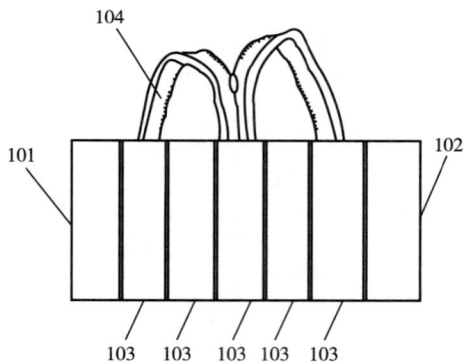

101—第一侧面小包　102—第二侧面小包　103—小包组件　104—背包带

一种电梯安防访客控制系统

发　明　人：贺玲芳
证　书　号：第 7011212 号
专　利　号：ZL 2017 2 0315363 7
专利申请日：2017 年 03 月 29 日
专 利 权 人：北京联合大学
授权公告日：2018 年 02 月 23 日

摘要：

本实用新型涉及一种电梯安防访客控制系统，包括通过电梯控制装置控制的电梯及与所述电梯控制装置电性连接的电梯信息采集装置，所述电梯控制装置通过信号转换装置连接有门禁中央控制器，所述门禁中央控制器通过线路连接有置于业主家的门禁终端机和置于公共区域的门禁终端机。

该控制系统设计合理，控制精确，授权时机准确，授权时间较短，可有效避免因盲目授权和长时间授权出现的安全隐患。

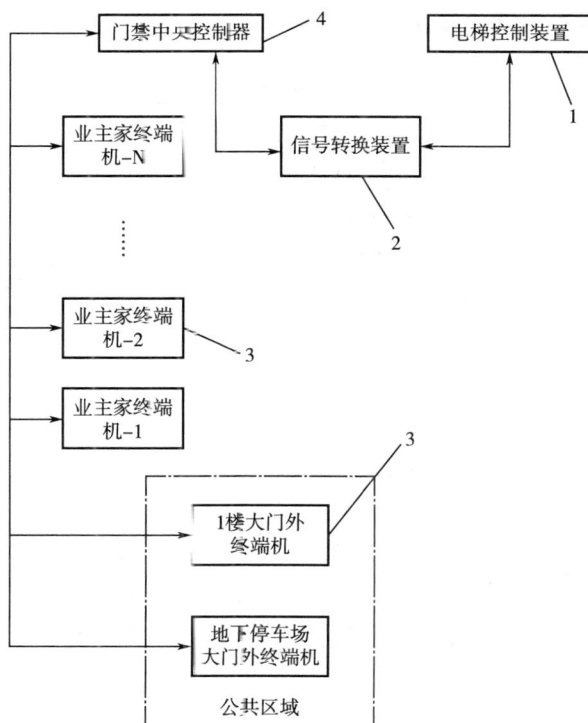

压力仪表定点自动调试系统

发 明 人： 李媛　丛森　高冀东　任俊杰　郑迎迎
证 书 号： 第 7023269 号
专 利 号： ZL 2017 2 0582630.3
专利申请日： 2017 年 05 月 24 日
专 利 权 人： 北京联合大学　北京布莱迪仪器仪表有限公司
授权公告日： 2018 年 02 月 27 日

摘要：

压力仪表定点自动调试系统属于仪器仪表领域。目前我国仪器仪表产业的发展相对滞后，不仅体现在高精度仪表品类的设计、开发上，也体现在现有仪表的生产、调试自动化产线落后。本实用新型包括气源系统，压力控制系统，中央控制单元和上位 PC 机；气源系统连接到负责气源压力稳定到定点测试压力值上的压力控制系统，压力控制系统连接到中央控制单元，中央控制单元连接压力控制器，上位 PC 机通过触摸屏或/和脚踏开关连接到中央控制单元。图 1 为高压压力仪表定点自动调试系统组成图，图 2 为系统的功能组成框图。

本专利的实施将开发基于中高压压力仪表通用自动调试系统并进行商用，解决以上问题，提高仪表行业的自动化装备水平。

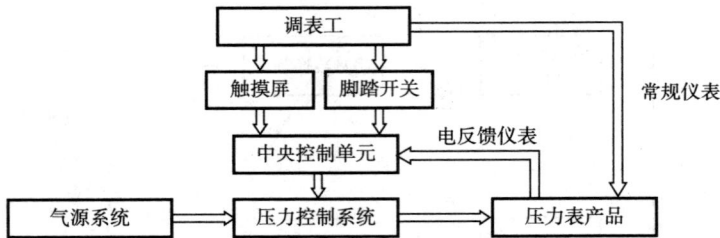

图 1

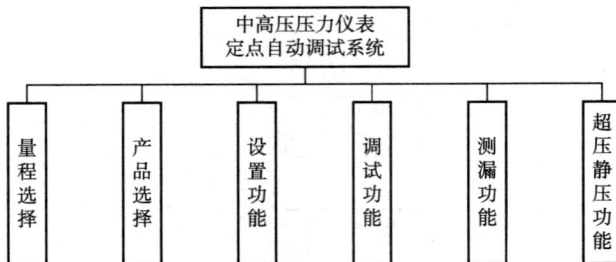

图 2

一种多功能折叠尺

发　明　人：董玉梅　于海兰

证　书　号：第 7127756 号

专　利　号：ZL 2017 2 0472924.0

专利申请日：2017 年 04 月 28 日

专利权人：北京联合大学

授权公告日：2018 年 03 月 27 日

摘要：

本实用新型公开一种多功能折叠尺，其中，主尺左端部铰接左副尺，主尺右端部铰接右副尺，主尺右端部以铰接中心为圆心向着与设置直尺刻度相对的侧边缘设置一个下半圆，该下半圆的一部分圆弧边缘作为主尺的右端边缘，另一部分边缘凸出在主尺的相应边缘之外，三尺段组合成三角板时，构成一三角形孔洞的三条边缘由各尺段的设有直尺刻度的尺边缘构成；左副尺上设三角板定位标记，三角板定位标记与右副尺的上沿或下沿对应设置，右副尺的左端部设有角度指示刻线；主尺的与左副尺铰接的铰接孔向主尺的右侧延设一沟槽，使左副尺可相对于主尺向右移动。

本折叠尺集直尺、三角板和半圆仪为一身，并可方便画出预设角度且大小不同的三角形，方便携带。

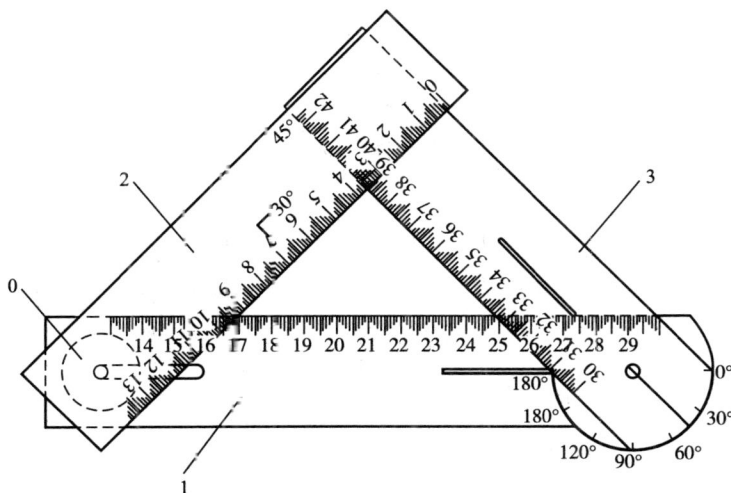

0—垫片　1—主尺　2—左副尺　3—右副尺

一种长方体档案周转盒

发　明　人：姜素兰　张远利　闫奎　徐娟

证　书　号：第 7208672 号

专　利　号：ZL 2017 2 1017596. 1

专利申请日：2017 年 08 月 15 日

专 利 权 人：北京联合大学

授权公告日：2018 年 04 月 13 日

摘要：

一种长方体档案周转盒，属于档案盒技术领域，包括底面、带有扣手的相对的两个侧面、另外两个相对的侧面、顶部，带有扣手的相对的两个侧面，记为左侧和右侧，另外两个相对的侧面记为前侧和后侧，其特征在于，长方体档案周转盒为折叠结构，左侧和右侧为四层结构，每一层均具有扣手，四个扣手重叠，前侧和后侧为单层结构，底面为双层结构；档案周转盒不用粘、不用订，可直接折叠，加厚抗压防变形，可直接折叠，便于运输和保存。

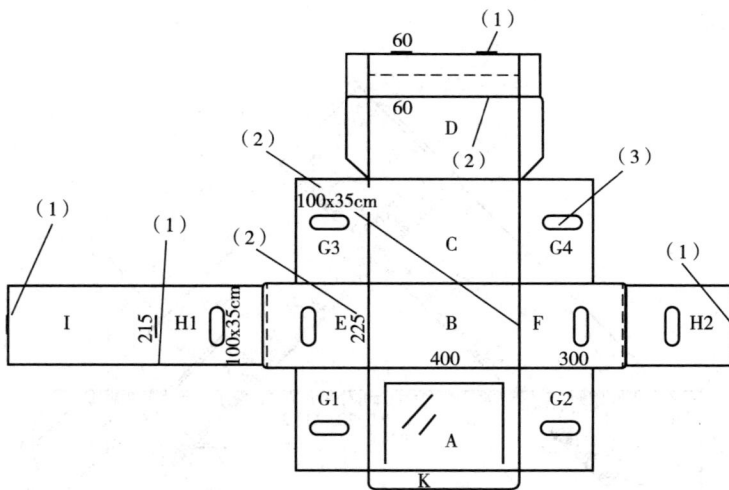

1—插片　2—孔槽　3—扣手

一种冷藏食品温度指示装置

发　明　人：闫文杰　李兴民
证　书　号：第 7237612 号
专　利　号：ZL 2017 2 1348953.2
专利申请日：2017 年 10 月 19 日
专 利 权 人：北京联合大学
授权公告日：2018 年 05 月 01 日

摘要：

本实用新型提供一种冷藏食品温度指示装置，包括：第一腔体、第二腔体和连通管；其中，该第一腔体呈圆柱体，该第一腔体顶部开口，下部收缩后与连通管一端连接；该第二腔体呈圆柱体，上部收缩后与连通管另一端连接；该第一腔体设一第一平坦部、该第二腔体设一第二平坦部，该第一平坦部和第二平坦部位于同一平面，该第一平坦部和第二平坦部都粘结有胶黏层，该胶黏层表面覆盖一与胶黏层面积相同的可撕拆的离型纸。

本实用新型提供的冷藏食品温度指示装置与冷藏食品处于同一环境中，当温度发生变化，该装置中的温变材料状态发生变化，从而指示冷藏食品是否脱离低温环境。

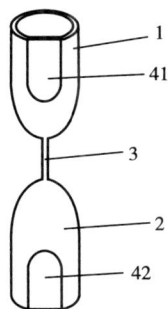

1—第一腔体　2—第二腔体　3—连通管　41—第一平坦部　42—第二平坦部

一种冷藏食品温度指示系统

发 明 人： 闫文杰　李兴民
证 书 号： 第 7285039 号
专 利 号： ZL 2017 2 1351321.1
专利申请日： 2017 年 10 月 19 日
专 利 权 人： 北京联合大学
授权公告日： 2018 年 05 月 01 日

摘要：

一种冷藏食品温度指示系统，其特征在于，由温变单元、摄像单元和监视器三个部分组成；该温变单元为一呈圆柱形的腔体，该腔体侧面具一长方形平坦部，该平坦部表面粘附一胶黏层，该胶黏层表面覆盖一相同大小的离型纸；该摄像单元设置于该温变单元一侧，用于获取该温变单元的视频图像；该监视器通过视频线连接该摄像单元，用于实时查看该摄像单元获取的视频图像。

本实用新型提供的冷藏食品温度指示系统与冷藏食品处于同一环境中，当温度发生变化，该装置中的温变材料状态发生变化，从而指示冷藏食品是否脱离低温环境。

一种可调节马桶坐姿形态的装置

发 明 人：王育坚　吴明明　高倩　廉腾飞

证 书 号：第 7274410 号

专 利 号：ZL 2017 2 0210909.9

专利申请日：2017 年 03 月 06 日

专 利 权 人：北京联合大学

授权公告日：2018 年 05 月 01 日

摘要：

本实用新型涉及一种可调节马桶坐姿形态的装置，其特征在于：包括以下部件：底部支架，脚踏板，第一连接板，第二连接板，卡钩，固定环与固定键；底部支架包括圆柱体和方板结构；圆柱体是装配在马桶上，方板结构上圆柱体是卡槽部分；固定环与固定键在底部支架方板圆孔处进行组合装配，为了与第一连接板共同对卡钩进行自由度的约束；第一连接板用于装配脚踏板和底部支架的结构；第一连接板下部分孔用于与脚踏板进行连接；第一连接板卡槽部分用于与卡钩进行连接；第二连接板是用于装配脚踏板和底部支架的结构；第二连接板下部分孔用于与脚踏板进行连接；脚踏板分别连接第一连接板和第二连接板；该机构结构简单，简单易用，造价低廉。

流量自动调节装置

发　明　人：金晓明　赵林惠　程光　田娥

证　书　号：第 7472667 号

专　利　号：ZL 2017 2 1472440.2

专利申请日：2017 年 11 月 07 日

专 利 权 人：北京联合大学

授权公告日：2018 年 06 月 12 日

摘要：

本实用新型涉及流量调节技术领域，具体而言，涉及一种流量自动调节装置，包括弹簧支撑柱、弹簧调节转轮、弹簧、驱动电机和机筒，驱动电机上安装有小齿轮，所述机筒的端部设有可动调节孔板；弹簧支撑柱的端部通过螺纹连接螺杆；螺杆的端部设有固定孔板；可动调节孔板与固定孔板上开有相同数量的流量孔，从而调整流量出口截面积，达到调节工艺参数的目的。调节弹簧调节转轮可以调节弹簧对可动调节孔板的压力，从而调节物料出口的临界压力值。

本实用新型的流量自动调节装置具有结构简单、制造成本低、流量大小易于控制的优点。

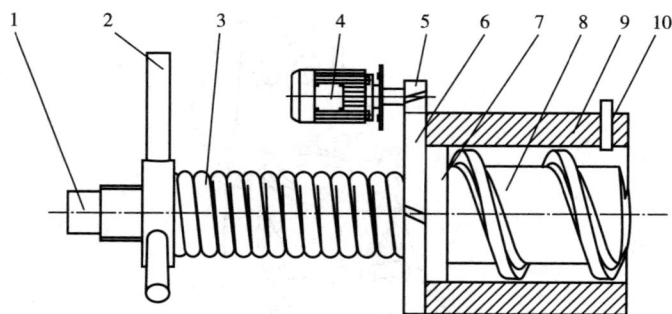

1—弹簧支撑柱　2—弹簧调节转轮　3—弹簧　4—驱动电机　5—小齿轮
6—可动调节孔板　7—固定孔板　8—螺杆　9—机筒　10—参数测量装置

塔筒升降机

发　明　人：全晓玥　赵林惠　程光　田娥
证　书　号：第 7700947 号
专　利　号：ZL 2017 2 1376805.1
专利申请日：2017 年 10 月 24 日
专 利 权 人：北京联合大学
授权公告日：2018 年 08 月 10 日

摘要：

本实用新型涉及升降设备技术领域，具体而言，涉及一种塔筒升降机，包括升降机本体、动力装置、传动装置、曳引制动装置、升降台、安全爬梯和导轨，该升降机还包括限速装置、升降台导向装置和限位安全装置，从而保证了升降机运行的安全性。

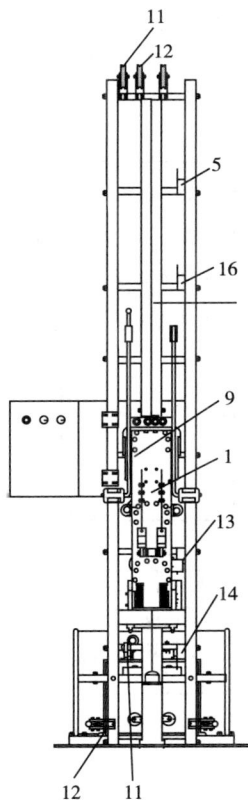

1—升降台　5—缓冲器　9—控制柜　11—限速绳导向轮　12—曳引制动装置
13—底部上限位开关　14—底部下限位开关　16—顶部下限位开关

一种两轮自平衡小车自动跟随系统

发 明 人：刘艳霞　王吉庆　柏鹏飞

证 书 号：第 7696438 号

专 利 号：ZL 2017 2 1250231.3

专利申请日：2017 年 09 月 27 日

专 利 权 人：北京联合大学

授权公告日：2018 年 08 月 10 日

摘要：

本实用新型公开了一种两轮自平衡小车自动跟随系统，包括主控装置、小车姿态获取装置和电机驱动装置，所述两轮自平衡小车自动跟随系统还包括视频获取装置，所述视频获取装置包括 Pixy CMUcam5 视觉传感器，所述 Pixy CMUcam5 视觉传感器与主控装置连接，所述主控装置与小车姿态获取装置、电机驱动装置连接。

本实用新型的两轮自平衡小车自动跟随系统，平衡控制是利用带码盘的电机实现直立环和速度环，通过 PID 参数调整实现两轮自平衡小车控制，并提高小车自平衡控制的抗干扰性，能够根据视频获取的前方物体距离，实现自主追踪。

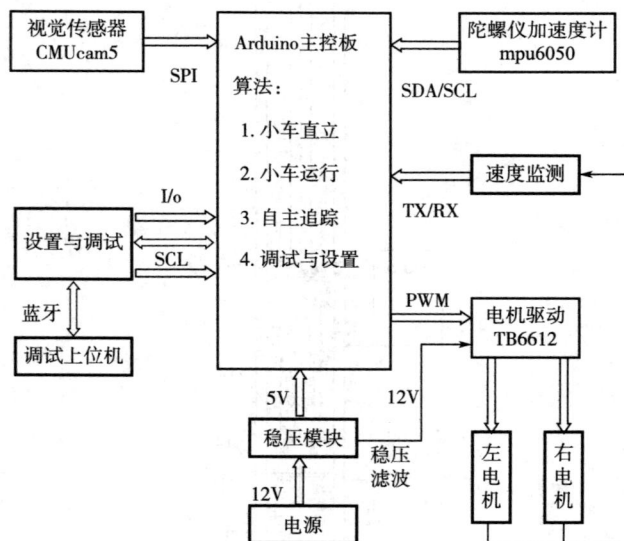

一种无线体感鼠标

发 明 人：吕彩霞 许立群 周磊 何沛
证 书 号：第 7702506 号
专 利 号：ZL 2017 2 1194426.0
专利申请日：2017 年 09 月 18 日
专 利 权 人：北京联合大学
授权公告日：2018 年 08 月 10 日

摘要：

本实用新型公开了一种无线体感鼠标，它包括椭圆形的外壳体、发送系统和接收系统。发送系统包括发送端 MCU、运动跟踪装置、按键、滚轮、发送端无线通信模块和发送端电源模块。接收系统包括接收端 MCU、接收端无线通信模块和 USB 端口。运动跟踪装置感应鼠标运动轨迹，发送端 MUC 对运动轨迹数据进行处理转换为坐标值，通过发送端无线通信模块以无线通信方式发送坐标值到接收端 MCU，接收端 MCU 将接收到的坐标值通过 USB 端口通信方式发送到上位机，完成通信。

本实用新型的无线体感鼠标，通过运动跟踪装置感应人体手部运动轨迹，通过无线通信模块与电脑或手机等移动设备的 USB 端口相连接，使用者可无拘束地空中移动鼠标操控设备，解决了常规鼠标要在桌面上使用的局限性。

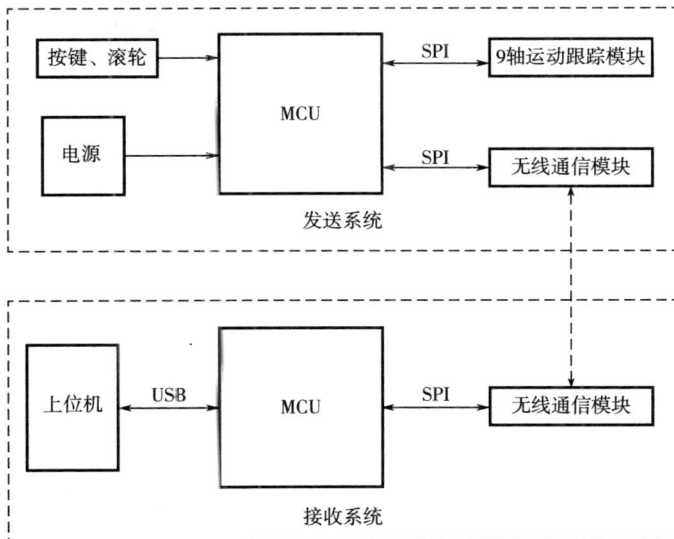

一种颅骨修复用
网状支撑可降解三维复合植入体

发 明 人：杨静馨　程光　赵林惠　白松岩
证 书 号：第 7873885 号
专 利 号：ZL 2017 2 0661954.6
专利申请日：2017 年 06 月 08 日
专 利 权 人：北京联合大学
授权公告日：2018 年 09 月 21 日

摘要：

本实用新型公开了一种颅骨修复用网状支撑可降解三维复合植入体，该三维复合植入体的整体结构为盾牌状，内部为可降解的网状支撑架，网状支撑架外包裹可降解修复材料，网状支撑架在修复材料内部为均匀垂直排布。本实用新型所述的颅骨修复用网状支撑可降解三维复合植入体，上下曲面的半径差范围为 3～30mm，网状支撑架伸出至包裹材料外更有利于三维复合植入体固定在颅骨缺损处，实际操作简单，从而能节约手术的时间，减少患者痛苦和医疗费用。

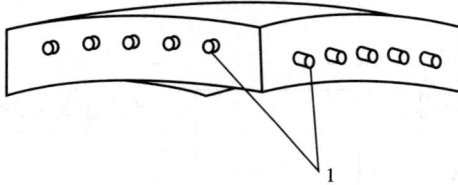

1—网状支撑架

一种纤维增强骨缺损修复复合体制备模具

发　明　人：杨静馨　王秀梅　崔福斋　白松岩
证　书　号：第 7872304 号
专　利　号：ZL 2017 2 0661436.4
专利申请日：2017 年 06 月 08 日
专 利 权 人：北京联合大学
授权公告日：2018 年 09 月 21 日

摘要：

本实用新型公开了一种纤维增强骨缺损修复复合体制备模具，该制备模具呈无盖中空体型结构，其包括左右两侧面与底面板、前后活动侧板，上面再设置一活动刮板。本实用新型的纤维增强骨缺损修复复合体制备模具，前后侧面及左右侧面根据纤维要求，打孔排布；在使用时，将增强用纤维按照顺序插入侧面排布孔，垂直方向形成网架结构；搭好纤维网架结构后，将复合材料灌注模具，通过冷冻干燥等方式成型。

本实用新型的纤维增强骨缺损修复复合体制备模具，可以根据填充要求改变尺寸，具有仿生尺寸、双向网架结构提高了纤维的增强效果，侧板固定孔更加利于固定，结构简单，性能可靠。

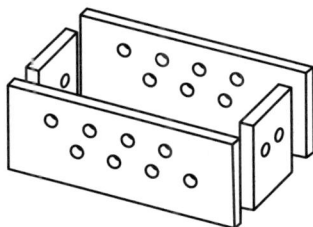

外观设计专利

戒指

设 计 人：谢崇桥　孙亚红
证 书 号：第 4744376 号
专 利 号：ZL 2017 3 0241266. X
专 利 申 请 日：2017 年 06 月 13 日
专 利 权 人：北京联合大学
授权公告日：2018 年 07 月 13 日

摘要：

1. 本外观设计产品的名称：戒指。
2. 本外观设计产品的用途：本外观设计产品用于可佩戴在手指上作为装饰。
3. 本外观设计产品的设计要点：在于戒指上端景泰蓝叶子形状。
4. 最能表明本外观设计设计要点的图片或照片：主视图。
5. 请求保护的外观设计包含色彩。

主视图

右视图

后视图

左视图

主视图

左视图

第五部分

2019年专利

收录 2019 年北京联合大学获得国家知识产权局授权的专利 56 项，其中，发明专利 50 项、实用新型专利 6 项。

发明专利

空调送风控制系统及方法

发　明　人：杨志成　朱永林　李春旺　马晓钧　张传钊

证　书　号：第 3215866 号

专　利　号：ZL 2016 1 0970103.X

专利申请日：2016 年 10 月 27 日

专 利 权 人：北京联合大学

授权公告日：2019 年 01 月 15 日

摘要：

本发明提供一种空调送风控制系统及方法，通过遥控器设置风力档位、送风模式，系统包括：测距模块，用于测量房间的空间结构数据，包括房间的长 a 与 b、宽 c、高 h；角度测量模块，用于测量空调的送风角度数据，包括空调的左右导风板的角度、上下导风板的角度；控制器，用于根据该空间结构数据、送风角度数据、风力档位，控制空调的送风量。

本发明可根据房间的空间结构调节风力强度，使得房间中不同位置的风力较为均衡，房间中处于不同位置的人均感受较高的舒适度，同时可降低能耗。

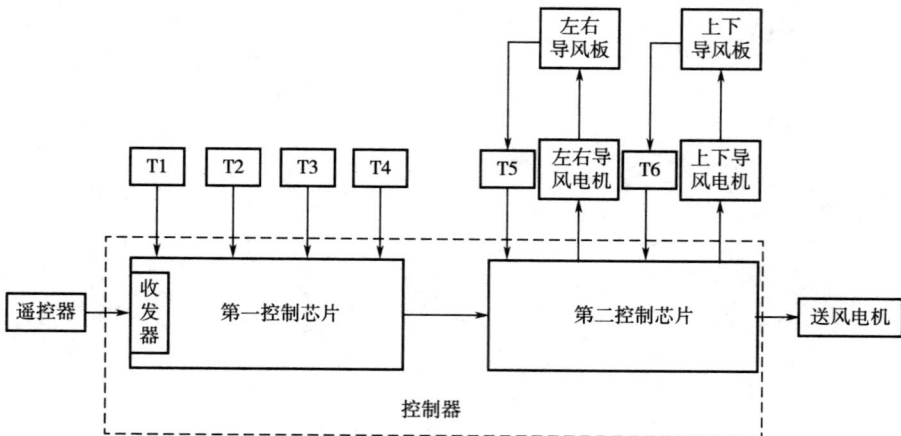

T1—测距传感器　T2—测距传感器　T3—测距传感器

T4—测距传感器　T5—角度传感器　T6—角度传感器

一种复合酶结合超声
自杜仲叶提取杜仲黄酮的生产工艺

发　明　人：葛喜珍　李丽娟
证　书　号：第 3215593 号
专　利　号：ZL 2013 1 0660125.2
专利申请日：2013 年 12 月 09 日
专 利 权 人：北京联合大学生物化学工程学院
授权公告日：2019 年 01 月 15 日

摘要：

一种复合酶结合超声自杜仲叶提取杜仲黄酮的生产工艺，包括以下步骤：

（1）将杜仲叶粉碎，过 50 目筛，向粉末中加入 3~5 倍质量的水，浸泡半小时；向其中加入纤维素酶和果胶酶；

（2）用盐酸溶液调节 pH 为 4.0~5.0，于 45~55℃ 酶解 2~3h，然后煮沸 2~4min，使酶失活；

（3）向混合液中加入乙醇至乙醇的浓度为 50wt%，超声波浸提 15~25min，温度为 90~100℃，功率为 70%~80%，超声产物过滤，滤液浓缩，调 pH 至 6.5 得到提取液；

（4）将提取液采用大孔吸附树脂进行分离，依次选用水、浓度为 10wt% 的乙醇进行洗脱，弃洗脱液，用浓度为 90wt% 的乙醇进行洗脱，收集洗脱液，浓缩。

本发明简单易行、成本低廉、经济环保，且能最大程度的提取出杜仲中的有效物质，并能用于工业化生产。

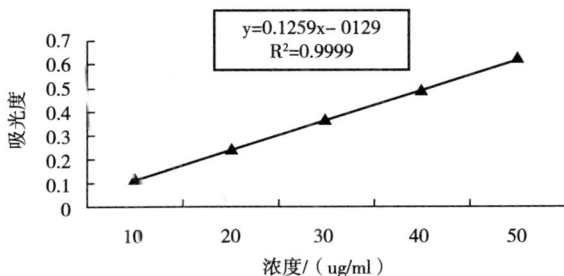

一种安全防坠装置

发　明　人：金晓明　程光　张子义　刘自萍　马勇杰
证　书　号：第 3230392 号
专　利　号：ZL 2016 1 1071986.7
专利申请日：2016 年 11 月 29 日
专利权人：北京联合大学
授权公告日：2019 年 01 月 25 日

摘要：

本发明涉及一种安全防坠装置，包括额定载荷调节部件、导轨夹持件、活动部件连接件和升降运动装置。当曳引钢丝绳出现断裂时，升降运动装置倾斜，导致安全防坠装置中额定载荷调节部件弯曲发生断裂，此时活动部件连接件随着升降运动装置向下运动，而导轨夹持部件在转轴的作用下倾斜夹持住导轨，利用导轨夹持部件与导轨间的作用力实现升降运动装置的减速和停止运动。安全防坠装置通过改变额定载荷部件的参数调整装置的额定载荷；导轨夹持件可更换，适用于不同形状的导轨，使安全防坠装置适用范围更广；该装置一般成对安装，结构更加稳定。图 1 为结构示意图，图 2 为工作状态图。

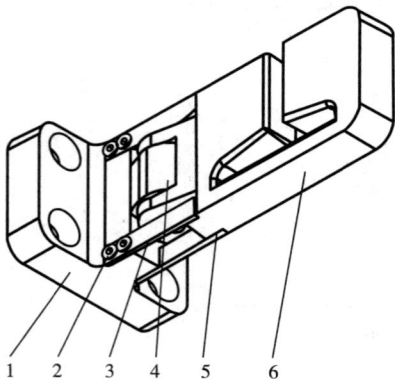

图 1

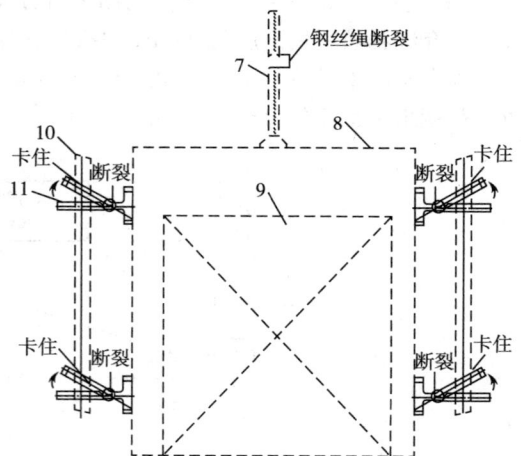

图 2

1—活动部件连接件　2—连接螺钉　3—上载荷调节块　4—转轴　5—下载荷调节块
6—导轨夹持件　7—曳引钢丝绳　8—升降装置　9—载重物　10—导轨　11—安全防坠装置

一种姿态辅助测量装置及测量方法

发　明　人：杨爱萍　张欣　呼慧敏
证　书　号：第 3233211 号
专　利　号：ZL 2016 1 0013827.5
专 利 申 请 日：2016 年 01 月 11 日
专 利 权 人：北京联合大学
授 权 公 告 日：2019 年 01 月 25 日

摘要：

本发明提供一种姿态辅助测量装置和测量方法，测量装置包括固定支架和角度测量尺，所述固定支架上安装有导轨，导轨内侧装有高度贴尺，导轨上设有移动滑块，测量杆通过连接件连接在移动滑块上，角度测量尺的两个测量板分别平行固定于测量杆和移动滑块上；在测量时，通过调整移动滑块总成Ⅰ在导轨上的位置，改变移动滑块总成Ⅰ与移动滑块总成Ⅱ的距离，即改变移动滑块总成Ⅰ与测量杆的转动中心距离，实现测量杆以转动中心为基点，形成对测量杆与导轨之间的斜度调整，从而对角度进行测量。

本发明的姿态辅助测量装置结构简洁，便于安装、拆卸，及综合调节测量人体姿态位置各项数据。

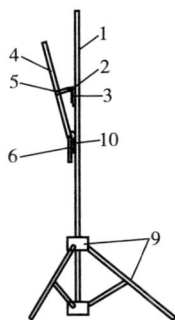

1—导轨　2—连接轴　3—移动滑块总成Ⅰ　4—测量杆　5—调节套杆
6—角度测量尺　9—固定支架　10—移动滑块总成Ⅱ

一种动压润滑滑靴

发 明 人：雷红　李立新　孙建东
证 书 号：第 3232032 号
专 利 号：ZL 2015 1 0972713.9
专利申请日：2015 年 12 月 23 日
专 利 权 人：北京联合大学
授权公告日：2019 年 01 月 25 日

摘要：

本发明涉及一种动压润滑滑靴，包括摩擦表面，所述摩擦表面的外形采用扇环形，所述扇环形的底面上沿径向设有若干斜面。本发明与现有技术相比的有益效果是：由于所述动压润滑滑靴与相对运动的平面之间能够产生收敛型流体楔，进而在摩擦副之间设有润滑剂的前提下能够形成楔形润滑膜。

该动压润滑结构大幅降低摩擦阻力、极大地延缓了摩擦副的磨损，从而大幅提高了所述动压润滑摩擦副的传动精度及传动效率，工作寿命也随之大幅提高。

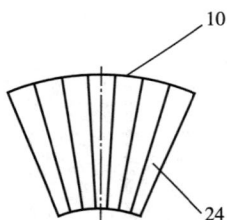

10—动压润滑滑靴　24—斜面

一种移动网络小区标识信息补正方法

发　明　人：李克　徐小龙

证　书　号：第 3253838 号

专　利　号：ZL 2016 1 0563294.8

专利申请日：2016 年 07 月 16 日

专 利 权 人：北京联合大学

授权公告日：2019 年 02 月 15 日

摘要：

一种移动网络小区标识信息补正方法属于移动通信领域，要解决如何通过后处理的方式将终端采样数据中缺失或无效的小区标识信息进行补充和修正。本发明基于最小时空距离准则对终端采样数据中缺失或无效的小区标识信息进行补充和修正的方法。本方法步骤如图所示。

本发明通过对缺失或无效的小区标识信息进行补充和修正，可以有效提高可用的终端采样数据的样本数，有利于开展更准确数据分析挖掘。

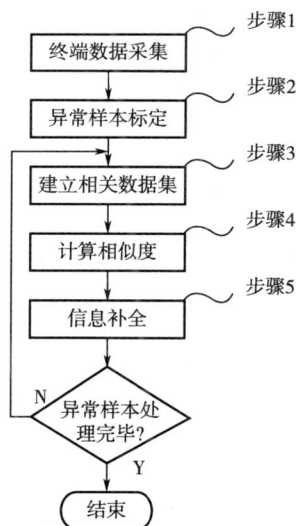

一种基于视觉的路口精定位方法

发　明　人：袁家政　刘宏哲　黄先开　李超　郑永荣
证　书　号：第 3253316 号
专　利　号：ZL 2016 1 0343737.2
专利申请日：2016 年 05 月 23 日
专 利 权 人：北京联合大学
授权公告日：2019 年 02 月 15 日

摘要：

　　一种基于视觉的路口精定位方法属于计算机视觉领域和安全智能交通领域。该方法先通过路口场景识别判断车辆是否到达路口附近，如果进入路口则对单目相机采集的路口图像进行逆透视变换得到逆透视图像，然后进行停止线检测与测距、车道线检测得到车辆离停止线的纵向距离和与车道线的横向距离以及航向角，根据得到数据进行世界坐标系平面坐标计算，最终得到车辆的位置坐标。通过视觉的方法进行路口精定位，克服了高精度 GPS 定位成本高的缺点。

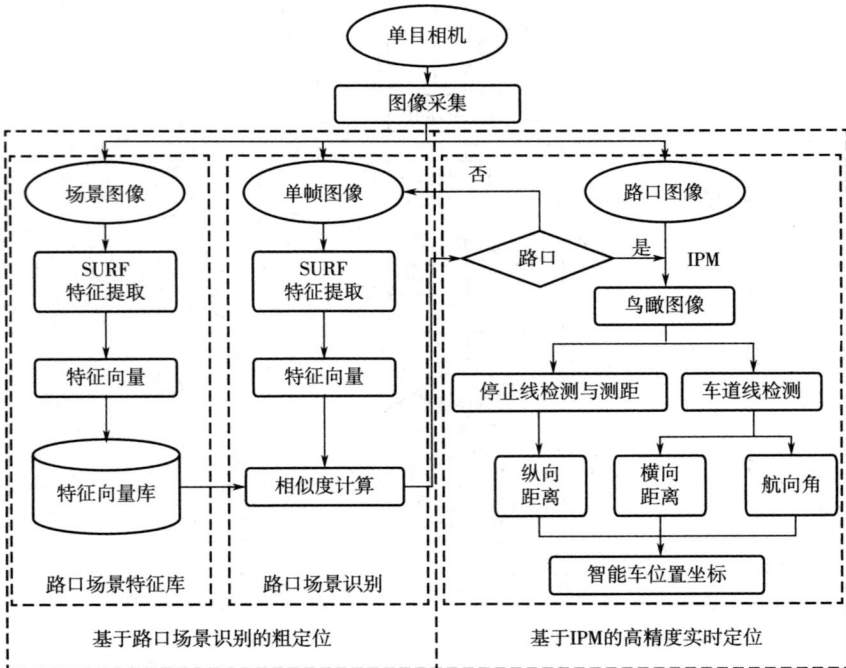

一种用于智能车车辆测试的交互方法及系统

发　明　人：马楠　阳钧　鲍泓　徐歆恺　张欢　关权珍　石恺静　汪沁然
证　书　号：第 3281003 号
专　利　号：ZL 2016 1 0369910.6
专利申请日：2016 年 05 月 30 日
专利权人：北京联合大学
授权公告日：2019 年 03 月 08 日

摘要：

本发明涉及一种用于智能车车辆测试的交互方法及系统，其中用于智能车车辆测试的交互方法包括如下步骤：启动测试交互系统，所述测试交互系统包括测试车辆的交互服务器程序和移动终端交互程序；通过移动终端交互程序对测试车辆的交互服务器程序发出交互命令；观察智能车辆在测试路段的行驶过程中移动终端交互程序接收的导航参数、雷达参数、图像参数是否正常，观察决策规划路线是否达到期望标准；提取日志文件，分析测试数据，得出测试结果。

本发明用于智能车车辆测试的交互方法及系统，支持数据参数实时调整，可以测试不同环境下算法对车辆的影响。

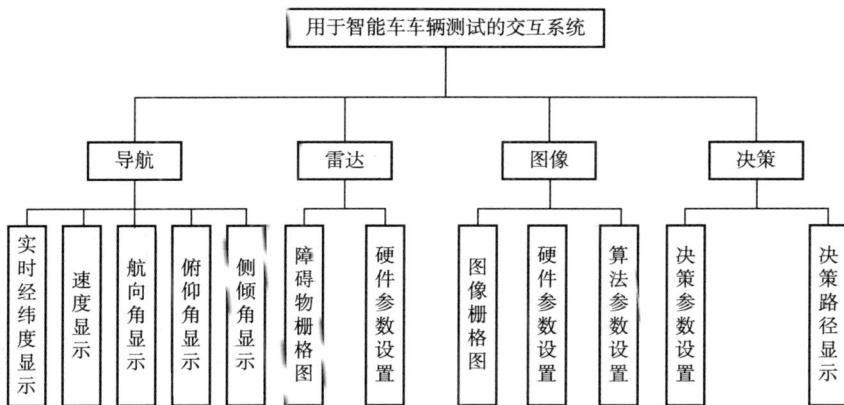

一种用于防治锈腐病的悬浮剂及其制备方法

发 明 人： 李可意　葛喜珍　李秀慧　张玉娇　谢彩鹏　林倩

证 书 号： 第 3301871 号

专 利 号： ZL 2016 1 0213049.4

专利申请日： 2016 年 04 月 07 日

专 利 权 人： 北京联合大学

授权公告日： 2019 年 03 月 22 日

摘要：

本发明公开了一种用于防治锈腐病的悬浮剂及其制备方法。该悬浮剂的主要有效成分为小檗碱，由小檗碱与润湿分散剂，防冻剂，乳化剂混合而成，其中小檗碱的含量占悬浮剂总重量的 4%～10%。该悬浮剂的制备方法包括以下步骤：（1）将小檗碱溶于水；（2）加入润湿分散剂，含量为 2%～10%；用 40～60℃ 的水浴搅拌至大部分沉淀溶解；（3）砂磨机砂磨；（4）防冻剂，含量为 3%～5%；增效剂，含量为 1%～10%；乳化剂，含量为 1%～5%，搅拌均匀；放冷至室温，加增稠剂定容，增稠剂最终含量为 0.1%～0.5%。

一种有机磷农药降解菌剂及其制备方法

发 明 人：李祖明 陈琳 杨翠 安君 白志辉
证 书 号：第 3302417 号
专 利 号：ZL 2016 1 0104111.6
专利申请日：2016 年 02 月 25 日
专 利 权 人：北京联合大学
授权公告日：2019 年 03 月 22 日

摘要：

本发明提供一种有机磷农药降解菌剂，包含质量分数为 95%～98.5% 的浓度为 10^{10}CFU/mL 的地衣芽孢杆菌，质量分数为 0.5%～1% 的甘氨酸，质量分数为 0.5%～2% 的甘油和质量分数为 0.5%～2% 的吐温 80；其中，该地衣芽孢杆菌的菌种分类名称为：地衣芽孢杆菌（Bacillus licheniformis）B4，保藏编号：CGMCC NO.6677。该菌剂的制备方法包括：培养基配制、菌种活化、液体种子制备、液态发酵、菌剂制备，发酵培养基以糖蜜和豆饼粉为主要原料。

本发明提供的有机磷农药降解菌剂能原位高效降解植物果实表面和叶片上有机磷农药残留，保障食品安全，保护生态环境。

基于 XGML 的图像半结构化表示方法

发 明 人：袁家政　刘宏哲　邱静　谭智勇
证 书 号：第 3304928 号
专 利 号：ZL 2016 1 0007341.0
专利申请日：2016 年 01 月 06 日
专 利 权 人：北京联合大学
授权公告日：2019 年 03 月 22 日

摘要：

本发明公开了一种基于 XGML 的图像半结构化表示方法，包括：确定待半结构化表示的图像；提取语义数据并存入 semantic_rule；标注出内容数据并存入 content_rule；对图像进行区域分裂与合并，对得到的各处理后区域分解出边缘信息和颜色特征；处理边缘信息，得到边缘点集合；对边缘点集合提取出边缘特征点；对各处理后区域的边缘特征点拟合，得到线性特征、关键要素；基于基本图形与复杂图形的判断，将各线性特征、关键要素和颜色特征存入 basic_graphic 或 complex_graphic。本方法步骤如图所示。

本发明可将非结构化的光栅图像转换为可支持图形数据与文字信息分离存储的半结构化文档，有效克服了现有图像表示不清晰、存储空间过大，检索不便等缺点。

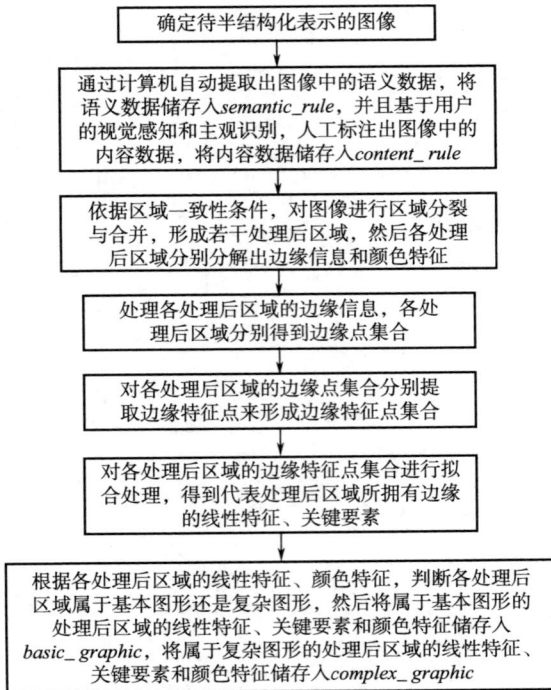

确定待半结构化表示的图像

通过计算机自动提取出图像中的语义数据，将语义数据储存入 *semantic_rule*，并且基于用户的视觉感知和主观识别，人工标注出图像中的内容数据，将内容数据储存入 *content_rule*

依据区域一致性条件，对图像进行区域分裂与合并，形成若干处理后区域，然后各处理后区域分别分解出边缘信息和颜色特征

处理各处理后区域的边缘信息，各处理后区域分别得到边缘点集合

对各处理后区域的边缘点集合分别提取边缘特征点来形成边缘特征点集合

对各处理后区域的边缘特征点集合进行拟合处理，得到代表处理后区域所拥有边缘的线性特征、关键要素

根据各处理后区域的线性特征、颜色特征，判断各处理后区域属于基本图形还是复杂图形，然后将属于基本图形的处理后区域的线性特征、关键要素和颜色特征储存入 *basic_graphic*，将属于复杂图形的处理后区域的线性特征、关键要素和颜色特征储存入 *complex_graphic*

一种基于广义波前算法的移动机器人实时避障方法

发　明　人：杜煜　张永华　宋晓帅　李强
证　书　号：第 3334008 号
专　利　号：ZL 2016 1 0162783.2
专利申请日：2016 年 03 月 21 日
专利权人：北京联合大学
授权公告日：2019 年 04 月 12 日

摘要：

　　一种基于广义波前算法的动机器人实时避障方法，该方法包括下述步骤：对整个栅格图进行代价值更新；在代价值更新后的栅格图上设定多个目标点；获取机器人所在位置到所有目标点的原始避障路径；对所有原始避障路径进行二次路径优化，并输出所有优化后的避障路径以及避障路径的最小曲率半径；对所有优化后的避障路径求避障路径总代价值的总和，并输出总和最小的避障路径，则该避障路径就是算法输出的最优避障路径；由寻线算法来解释最优避障路径，并输出机器人的横向控制量；由速度判断算法来解释最优避障路径的最小曲率半径，并输出移动机器人的纵向控制量。

　　本发明能够满足移动机器人的运动学模型，从而能直接用来作为移动机器人的横向控制量。

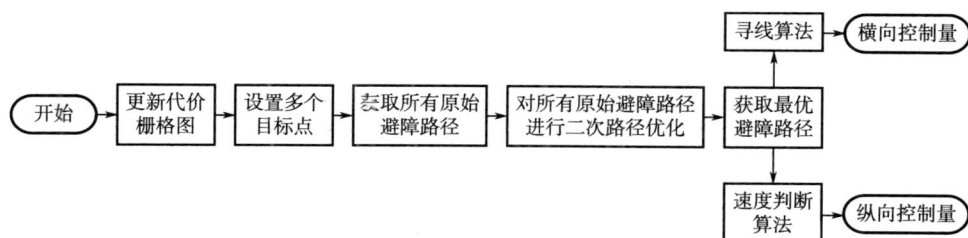

一种基于目标识别
与显著性检测的图像场景多对象分割方法

发　明　人：李青　袁家政
证　书　号：第 3333250 号
专　利　号：ZL 2016 1 0099473.0
专利申请日：2016 年 02 月 23 日
专利权人：北京联合大学
授权公告日：2019 年 04 月 12 日

摘要：

本发明公开了一种基于目标识别与显著性检测的图像场景多对象分割方法，包括：在图像训练集上训练语义对象的检测器，并检测输入图像中对象的位置，标定对象的包围盒；对输入的图像进行过分割处理，得到超像素集合，根据包围盒的位置和超像素的语义概率值，计算兴趣区域；在三种稠密尺度上进行场景显著性检测，得到图像的显著图；在兴趣区域内，计算超像素的邻接关系，每一个对象是一种类别；以每个超像素作为场模型的节点，超像素的邻接关系对应场模型中节点之间的连接关系，将显著性和图像特征转化为节点和边的权重值；利用图割算法，在条件随机场模型上进行优化，迭代终止时得到像素的对象标记结果，从而实现多个对象的分割。

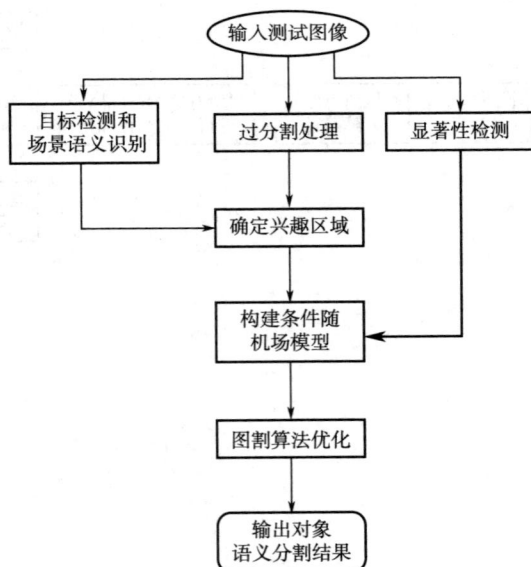

输入测试图像

目标检测和场景语义识别

过分割处理

显著性检测

确定兴趣区域

构建条件随机场模型

图割算法优化

输出对象语义分割结果

一种以建筑承重外墙
为电梯支撑载体的室外电梯装置

发　明　人：耿瑞芳　索敬光　杨志成　陈惠荣
证　书　号：第 3339924 号
专　利　号：ZL 2017 1 0130679. X
专利申请日：2017 年 03 月 07 日
专利权人：北京联合大学
授权公告日：2019 年 04 月 19 日

摘要：

一种以建筑承重外墙为电梯支撑载体的室外电梯装置，包括穿墙安装的安装支架，安装支架穿墙水平安装于建筑承重外墙上部，位于建筑外一端设有第一曳引机和轿厢；第一曳引机安装在轿厢顶部，第一曳引机的第一钢丝绳末端固定在安装支架端部；安装支架位于建筑内一端设有第二曳引机，第二曳引机的第二钢丝绳末端穿出承重外墙的墙洞，经过导向轮固定在轿厢顶部；承重外墙的外立面安装有两条竖向导轨，轿厢靠墙一侧安装有与导轨对应的滚轮导靴；承重外墙对应轿厢运行路径位置设有若干电梯出入口，电梯出入口位于建筑各层阳台上或楼梯间休息平台上。

本发明结构简单、安装方便、使用安全、性价比高、易于推广，楼内发生火警时还可以作为消防应急电梯使用。

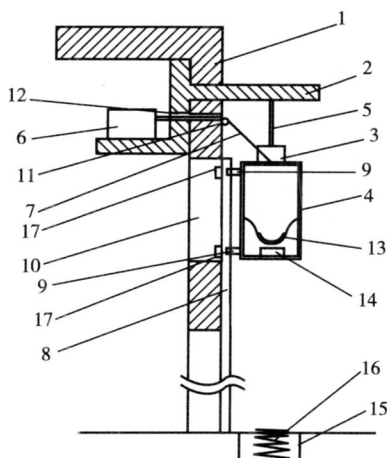

1—承重外墙　2—安装支架　3—第一曳引机　4—轿厢　5—第一钢丝绳　6—第二曳引机
7—第二钢丝绳　8 电梯导轨　9—滑轮导靴　10—电梯出入口　11—导向轮　12—墙洞
13—轿厢座椅　14—轿厢　15—底坑　16—缓冲装置　17—电磁锁

空调诱导通风控制系统

发　明　人：李春旺　马晓钧　任晓耕　梅玉婷　艾凡彪
证　书　号：第 3344122 号
专　利　号：ZL 2016 1 1079016.1
专利申请日：2016 年 11 月 30 日
专利权人：北京联合大学
授权公告日：2019 年 04 月 19 日

摘要：

本发明公开一种空调诱导通风控制系统，包括空调末端设备、定位测距分析单元、至少一组诱导通风装置、位于工作区的至少一个人机交互单元。诱导通风装置包括：将主气流区的气流调整并诱导至工作区的诱导动力机构，调整诱导动力机构的位置、使其与工作区相对应的位置调整机构，设置于诱导动力机构上、控制诱导动力机构的位置与风速的控制单元；位于工作区的人机交互单元与控制单元向定位测距分析单元发送方位信号，定位测距分析单元根据方位信号确定工作区与诱导动力机构的坐标位置，确定二者之间的距离，并发送至控制单元，控制单元根据工作区与诱导动力机构的坐标位置及二者之间的距离，调整诱导动力机构的位置与风速，将主气流区的气流调整并诱导至工作区，营造非均匀环境。

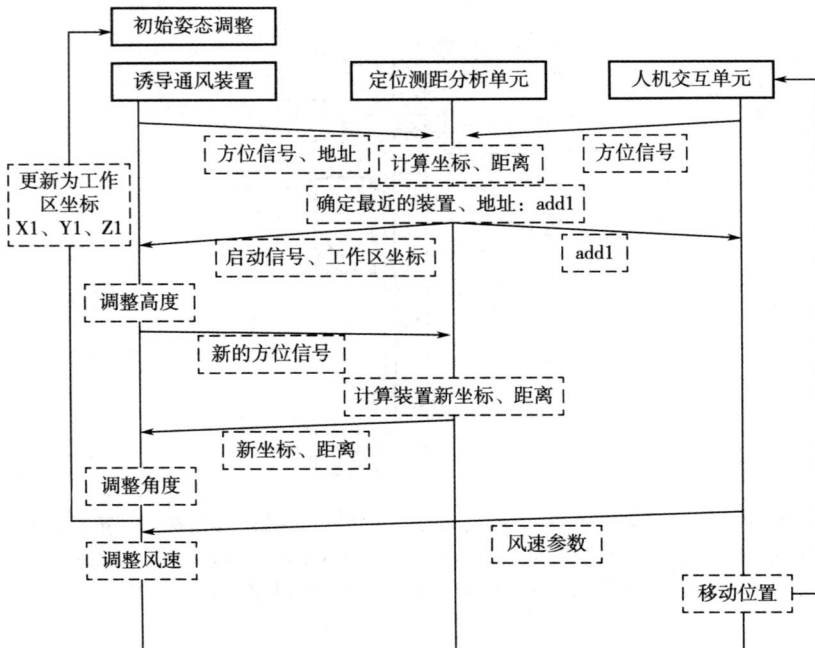

基于双目视觉的人流分析方法

发 明 人：袁家政 刘宏哲 赵霞
证 书 号：第 3341812 号
专 利 号：ZL 2016 1 00 0745.1
专利申请日：2016 年 01 月 18 日
专 利 权 人：北京联合大学
授权公告日：2019 年 04 月 19 日

摘要：

本发明公开了一种基于双目视觉的人流分析方法，包括立体图像对获取；图像预处理；人脸检测；人体定位；参观人数统计、参观时间统计以及性别识别、年龄估计；从而完成展台处设定的参观区域内的人流分析。

本发明可应用于诸如博物馆的各类公共展览场所，采集与分析出公共展览场所内各展品前参观者的相关信息，实现人流统计与分析目的，具有实时性高、准确性高、实施效率高等特点，有助于真实了解参观者的行为特征，为各项分析提供可靠的数据依据，以利于公共展览场所提升自身服务质量与水平。

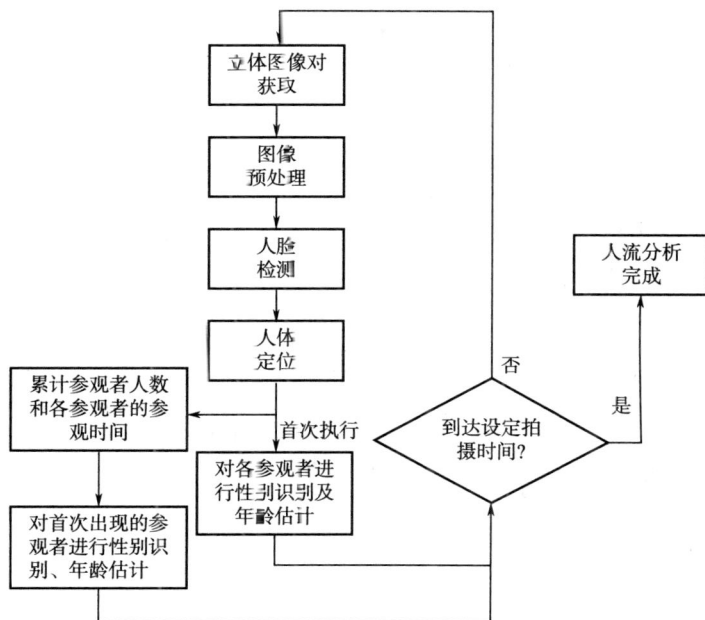

一种电动汽车 DC/DC 低压供电
与测试电路、设备、系统以及测试方法

发 明 人： 杭和平　邵明刚　杨锋　李万韬　胡熏
证 书 号： 第 3356752 号
专 利 号： ZL 2016 1 0404045.4
专利申请日： 2016 年 06 月 08 日
专 利 权 人： 北京联合大学
授权公告日： 2019 年 04 月 30 日

摘要：

本发明涉及一种电动汽车 DC/DC 低压供电与测试电路、设备、系统以及测试方法，包括短路检测电路、防止回流电路、输出端口、检测端口，所述防止回流电路连接在所述输出端口和短路检测电路之间，所述输出端口连接所述 DC/DC 模块的输出端口，所述检测端口连接判断装置，根据检测端口检测的电平信息确定 DC/DC 模块对地短路故障，并通过提示装置进行提示，所述低压供电与测试电路包括供电模式和负载模式两种工作模式，两种模式由控制模块自动控制切换。

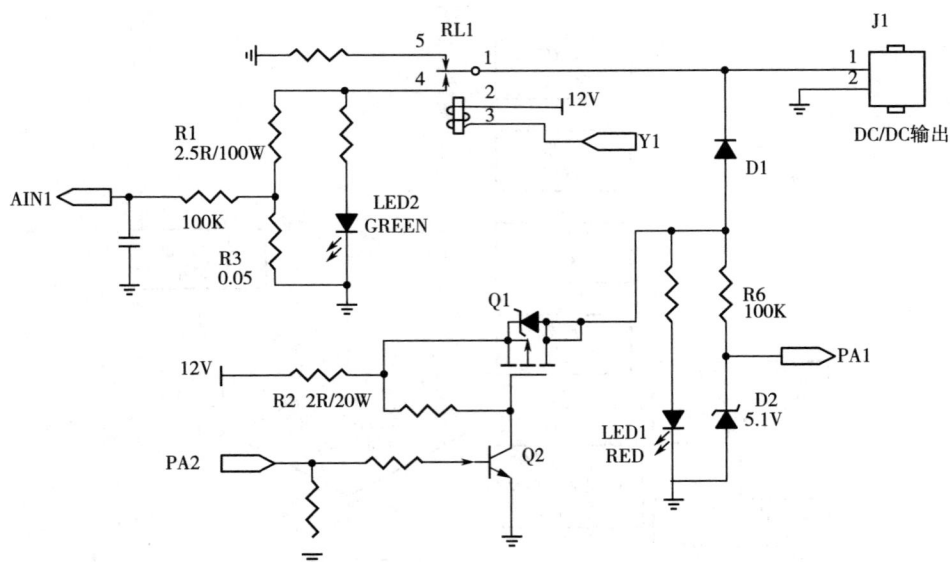

一种简易快速的蛋白质分离纯化方法

发　明　人：黄迎春　齐心洁　王玥　李苹
证　书　号：第 3353800 号
专　利　号：ZL 2016 1 0265269.1
专利申请日：2016 年 04 月 26 日
专利权人：北京联合大学
授权公告日：2019 年 04 月 30 日

摘要：

本发明公开了一种简易快速的蛋白质分离纯化方法，包括如下步骤：在透析管中添加亲和层析填料，用 Buffer 1 平衡，将待分离蛋白溶液添加到透析管中，混匀数次，静置或慢速离心；将收集液同样反复处理三到四次；用 Buffer 2 洗脱杂蛋白；用 Buffer 3 将目的蛋白洗脱下来；将收集得到的蛋白溶液，进行 SDS-PAGE 电泳检测，亲和层析填料用 Buffer 4 反复清洗离心雪三到四次，用 20%乙醇溶液液封，置于 4℃层析柜保存备用。本发明能够快速有效地去除杂蛋白，富集目标蛋白；提高了蛋白质的分离和纯化效率，大大降低了蛋白质的损失；操作简便，设备均可回收重复使用。

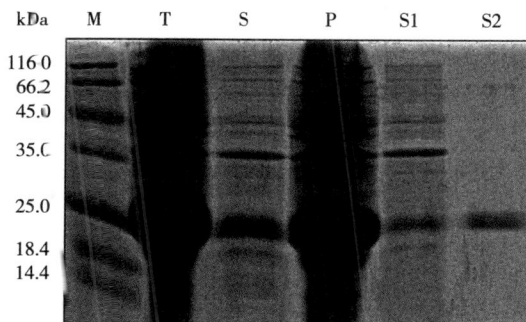

头皮脑电信号回顾性癫痫发作点检测方法及系统

发　明　人：沈晋慧　张罡　杨芳　邵明刚　杭和平
证　书　号：第 3356810 号
专　利　号：ZL 2015 1 0736832.4
专利申请日：2015 年 11 月 03 日
专 利 权 人：北京联合大学
授权公告日：2019 年 04 月 30 日

摘要：

本发明属于头皮脑电信号技术领域，提出了一种头皮脑电信号回顾性癫痫发作点检测方法及系统。本发明方法是对去除了各种伪迹脑电信号，通过非线性动力学样本熵阈值检测法，进行回顾性分析确定癫痫发作点的。本发明的头皮脑电信号回顾性癫痫发作点检测系统，包括脑电信号接收模块、癫痫发作点确定模块，信息输出模块。其中，脑电信号接收模块用于接收临床采集到的原始脑电信号。癫痫发作点确定模块用于通过脑电信号接收模块接收的脑电信号分析确定回顾性癫痫发作点。信息输出模块用于将癫痫发作点确定模块确定的回顾性癫痫发作点输出。

采用本发明方法或者系统脑电信号数据可在 10 秒内完成解混，快速确定癫痫发作点，效果显著。

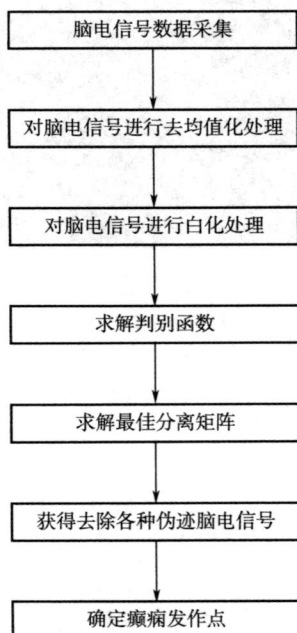

智能驾驶中基于驾驶态势图簇的改进 PID 速度控制方法

发　明　人：潘峰　潘振半　鲍泓　杨青
证　书　号：第 3361290 号
专　利　号：ZL 2015 1 0738593.6
专利申请日：2015 年 11 月 04 日
专利权人：北京联合大学
授权公告日：2019 年 05 月 03 日

摘要：

智能驾驶中基于驾驶态势图簇的改进 PID 速度控制算法，首先建立汽车模型；然后设计速度控制方案；智能车的速度取决于车模自身发动机的转速，发动机的转速则由电子油门对供油量的控制，当汽车要减速或者停车时，制动踏板通过液压制动装置控制减小车速。智能车在自主行驶时，必然会经过不同的路段，所以智能车的速度必须随不同的路段快速、平稳的达到预定的速度。在传统 PID 控制系统的基础上，引入有距离加减速控制，输入量为设定速度和加减速距离，输出为速度。

本算法为一种基于驾驶态势图簇的改进 PID 速度控制算法应用于智能车的速度控制，通过本算法能提高智能车速度控制的平稳性、舒适性。

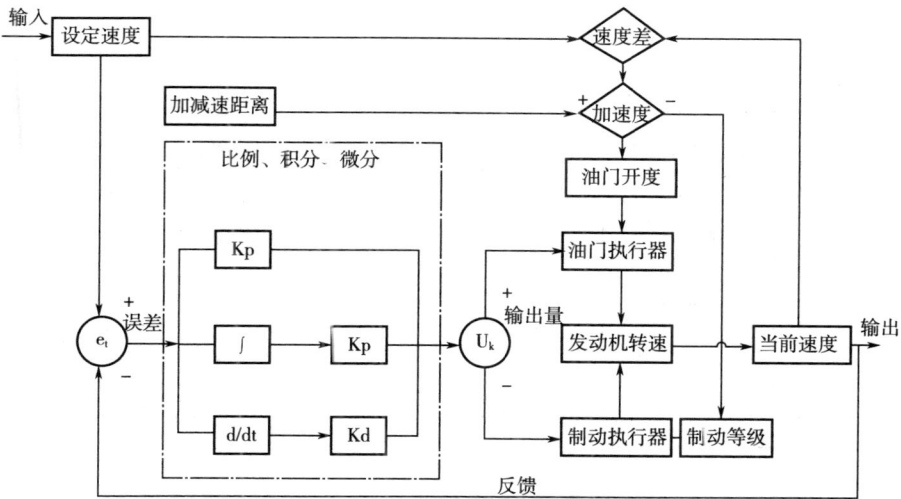

一种基于自动感知的
公共场所节能照明控制系统和方法

发 明 人：杨萍　孙连英　姜余祥　王燕妮

证 书 号：第 3362644 号

专 利 号：ZL 2014 1 0805939.5

专利申请日：2014 年 12 月 19 日

专 利 权 人：北京联合大学

授权公告日：2019 年 05 月 03 日

摘要：

本发明涉及一种基于自动感知的公共场所节能照明控制系统和方法。所述系统由若干个分布式节点组成，每个节点包括信息采集模块，中央处理模块，本地照明控制模块，节点间无线通信模块，电源状态指示模块，唤醒信号产生模块。信息采集模块由节点工作状态远距离监控与唤醒模块，环境光线感知传感器模块、照明目标检测传感器模块和照明目标运动状态感知传感器模块组成。本发明所述系统具有睡眠和工作两种模式，节省了系统能耗。能够根据检测结果自动控制照明单元的开关，智能程度高，实时性好。

本发明具有相邻节点协同合作功能，在检测到照明目标后，系统会检测本地亮度是否符合要求和目标是否有运动，并根据检测结果判断是否通知相邻节点启动照明。

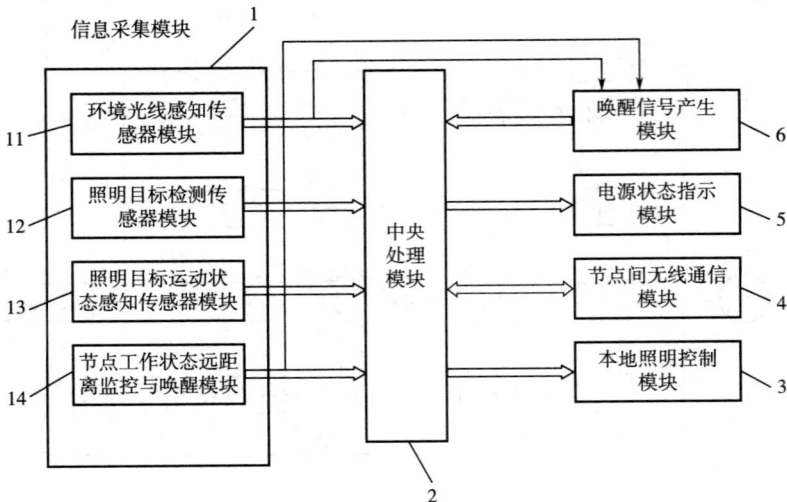

一种复合酶法自黄柏、
黄连中提取小檗碱的生产工艺

发 明 人：葛喜珍 温玉博 田平芳 刘红梅 李可意

证 书 号：第 3386723 号
专 利 号：ZL 2016 1 0197420. 2
专利申请日：2016 年 03 月 31 日
专 利 权 人：北京联合大学
授权公告日：2019 年 05 月 24 日

摘要：

本发明公开了一种复合酶法自黄柏、黄连中提取小檗碱的生产工艺。该生产工艺包括以下步骤：（1）将药材黄柏或黄连粉碎，向粉末中加入水，浸泡；（2）向其中加入 β-葡聚糖酶、木聚糖酶、植酸酶、角质酶，用稀盐酸调节 pH，酶解，煮沸，使酶失活，得到酶解产物；（3）加水，稀盐酸调 pH，提取，趁热过滤，收集滤液；（4）滤渣中加入乙醇，浸提；（5）合并滤液，浓缩，用稀盐酸调 pH，冷却，加入饱和 NaCl 溶液，4℃隔夜保存，抽滤，干燥即得。

本发明方法简单，产品收率、纯度高，成本低，对环境无污染。

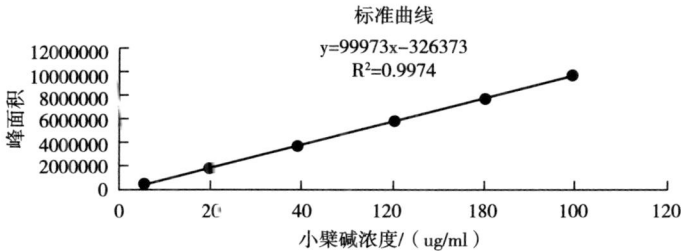

标准曲线
y=99973x-326373
R²=0.9974

一种对慢性酒精性肝损伤
具保护作用的组合物及制备方法

发　明　人：林强　杨小方　崔玉梅
证　书　号：第 3386908 号
专　利　号：ZL 2015 1 0915905.6
专利申请日：2015 年 12 月 10 日
专利权人：北京联合大学
授权公告日：2019 年 05 月 24 日

摘要：

本发明公开了一种对慢性酒精性肝损伤具有保护功能的组合物，原料由如下重量份组成：赶黄草提取物 1~5 重量份、壳寡糖 0.5~1 重量份、虫草多糖 1~2 重量份和糊精1~2 重量份。赶黄草提取物通过大孔吸附树脂分离，首先用 1% 氢氧化钠和 95% 乙醇分别提取，经浓缩后通过大孔吸附树脂柱吸附，分别用去离子水、20% 乙醇、40% 乙醇洗去树脂中吸附的杂质，用 80% 乙醇洗脱后，真空浓缩。上述赶黄草提取物浓缩液按照前面所述组合物的比例，与壳寡糖、虫草多糖和糊精加水调成浆状液体，经过喷雾干燥制成粉末，采用流化床方法制成颗粒物，干燥，即得颗粒剂。该颗粒剂具有对酒精肝损伤大鼠的肝脏具有保护作用。

一种动压润滑方法和结构

发　明　人：雷红　李立新　孙建东
证　书　号：第 3413025 号
专　利　号：ZL 2015 1 0972699.2
专利申请日：2015 年 12 月 23 日
专 利 权 人：北京联合大学
授权公告日：2019 年 06 月 14 日

摘要：

本发明涉及一种动压润滑方法，实施该方法的结构包括动压润滑滑靴和一相对运动平面，所述动压润滑滑靴一端的外形采用扇环形，所述扇环形的底面上沿径向设有苦干斜面，所述若干斜面与所述相对运动平面之间形成收敛型流体楔，所述收敛型流体楔内设有润滑剂，包括以下步骤：步骤 a. 在所述润滑剂具有足够黏度的前提下，摩擦副能够产生楔形润滑膜；步骤 b. 润滑剂将所述若干斜面结构托起；步骤 c. 所述若干斜面与所述相对运动平面分开并形成动压润滑状态。

本发明与现有技术相比的有益效果是：能够大幅降低摩擦副的摩擦阻力，极大延缓摩擦副的磨损，大幅提高所述动压润滑摩擦副的传动精度及传动效率，工作寿命大幅提高。

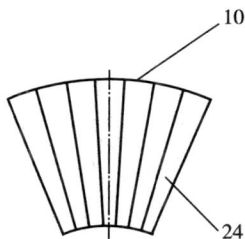

10—动压润滑滑靴　24—斜面

汽车驾驶台离合系统
工效学测试装置及其测试方法

发 明 人：杨爱萍　张欣　呼慧敏
证 书 号：第 3474540 号
专 利 号：ZL 2017 1 0283657.7
专利申请日：2017 年 04 月 26 日
专 利 权 人：北京联合大学
授权公告日：2019 年 07 月 30 日

摘要：

本发明涉及汽车驾驶台离合系统工效学测试装置及其测试方法，所述测试装置包括离合踏板、离合踏板支架、试验台总成支架和测试平台，所述测试平台上装有所述试验台总成支架，离合踏板支架上装有离合踏板，离合踏板支架与所述试验台总成支架之间装有二维坐标测量系统。本发明与现有技术相比的有益效果是：结构简单、安装方便、测量精确，所述二维坐标测量系统实现被测试者使用离合踏板时的相对位置测量和调整，精确记录在驾驶姿态下达到自身最佳感觉的离合踏板位置以及操作力数据，经一定样本的统计分析后获得适合各国人们舒适操作离合踏板的二维空间相对位置以及操作力参数，实现对驾驶室内离合踏板的优化布局设计。

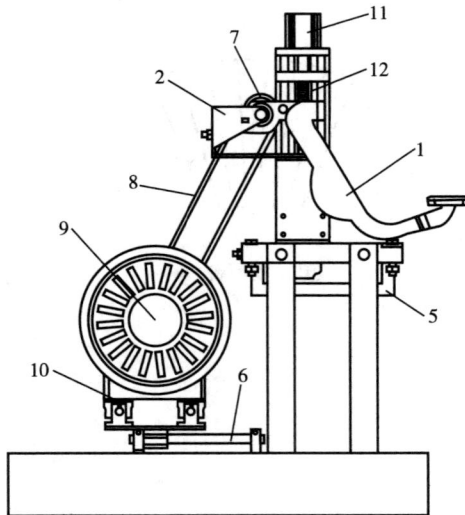

1—离合踏板　2—离合踏板支架　5—第一导轨支架　6—滑道　7—传动齿轮
8—传动带　9—加载制动器　10—加载制动器支架　11—Z轴电动导轨总成　12—Z轴光栅尺

一种单路 A/D 转换的温度调节器及其实现方法

发　明　人：李月琴　杭和平　邵明刚　张军
证　书　号：第 3474030 号
专　利　号：ZL 2015 1 0436145.0
专利申请日：2015 年 07 月 23 日
专 利 权 人：北京联合大学
授权公告日：2019 年 07 月 30 日

摘要：

本发明公开了一种单路 A/D 转换的温度调节器及其实现方法，单路 A/D 转换的温度调节器与温度控制器相连接，它包括用于检测室内温度的温度传感器 R 和用于设定所需室内温度的可变电阻 W. 温度传感器 R 与可变电阻 W 串联连接，可变电阻 W 还与一个常开开关 K 并联连接。

本发明的单路 A/D 转换的温度调节器，在温度调节器内部的可变电阻 W 两端设置一个常开开关 K，温度调节器与温度控制器之间只设置一根导线连接，温度控制器也只占用一个输入输出端口，电路结构简单，可节省资源占用，在室内安装时只需铺设一条线路，大大节省了线路安装和使用成本。

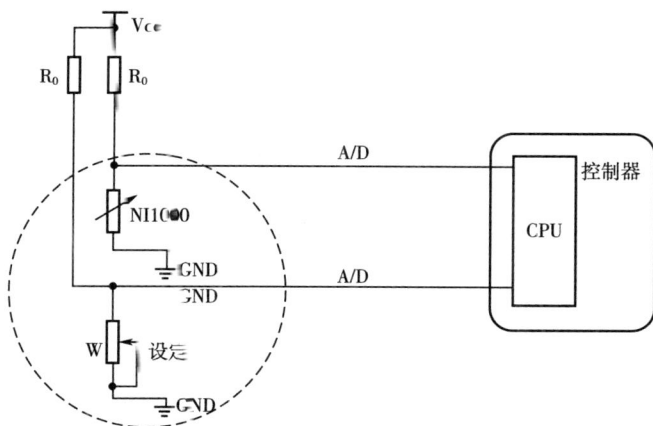

一种植物精油-低聚壳聚糖复合抗植物真菌微乳剂

发 明 人：韩永萍　刘晓燕　贺志福　潘福娣　薛嘉慧

证 书 号：第 3500889 号

专 利 号：ZL 2016 1 0587141.7

专利申请日：2016 年 07 月 22 日

专 利 权 人：北京联合大学

授权公告日：2019 年 08 月 20 日

摘要：

本发明公开了一种植物精油-低聚壳聚糖复合抗植物真菌微乳剂。该抗植物真菌微乳剂按重量百分比计由以下原料经乳化、复配而成：植物精油 5%~30%、乳化剂 15%~30%、助溶剂 5%~10%、低聚壳聚糖 0.5%~2%、石榴皮提取物 0.5%~1%，余量为水。本发明以抗菌活性较强的艾油、茶树油及低聚壳聚糖和抗氧化活性优越的石榴皮提取物为原料，通过乳化、复配得到植物精油-低聚壳聚糖复合抗植物真菌微乳剂，主要用于防治苹果、樱桃等果树的轮纹病、褐腐病、炭疽病、灰霉病等，及苹果、樱桃等水果的保鲜。

一株具有抗氧化活性的
类球红细菌及其菌剂的制备方法和用途

发　明　人：李祖明

证　书　号：第 3531541 号

专　利　号：ZL 2016 1 0797942. 6

专利申请日：2016 年 08 月 31 日

专 利 权 人：北京联合大学

授权公告日：2019 年 09 月 17 日

摘要：

本发明提供一株具有抗氧化活性的类球红细菌及其菌剂的制备方法和用途，该类球红细菌菌种分类名称为：类球红细菌（Rhodobacter sphaeroides）WLC11；保藏单位：中国微生物菌种保藏管理委员会普通微生物中心；地址为：北京市朝阳区北辰西路 1 号院 3 号，中国科学院微生物研究所；保藏日期：2013 年 11 月 27 日；保藏编号：CGMCC NO. 8513。

该类球红细菌活菌菌剂具有强抗氧化性，可用于制成保健食品。

一种高选择测定空气中微量甲醛的敏感材料

发　明　人：周考文　刘白宁　谷春秀
证　书　号：第 3549236 号
专　利　号：ZL 2018 1 0893743.4
专利申请日：2018 年 08 月 08 日
专 利 权 人：北京联合大学
授权公告日：2019 年 10 月 08 日

摘要：

本发明涉及一种高选择测定空气中微量甲醛的敏感材料，其特征是由石墨烯负载的 MgO、ZrO_2 和 Cr_2O_3 组成的复合粉体材料，粒径不超过 45nm，其中各组分的质量百分数范围为 8%～12% MgO、5%～8% ZrO_2、7%～13% Cr_2O_3 和 70%～80% C。其制备方法是：首先将天然石墨转化为氧化石墨烯，其次利用镁盐、锆盐和铬盐制备纳米级镁锆铬复合金属氧化物，最后在氧化石墨烯还原为石墨烯的过程中负载复合金属氧化物。

使用本发明所提供的敏感材料制作的气体传感器，可以在现场准确测定空气中的微量甲醛而不受其他常见共存物的干扰。

低温甲醛、二氧化硫和三甲胺的敏感材料

发　明　人：谷春秀　甄新　张佳音
证　书　号：第 3550541 号
专　利　号：ZL 2018 1 0270497.7
专利申请日：2018 年 03 月 29 日
专　利　权　人：北京联合大学
授权公告日：2019 年 10 月 08 日

摘要：

本发明涉及一种同时测定空气中甲醛、二氧化硫和三甲胺的低温敏感材料，其特征是由 BaO、MoO_3 和 Y_2O_3 组成的复合粉体材料，其中各组分的质量分数为 26%～34%BaO、36%～45%MoO_3 和 26%～36%Y_2O_3。其制备方法是：在连续搅拌下，将钡盐的盐酸水溶液滴加到钇盐的苹果酸水溶液中，升温后加入琼脂粉并搅拌至澄清，将钼酸铵晶体加入此溶液并搅拌至完全溶解，冷却至室温形成凝胶，将此凝胶烘干后在箱式电阻炉中焙烧，自然冷却至室温得到由 BaO、MoO_3 和 Y_2O_3 组成的复合粉体材料。

使用本发明所提供的敏感材料制作的气体传感器，可以在现场快速测定空气中的微量甲醛、二氧化硫和三甲胺而不受其他常见共存物的干扰。

同时测定空气中甲醛、苯和三甲胺的敏感材料

发　明　人：周考文　谷春秀　刘白宁

证　书　号：第 3550553 号

专　利　号：ZL 2017 1 1055562.6

专利申请日：2017 年 11 月 01 日

专 利 权 人：北京联合大学

授权公告日：2019 年 10 月 08 日

摘要：

本发明涉及一种同时测定空气中甲醛、苯和三甲胺的敏感材料，其特征是由 Cr_2O_3、V_2O_5、ZrO_2 和 CeO_2 组成的复合粉体材料，其制备方法是：将偏钒酸铵和铈盐共溶于盐酸水溶液中，超声振荡至澄清，滴加氨水调节 pH 值，陈化、过滤并烘干得到 A；将铬盐和锆盐共溶于柠檬酸水溶液中，经回流、旋转蒸发调节 pH 值、静置陈化、水浴加热和干燥后得到干凝胶 B；将 A 和 B 混合研磨后控温焙烧，自然冷却得到由 Cr_2O_3、V_2O_5、ZrO_2 和 CeO_2 组成的复合粉体材料。

使用本发明所提供的敏感材料制作的气体传感器，可以在现场快速、准确测定空气中的微量甲醛、苯和三甲胺而不受其他常见共存物的干扰。

无线传感器网络密钥管理方法及系统

发　明　人：金祎
证　书　号：第 3549901 号
专　利　号：ZL 2016 1 0840325. X
专利申请日：2016 年 09 月 21 日
专 利 权 人：北京联合大学
授权公告日：2019 年 10 月 08 日

摘要：

本发明提供一种无线传感器网络密钥管理方法及系统。其中方法包括以下步骤：根据安全级别设置无线传感器组的属性值，根据所述属性值对无线传感器进行分组，根据所述属性值指定外部通信节点，调整所述属性值，并根据调整后的所述属性值对无线传感器组进行调整。该方案在保障安全性的情况下，在减少存储消耗、计算开销方面均有较大改进。即使某次攻击行为得逞，该性能也能保障其影响最小化，具有很强的保密性。

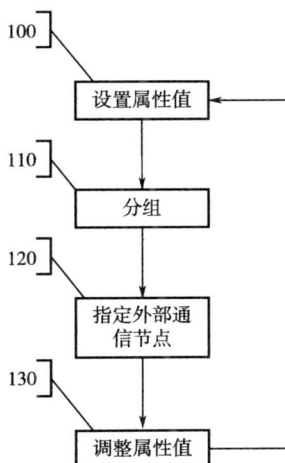

基于物联网的住宅新风正压保障系统

发　明　人：李春旺　杨志成　田沛哲　吴义民
证　书　号：第 3555526 号
专　利　号：ZL 2017 1 0366021.9
专利申请日：2017 年 05 月 22 日
专利权人：北京联合大学
授权公告日：2019 年 10 月 11 日

摘要：

本发明提供一种基于物联网的住宅新风正压保障系统，包括新风机控制单元、补风装置控制单元、抽油烟机状态检测单元、排风机状态检测单元，抽油烟机状态检测单元用于检测抽油烟机的挡位状态信号，并将抽油烟机的挡位状态信号发送至新风机控制单元、补风装置控制单元，排风机状态检测单元用于检测排风机的挡位状态信号，并将排风机的挡位状态信号发送至新风机控制单元、补风装置控制单元，补风装置控制单元用于根据抽油烟机的挡位状态信号和/或排风机的挡位状态信号，输出相适应的补风量；新风机控制单元接收抽油烟机的挡位状态信号和/或排风机的挡位状态信号，控制送风机输出一定风量，维持室内正压状态，保证室内空气品质。

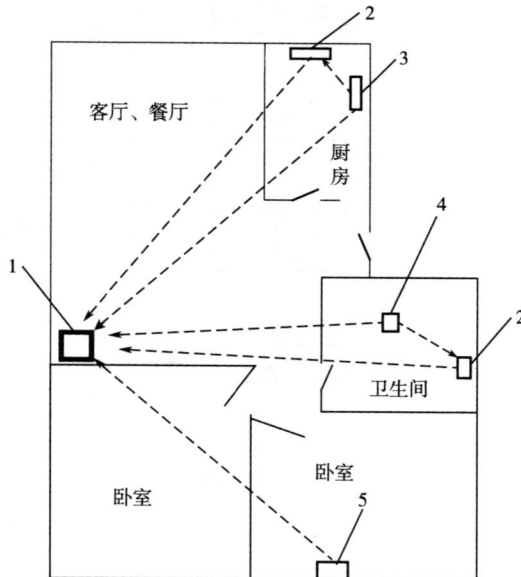

1—新风机控制单元　2—补风装置控制单元　3—抽油烟机状态检测单元
4—排风机状态检测单元　5—室内外压差检测单元

一种计算图像局部特征描述子的方法

发 明 人：马楠
证 书 号：第 3574814 号
专 利 号：ZL 2018 1 0289941. X
专利申请日：2018 年 04 月 03 日
专 利 权 人：北京联合大学
授权公告日：2019 年 10 月 29 日

摘要：

本发明提供一种计算图像局部特征描述子的方法，还包括以下步骤：计算特征描述子的位置关联矩阵 G；计算角度关联矩阵 B。本发明提出一种计算图像局部特征描述子的方法，通过变换矩阵对 SIFT 描述子进行变化，使原有的特征描述子具有更多的空间信息，使得新的描述子具有更强的判别能力和鲁棒性。

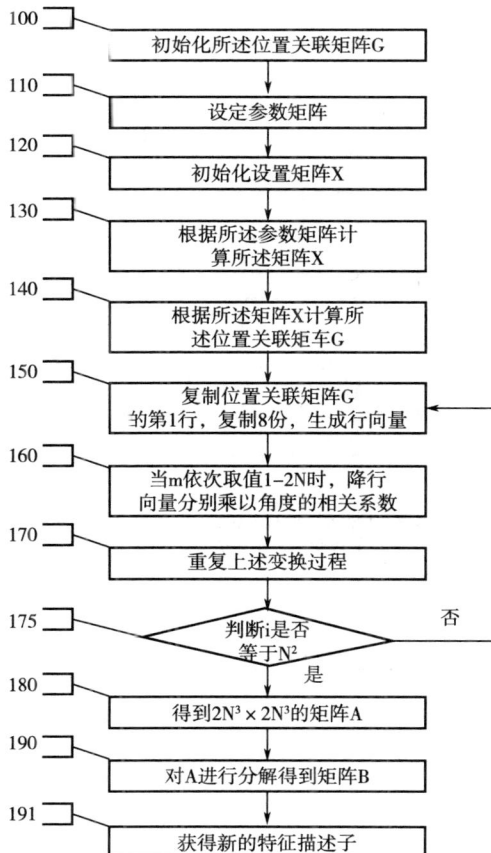

```
100 ─ 初始化所述位置关联矩阵G
          │
110 ─ 设定参数矩阵
          │
120 ─ 初始化设置矩阵X
          │
130 ─ 根据所述参数矩阵计算所述矩阵X
          │
140 ─ 根据所述矩阵X计算所述位置关联矩车G
          │
150 ─ 复制位置关联矩阵G的第1行，复制8份，生成行向量  ◄──┐
          │                                            │
160 ─ 当m依次取值1-2N时，降行向量分别乘以角度的相关系数   │
          │                                            │
170 ─ 重复上述变换过程                                   │
          │                                            │
175 ─ 判断i是否等于N²  ──否──────────────────────────────┘
          │是
180 ─ 得到2N³×2N³的矩阵A
          │
190 ─ 对A进行分解得到矩阵B
          │
191 ─ 获得新的特征描述子
```

一种显著性数据集的评测方法

发 明 人：梁晔　李华丽　陈强　宋恒达　胡路明　蒋元　昝艺璇

证 书 号：第 3576113 号

专 利 号：ZL 2016 1 1259133.6

专利申请日：2016 年 12 月 30 日

专 利 权 人：北京联合大学

授权公告日：2019 年 10 月 29 日

摘要：

　　本发明提供一种评价显著性数据集性能的评价方法，包括以下步骤：统计显著区域大小占据整幅图像的比例，统计与图像边缘相连的显著区域的个数占所述显著性数据集所有显著区域的比例，统计显著区域和整幅图像的 RGB 颜色特征差，计算所述步骤1至步骤3中的每个所述显著性数据集的性能分值。

　　本发明能够从不同的角度对数据集进行统计从而综合对数据集的性能进行评测。有助于研发客观和科学的显著性检测算法，避免为了迎合数据库偏差而进行鲁棒性不高的算法设计。

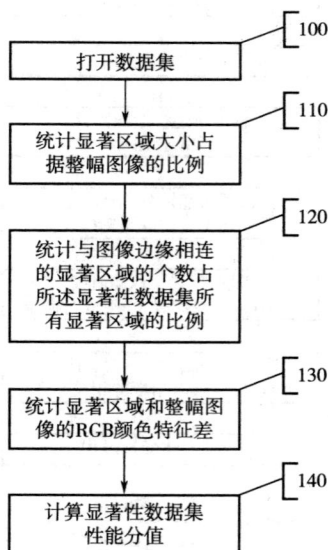

基于嵌入式服务器、移动终端和 Wi-Fi 的无线海报展示方法及系统

发 明 人：杨芷 姜余祥 赵永永 王海 车贵红 田景文
证 书 号：第 3585306 号
专 利 号：ZL 2015 1 1028753.4
专利申请日：2015 年 12 月 31 日
专 利 权 人：北京联合大学
授权公告日：2019 年 11 月 05 日

摘要：

本发明提供了一种基于嵌入式服务器、移动终端和 Wi-Fi 的无线海报展示方法，所述方法包括以下步骤：设置嵌入式海报服务器 Wi-Fi 模块的工作模式，将 Wi-Fi 模块设置为 AP 模式；在本地纸质海报公布嵌入式海报服务器的热点信息；服务器管理员在本地通过互联网远程登录嵌入式海报服务器进行日常管理以及下载和更新电子海报内容；发布海报；嵌入式海报服务器通过 Wi-Fi 模块启动热点发布海报信息，使进入 Wi-Fi 热点范围的移动终端访问服务器；提供海报阅读方式；为进入热点区域的移动终端提供浏览器链接地址以及下载 APP 客户端的链接方式。

本发明利用 Wi-Fi 无线通信技术、嵌入式服务器和移动终端，提高了海报宣传力度和宣传范围，缩减成本和周期，丰富了海报宣传内容。

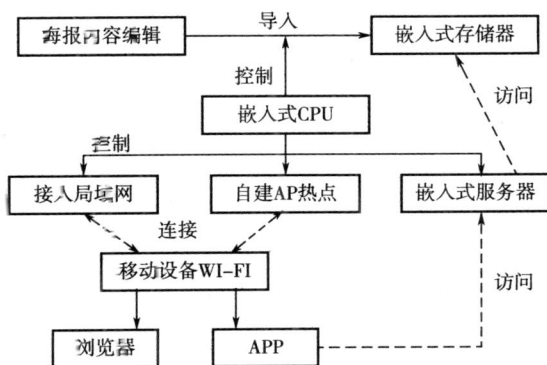

一种端到端
深度学习框架下的多曝光图像融合方法

发　明　人：王金华　何宁　徐光美　张敬尊　张睿哲　王郁昕
证　书　号：第 3589472 号
专　利　号：ZL 2017 1 0353492.6
专利申请日：2017 年 05 月 18 日
专 利 权 人：北京联合大学
授权公告日：2019 年 11 月 08 日

摘要：

本发明提供一种端到端深度学习框架下的多曝光图像融合方法，包括通过训练获取参数-，还包括以下步骤：将所述原始图像基于卷积神经网络进行融合处理，得到输出图像；对所述原始图像进行 N 下采样，得到 N^2 个原始子图像；将 N^2 个所述原始子图像基于卷积神经网络分别进行融合处理，得到 N^2 个输出子图像；把 N^2 个所述输出子图像进行合并，得到合并子图像；输出图像和合并子图像进行权重平均后生成结果融合图像。

本发明利用深度学习框架，实现一种端到端的多曝光融合方法，改变了传统方式通过网络只是计算融合系数的方式，大大降低了算法的复杂性。

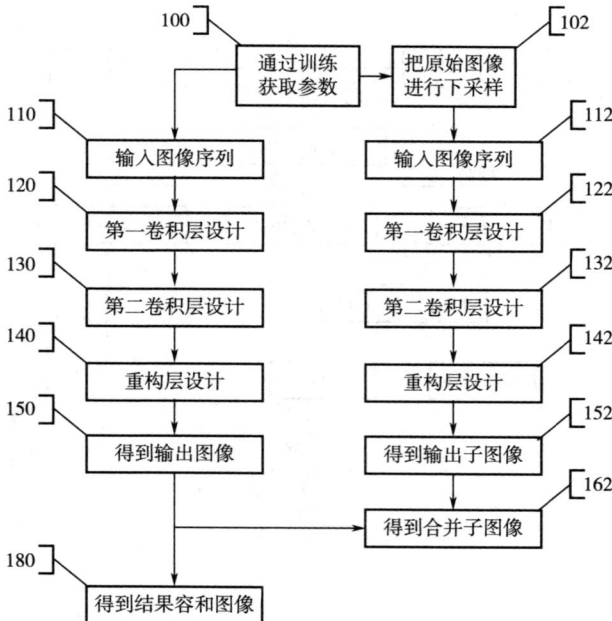

一种基于 TegraX1 雷达数据的无人车障碍物检测方法

发　明　人：梁军　浑武　鲍泓　王晶　李强
证　书　号：第 3597861 号
专　利　号：ZL 2016 1 1018060. 1
专利申请日：2016 年 11 月 18 日
专 利 权 人：北京联合大学
授权公告日：2019 年 11 月 15 日

摘要：

本发明公开一种基于 Tegra X1 雷达数据的无人车障碍物检测方法，包括：步骤 1、采用 velodyne 激光雷达作为传感器采集环境信息，通过 NVIDIA Tegra X1 移动处理器进行三维雷达数据转换；步骤 2、基于栅格的障碍物检测，采用 GPU 处理栅格数据，包括三个步骤：将三维数据点投影到栅格地图上；将所有栅格相对高度大于某个阈值的栅格设定为障碍物点；滤去所有因栅格内存在悬空点而导致属性为障碍物的栅格。

采用本发明的技术方案，采用 velodyne 激光雷达作为传感器采集环境信息，基于 NVIDIA Tegra X1 移动处理器 GPU 优化，实现无人车障碍物检测加速。

苯的低温催化发光敏感材料

发　明　人：周考文　魏建强　范慧珍
证　书　号：第 3601278 号
专　利　号：ZL 2018 1 0893745.3
专利申请日：2018 年 08 月 08 日
专 利 权 人：北京联合大学
授权公告日：2019 年 11 月 19 日

摘要：

一种苯的低温催化发光敏感材料，其特征是由 Pt 原子掺杂的 MoO_3、WO_3 和 Al_2O_3 组成的复合粉体材料，其中各组分的质量百分数范围为 1.6%～2.2%Pt、26%～30%MoO_3、36%～42%WO_3 和 27%～31%Al_2O_3，其制备方法是：将钨盐溶于盐酸水溶液中，将铝盐溶于柠檬酸水溶液中，二者混合后加入琼脂粉，再将钼酸铵晶体溶入此溶液，然后加入葡萄糖和氯铂酸，回流，冷却，形成凝胶，将此凝胶烘干、焙烧，自然冷却得到敏感材料。

使用本发明所提供的敏感材料制作的气体传感器，可以在不超过 200℃ 的使用温度下快速测定空气中的微量苯而不受其他常见共存物的干扰。

一种低温二氧化硫催化氧化材料

发　明　人：周考文　苞慧珍

证　书　号：第 3601044 号

专　利　号：ZL 2017 1 1055561.1

专利申请日：2017 年 11 月 01 日

专 利 权 人：北京联合大学

授权公告日：2019 年 11 月 19 日

摘要：

本发明涉及一种低温二氧化硫催化氧化材料，其特征是由金原子掺杂的 CoO、La_2O_3 和 WO_3 组成的复合粉体材料，其制备方法是：将钴盐、镧盐和钨盐共溶于柠檬酸水溶液中，加热回流后，加入氯金酸，经过回流、蒸发、陈化和水浴加热后得到凝胶，将此凝胶烘干后，在管式炉中抽真空状态下两段焙烧，在氩气保护的状态下自然冷却至室温，得到由金原子掺杂的 CoO、La_2O_3 和 WO_3 组成的复合粉体材料。

使用本发明所提供的敏感材料制作的气体传感器，可以在不超过 200℃ 的使用温度下快速、准确测定空气中的微量二氧化硫而不受其他常见共存物的干扰。

一种氨的催化发光传感材料

发 明 人：周考文　彭兆快　杨宏伟

证 书 号：第 3629373 号

专 利 号：ZL 2018 1 0893744.9

专利申请日：2018 年 08 月 08 日

专 利 权 人：北京联合大学

授权公告日：2019 年 12 月 10 日

摘要：

本发明涉及一种氨的催化发光传感材料，其特征是由金原子掺杂的 MoO_3、NiO 和 Y_2O_3 组成的复合粉体材料，其中各组分的质量分数为 1.5－2.5Au、26%～33% MoO_3、36%～42%NiO 和 27%～30% Y_2O_3。其制备方法是：将氯金酸晶体溶于 95℃ 的柠檬酸水溶液中，搅拌至溶液由明黄色转为深紫色，然后将镍盐的盐酸水溶液和钇盐的苹果酸水溶液滴加到其中，加入琼脂粉并溶解至澄清，再将钼酸铵晶体加入此溶液并完全溶解，冷却形成凝胶，将此凝胶烘干、分段煅烧后，自然冷却即得到氨的催化发光传感材料。

使用本发明所提供的传感材料制作的气体传感器，可以在现场快速测定空气中的微量氨而不受其他常见共存物的干扰。

一种低温甲醛催化发光敏感材料

发　明　人：周考文　魏建强

证　书　号：第 3629322 号

专　利　号：ZL 2018 1 0087483.1

专利申请日：2018 年 0 月 30 日

专 利 权 人：北京联合大学

授权公告日：2019 年 12 月 10 日

摘要：

一种低温甲醛催化发光敏感材料，其特征是由 Pd 原子掺杂的 CoO、TiO_2 和 Al_2O_3 组成的复合粉体材料，其制备方法是：将钴盐、钛盐和铝盐共溶于盐酸水溶液中，加入柠檬酸，滴加氨水调节 pH 值，陈化后旋转蒸发得到凝胶，将此凝胶干燥研磨后，在箱式电阻炉中焙烧得到混合粉体；将水合肼加入二氯化钯溶液中，还原后加入上述混合粉体，烘干，于管式炉中抽真空状态下两段焙烧，在氩气保护的状态下自然冷却至室温，得到由 Pd 原子掺杂的 CoO、TiO_2 和 Al_2O_3 组成的复合粉体材料。

使用本发明所提供的敏感材料制作的气体传感器，可以在不超过 200℃ 的使用温度下快速测定空气中的微量甲醛而不受其他常见共存物的干扰。

同时测定空气中硫化氢、苯和三甲胺的敏感材料

发　明　人：周考文　刘建强
证　书　号：第 3626459 号
专　利　号：ZL 2018 1 0087482.7
专利申请日：2018 年 01 月 30 日
专　利　权　人：北京联合大学
授权公告日：2019 年 12 月 10 日

摘要：

本发明涉及一种同时测定空气中疏化氢、苯和三甲胺的敏感材料，其特征是由 CoO、ZnO 和 In_2O_3 组成的复合粉体材料，其中各组分的质量百分数范围为 25% ~ 35% CoO、35% ~ 45% ZnO 和 25% ~ 32% In_2O_3。其制备方法是：将钴盐、锌盐和铟盐共溶于盐酸水溶液中，加入羧甲基纤维素钠，滴加氨水使溶液 pH 值为 6.8，升温挥发成胶状物，将此胶状物烘干，在箱式电阻炉中煅烧，在管式真空炉中高温煅烧，自然冷却得到由 CoO、ZnO 和 In_2O_3 组成的复合粉体材料。

使用本发明所提供的敏感材料制作的气体传感器，可以在现场快速、准确测定空气中的微量硫化氢、苯和三甲胺而不受其他常见共存物的干扰。

液压泵保压自动化检测设备

发 明 人：程光　刘建峰　李磊磊　李媛媛

证 书 号：第 3631118 号

专 利 号：ZL 2018 1 0732732.8

专利申请日：2018 年 07 月 05 日

专 利 权 人：北京联合大学

授权公告日：2019 年 12 月 13 日

摘要：

本发明涉及一种液压泵保压自动化检测设备，包括电控系统、电解水水路系统和机械结构；所述机械结构包括设备机架、操作面板；所述电解水水路系统包括注水系统、加载系统和压力测试仪表；所述电控系统包括抽水泵电机，还包括加载泵电机的启停、调速与保护电路以及测控系统；测控系统测试系统完成被测试设备水压试验的压力检测，保压数据分析与存储，保压时间设定、计时、保压开始与停止的自动控制；测控系统与电解水水路系统的注水系统、加载系统、压力测试仪表连接，控制该检测设备完成被测试设备泄漏率的测试。

本发明的液压泵保压自动化检测设备，操作简便，可以实时全面地对电解水质测控组件等环控产品测试设备利用保压测泄漏法进行泄漏率测试。

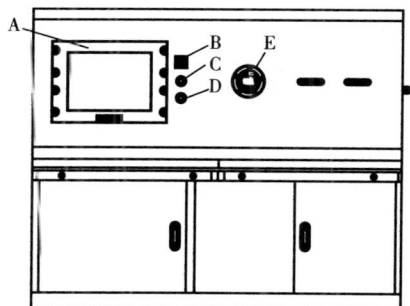

APC—工业显示器　B—总电源开关　C—急停按钮　D—工控机开关　E—数字压力表

无人机大范围巡航路径规划模型及方法

发　明　人：孙迪　高学英　方建军　张世德

证　书　号：第 3634797 号

专　利　号：ZL 2016 1 1221916.5

专利申请日：2016 年 12 月 26 日

专利权人：北京联合大学

授权公告日：2019 年 12 月 17 日

摘要：

本发明提供一种无人机大范围巡航路径规划模型及方法，首先根据无人机大范围海域巡航路径问题描述，确定以有效巡航范围最大和巡航作业时间最短为目标的路径规划模型，根据无人机的客观约束条件确定约束条件模型，包括自身续航能力约束条件模型、天气等环境影响下的约束条件模型、禁飞区影响下的约束条件模型，然后根据约束条件重新调整确定路径规划模型；根据确定的路径规划模型，综合各项约束条件，从搜寻水域网络中选取无人机大范围海域巡航的最优路径。

本发明能够实现无人机覆盖的重点监管水域范围达到最大，同时确保在无人机自身续航能力范围内，巡航距离最短，为大范围海事无人机路径搜索提供最优的规划方案。

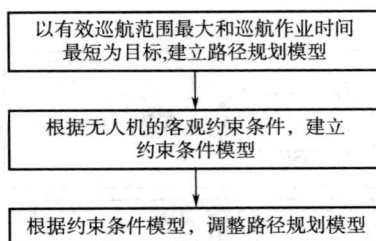

```
┌─────────────────────────────────┐
│ 以有效巡航范围最大和巡航作业时间  │
│ 最短为目标,建立路径规划模型       │
└─────────────────────────────────┘
              │
              ▼
┌─────────────────────────────────┐
│ 根据无人机的客观约束条件，建立    │
│ 约束条件模型                      │
└─────────────────────────────────┘
              │
              ▼
┌─────────────────────────────────┐
│ 根据约束条件模型，调整路径规划模型 │
└─────────────────────────────────┘
```

一种基于透视图的鲁棒性多车道线检测方法

发　明　人：刘宏哲　袁家政　宣寒宇　牛小宁　李超
证　书　号：第 3639330 号
专　利　号：ZL 2016 1 _036241.7
专利申请日：2016 年 11 月 22 日
专 利 权 人：北京联合大学
授权公告日：2019 年 12 月 20 日

摘要：

本发明公开一种基于透视图的鲁棒性多车道线检测方法，包括：获取道路图像；对所述道路图像进行灰度预处理　利用基于多条件约束的车道线特征滤波器对道路图像中车道线特征进行提取；适应于车道线特征的聚类算法；车道线约束；基于卡尔曼滤波算法进行多车道线实时跟踪检测。

采用本发明的技术方案，不需要对摄像机的位置参数进行标定，且对于复杂的驾驶环境，例如雨天、傍晚、路面有污损、曝光不佳、路面有少量积雪等状况，均具有良好的检测效果。

一种基于类卡尔曼因子的磁罗盘误差实时补偿方法

发 明 人：刘艳霞　陈惠荣
证 书 号：第 3642891 号
专 利 号：ZL 2017 1 0682492. 0
专利申请日：2017 年 08 月 10 日
专 利 权 人：北京联合大学
授权公告日：2019 年 12 月 24 日

摘要：

本发明提供一种基于类卡尔曼因子的磁罗盘误差实时补偿方法，包括以下步骤：建立深层误差模型；进行误差模型训练；进行误差补偿。

该方法借鉴基于显式测量模型的卡尔曼滤波思想，研究如何确定类卡尔曼因子，使模型后验预测值偏差的期望及其均方差尽可能小，从而调整新样本对模型连接权值更新的贡献率，适应磁传感器误差模型时变特点，实现对磁传感器误差的自适应实时补偿。

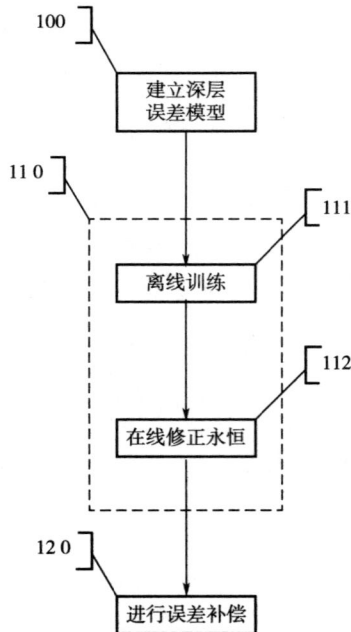

一种面向社群图像的显著图融合方法

发 明 人：梁晔　马楠　胡路明　李华丽　昝艺璇　蒋元　陈强　宋恒达

证 书 号：第 3643876 号

专 利 号：ZL 2017 1 0613716.2

专利申请日：2017 年 07 月 25 日

专 利 权 人：北京联合大学

授权公告日：2019 年 12 月 24 日

摘要：

本发明提供一种面向社群图像的显著图融合方法，包括输入训练图像，包括以下步骤：对于 D 中的图像 I，应用 m 种提取方法，提取所述训练图像的显著图，其中 D 为训练集；计算 AUC 值；按照步骤 1 和步骤 2 的计算方法，获得每幅图像的提取方法的排序表，排序表集合为 T；在训练集中进行的近邻搜索；将步骤 4 中的结果进行合并；融合测试图像的显著图。

本发明提出的面向社群图像的显著图融合方法目的针对社群图像的特点提出特定的显著图融合方法，融合的性能较融合前的单个方法性能有很大的提高。

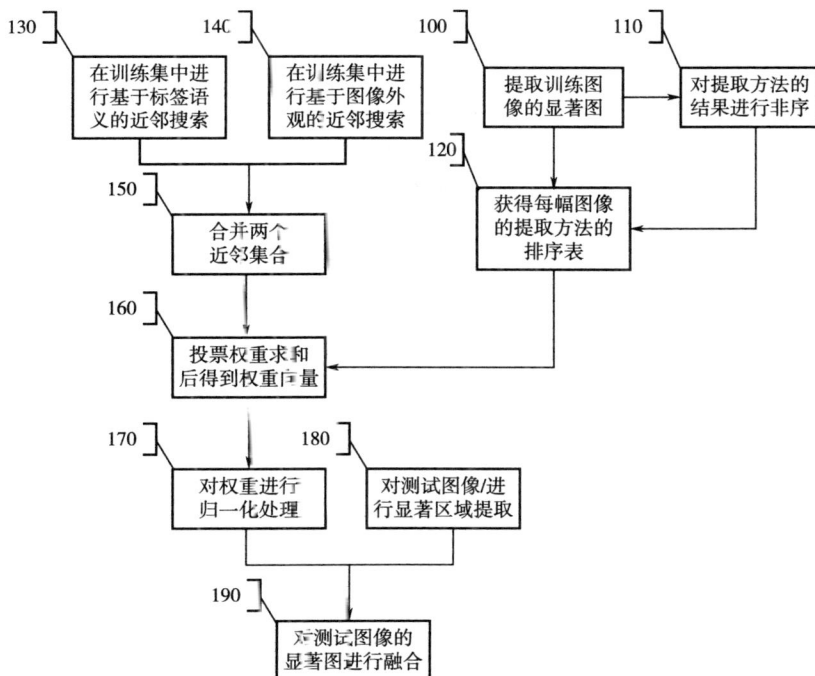

一种无线网络覆盖盲区侦测方法及系统

发 明 人：李克　江静　陈婷婷　徐小龙

证 书 号：第 3642059 号

专 利 号：ZL 2017 1 0124711.3

专利申请日：2017 年 03 月 03 日

专 利 权 人：北京联合大学

授权公告日：2019 年 12 月 24 日

摘要：

本发明涉及一种无线网络覆盖盲区侦测方法与系统，其中所述方法为，选择分析区域与分析周期，接收从移动终端上采集的无线网络信号数据样本集，其特征在于，包括如下步骤：将分析周期内采集的数据集进行数据清洗与规整；确定种子数量的取值范围，将种子数量的取值范围作为聚类分析外层循环的控制参数；在测试目标分析区域内选定 k 个初始聚类中心作为种子；基于确定的种子数 k 和选定的 k 个种子，采用 k-means 方法进行内层迭代，根据所确定的种子数量的取值范围，改变种子数量 k 的取值，重复计算及选择种子的过程，直到全部种子数都迭代完成；确定最终输出结果。方法步骤如图所示。

本发明能够及时、准确地发现移动网络的覆盖盲区并进行盲区位置、范围和严重程度的标定。

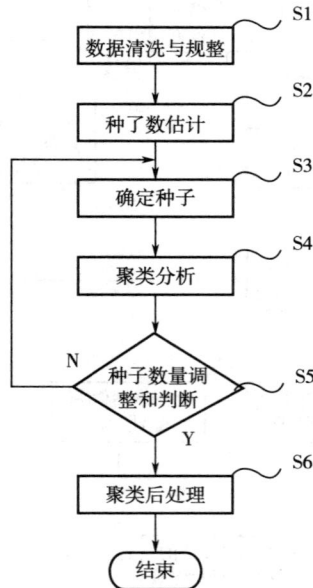

震后生命迹象检测搜救方法及系统

发　明　人：汤萍　姜余祥　王燕妮　马恒　李强　黄俊伟　田景文
证　书　号：第 3644130 号
专　利　号：ZL 2016 1 0013458. X
专利申请日：2016 年 01 月 11 日
专利权人：北京联合大学
授权公告日：2019 年 12 月 24 日

摘要：

本发明涉及一种震后生命迹象检测搜救系统，包括：Zigbee 节点检测装置、Zigbee 路由器、Zigbee 协调器、服务器和移动终端；Zigbee 节点自组建网；Zigbee 节点设置节点检测装置，节点检测装置将采集到的数据传输给本地服务器，本地服务器将 Zigbee 节点检测装置地理位置在地图上进行标识；移动终端访问服务器，移动终端获取显示生命迹象的 Zigbee 节点检测裝所在地理位置。本发明震后生命迹象检测搜救系统，以 ZigBee 自组网为核心，通过空宁播撒 ZigBee 节点，由节点上的红外热释人体检测传感器和音频信号检测传感器来检测生命迹象是否存在，投入小，探测效率高，赢得宝贵救援时间。

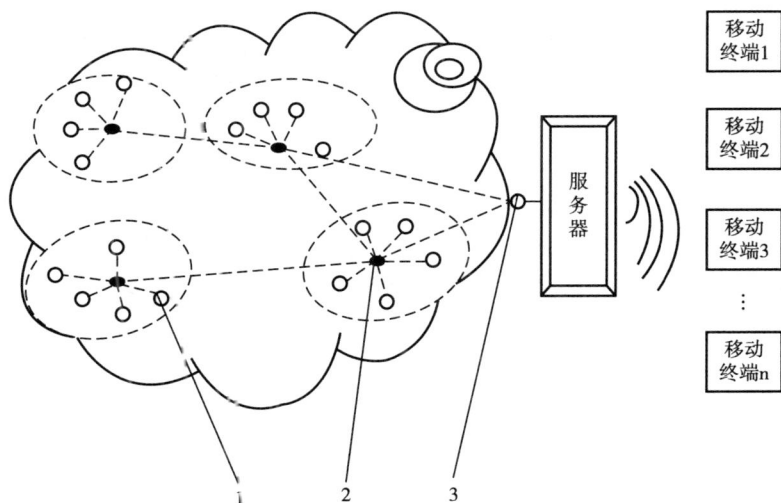

1—Zigbee 节点　2—Zigbee 路由器　3—Zigbee 协调器

实用新型专利

一种基于 RFID 的物流园区管理系统

发　明　人：李剑玲　崔玮　陈建斌
证　书　号：第 8308976 号
专　利　号：ZL 2017 2 1882550.6
专利申请日：2017 年 12 月 28 日
专 利 权 人：北京联合大学
授权公告日：2019 年 01 月 04 日

摘要：

本实用新型涉及一种基于 RFID 的物流园区管理系统。所述的车辆监控调度系统包括 RFID 标签载码体、RFID 阅读器、天线、网络通信模块、视频馈线和车位引导感知器等装置，RFID 标签载码体用于标记园区内的搬运车辆，此种 RFID 标签进行封装安装在车厢顶部或者尾部；视频馈线用于连接高频读写器和天线的线材；车位感知器用于感应车辆是否到达指定的装卸车的站台；网络通信模块把车辆停靠信息发送给调度中心进行处理分析，再通过调度中心把调度信息下发给车辆。

本实用新型可以通过网络把车辆装卸货位置、频率次数等信息发送给园区车辆调度信息平台，通过信息平台的分析可以优化车辆调配，提高车辆的有效利用率和园区的物流装卸搬运效率。

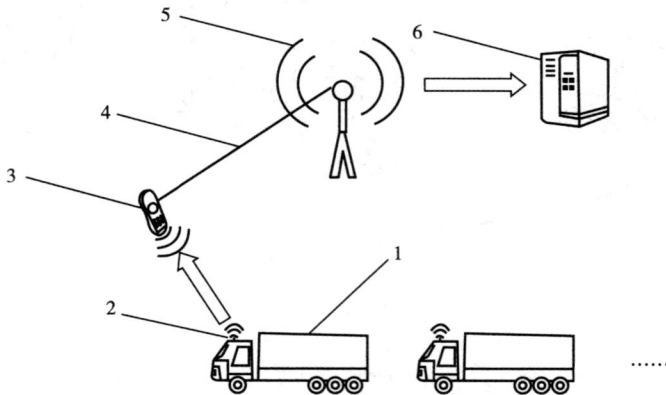

1—车辆　2—RFID 标签载码体　3—RFID 阅读器　4—视频馈线　5—天线　6—网络通信模块

一种足球教学用训练装置

发　明　人：朱超　郑毅　柴力达
证　书　号：第 8673176 号
专　利　号：ZL 2018 2 1112529.2
专利申请日：2018 年 07 月 13 日
专 利 权 人：北京联合大学
授权公告日：2019 年 04 月 02 日

摘要：

本实用新型公开了一种足球教学用训练装置，包括第一框架和第二框架，第一框架的顶端固定设置第二框架；第二框架的背面固定设有沙网且沙网与第一框架和第二框架形成半封闭空间。该装置通过设置第二凹槽、第一螺钉、支撑座和滑轮，当需要移动足球训练装置时，松懈第一螺钉，将支撑座从第二凹槽转动出来，使得支撑座与第二凹槽垂直，再利用滑轮实现足球训练装置的移动，由于滑轮的缘故使得足球射门装置移动起来更方便，再通过设置第一开孔、第一凹槽、固定块和弹珠，当需要对足球训练装置进行固定时，使得通过弹珠的调节，固定块抽拉出第一凹槽，再将固定块固定到土壤内，即可实现足球射门装置的固定。

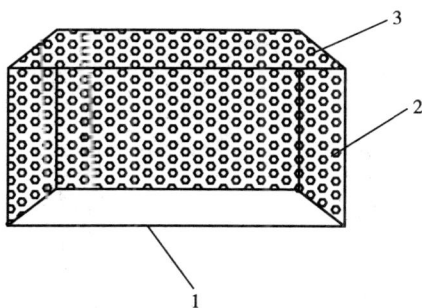

1—第一框架　2—第二框架　3—沙网

一种长方体学生档案盒

发 明 人： 姜素兰　陈锦　徐娟　徐兵

证 书 号： 第 8778684 号

专 利 号： ZL 2018 2 0629970.1

专利申请日： 2018 年 04 月 28 日

专 利 权 人： 北京联合大学

授权公告日： 2019 年 04 月 26 日

摘要：

一种长方体学生档案盒，属于档案盒技术领域。采用具有厚度的无酸硬纸，折叠成长方体书型形状的空腔盒体结构；在一个侧面右侧面开口用于取放档案，其他侧面全封闭的；右侧面设有右侧面盖，右侧面盖与正侧面为一体的，是直线折痕可弯折连接；右侧面盖设有缓冲面，右侧面盖与缓冲面为一体的且是直线折痕可弯折连接；缓冲面可弯折插入到长方体书型形状的空腔盒体内，使得右侧面盖完全盖住右侧面；同时在长方体书型形状的空腔盒体结构左侧面的下端设有一下舌页，下舌页与左侧面为一体的，是直线折痕可弯折连接，向外弯折位于长方体书型形状的空腔盒体外，能够用手拉从而带动整个长方体书型形状的空腔盒体，大大提高管理效率，且节省空间。

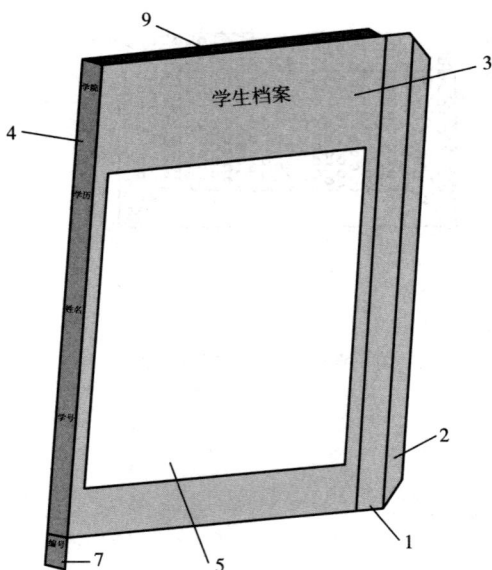

1—右侧面盖　2—缓冲面　3—正面　4—左侧面　5—透明的保护袋　7—上舌页　9—上侧面

一种便于清洗的空气净化器

发 明 人：张传钊 腾娟

证 书 号：第 8986075 号
专 利 号：ZL 2018 2 1402755.4
专利申请日：2018 年 08 月 29 日
专 利 权 人：北京联合大学
授权公告日：2019 年 06 月 18 日

摘要：

本实用新型提供一种便于清洗的空气净化器，涉及净化器技术领域。该便于清洗的空气净化器，包括机体，所述机体内部安装有净化箱，所述机体两边侧壁与净化箱两边侧壁卡接，所述机体两边侧壁开设的第二圆槽与圆杆相适配，所述净化箱两边侧壁开设的第一圆槽与矩形块相适配，所述矩形块通过接口与第一圆槽连接，所述圆杆一端固定连接矩形块，所述圆杆另一端与转块转动连接，所述转块与 U 形卡块卡接。图 1 为结构示意图，图 2 为图 1A 处结构放大图。

该便于清洗的空气净化器，通过可拆卸的连接结构，使得整个机体与净化箱的分离非常简单，清洗的时候非常方便，空气净化器内部长时间保持干净的状态，这样也能够让空气净化器长时间达到一个稳定净化空气的效果。

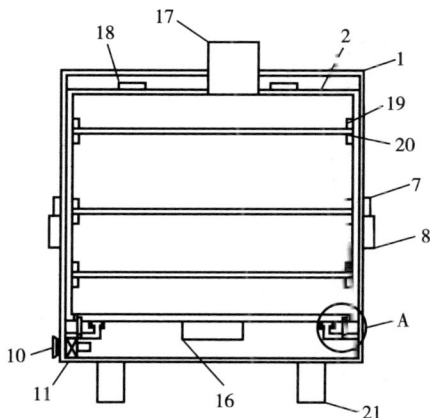

图 1

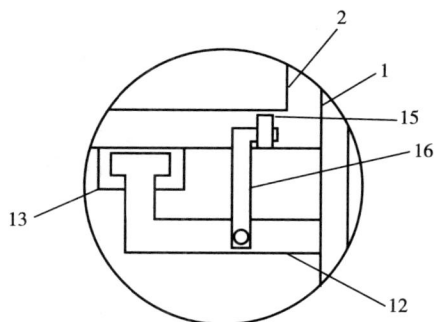

图 2

1—机体 2—净化箱 7—转块 8—U 形卡块 10—吸嘴 11—风机
12—固定杆 13—第一连接块 14—L 形卡杆 15—第二连接块 16—进风管
17—出风馆 18—提把 19—卡座 20—过滤层 21—脚架

一种双排气孔家庭式球型空气净化装置

发 明 人：张传钊　桂峰
证 书 号：第 8979132 号
专 利 号：ZL 2018 2 0951795.8
专利申请日：2018 年 06 月 20 日
专 利 权 人：北京联合大学
授权公告日：2019 年 06 月 18 日

摘要：

本实用新型涉及空气净化技术领域，尤其涉及一种双排气孔家庭式球型空气净化装置。本实用新型要解决的技术问题是当空气净化后较大的灰尘颗粒仍然附着在表面当家庭成员走动时污染颗粒会再次污染空气，无法对其源头进行处理。为了解决上述技术问题，本实用新型提供了一种双排气孔家庭式球型空气净化装置，包括万向轮，所述万向轮的上表面固定连接有连接盒体。该双排气孔家庭式球型空气净化装置，能够在使用过程中利用第二转轴的转动带动主动锥度齿轮转动，主动锥度齿轮与从动锥度齿轮啮合带动连接螺杆转动，连接螺杆的转动带动第二排风扇叶转动，利用两个第二排风扇叶加速新鲜空气的出气滤，提高空气净化装置的使用效果。

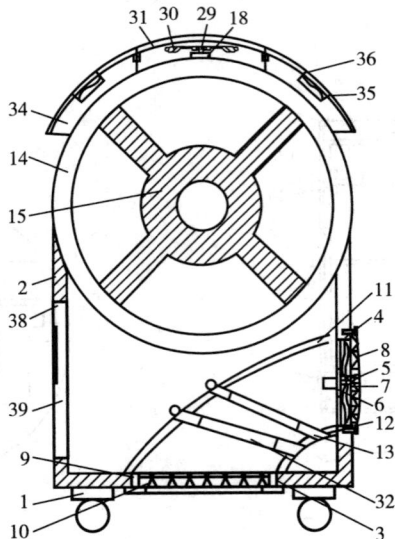

1—万向轮　2—连接盒体　3—吸尘器　4—排气口　5—第一十字固定板　6—马达
7—第一转轴　8—第一排风扇叶　9—安装环　10—第一过滤网　11—连接方管　12—限位槽
13—安装板　14—净化桶　15—第二十字固定板　18—双轴螺母　29—第三转轴　30—抽风扇叶
31—导风罩　32—过滤海绵　34—导风板　35—固定孔　36—放置篮　38—操作口　39—操作门

新型智能家居监控猫眼

发　明　人：赵瑛　任强　张蔚　裴彦杰

证　书　号：第 9480667 号

专　利　号：ZL 2018 2 1393992.9

专利申请日：2018 年 08 月 28 日

专　利　权　人：北京联合大学　北京航天爱威电子技术有限公司

授权公告日：2019 年 10 月 15 日

摘要：

本实用新型提供一种新型智能家居监控猫眼，包括摄像头和报警装置，还包括无线通信装置、存储装置和智能监控装置；所述摄像头与所述智能监控装置相连接；所述摄像头与所述存储装置相连接；所述无线通信装置与所述智能监控装置相连接；所述报警装置与所述智能监控装置相连接；所述存储装置与所述智能监控装置相连接。本实用新型的目的是提供一种新型智能家居监控猫眼，与智能手机和云服务器联动，组成一套家居智能监控系统，智能猫眼与云服务器通信连接，智能手机与云服务器通信连接，可实现家门口监控视频的全程录制与存储，家门口异常状态的自动侦测与报警，能让用户通过智能手机随时随地掌握家门口发生的一切，提高家门安全性。

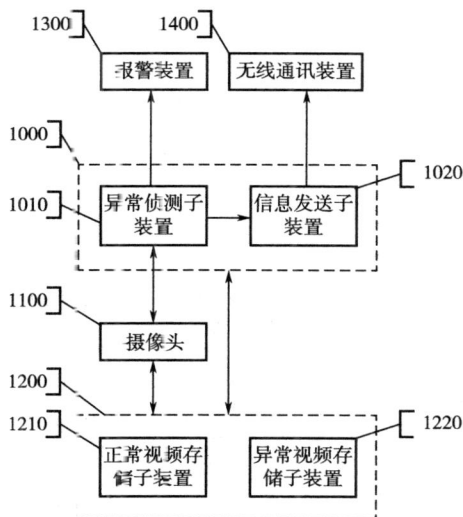

第六部分

2020年专利

　　收录 2020 年北京联合大学获得国家知识产权局授权的专利 62 项，其中，发明专利 42 项、实用新型专利 19 项、外观设计专利 1 项。

发明专利

一种电动汽车的电动伺服制动装置

发 明 人：徐志军 刘元盛 田娥 于增信 张学艳
证 书 号：第 3678860 号
专 利 号：ZL 2017 1 0035140.6
专利申请日：2017 年 01 月 18 日
专 利 权 人：北京联合大学
授权公告日：2020 年 01 月 31 日

摘要：

本发明涉及一种电动汽车的电动伺服制动装置，包括控制系统、制动系统和旋转伺服电机，所述制动系统包括制动主缸和制动踏板，控制系统包括单向离合器、踏板转角传感器、踏板力转矩传感器和控制器。本发明的电动汽车的电动伺服制动装置带有单向离合器，万一发生电路故障时，驾驶员可依靠人力完成汽车制动；制动踏板支点转轴上安装带减速器的旋转电机和楔块式单向离合器，只用一个电机，起到给制动踏板助力的作用；用于智能汽车的主动制动，为保证安全，制动踏板默认位置为制动状态；智能驾驶模块向制动旋转伺服电机发出信号，制动伺服电机按照给定的角速度转动给定的角度并保持，需要增加制动力时，电机继续旋转。图 1 为结构示意图，图 2 为俯视图。

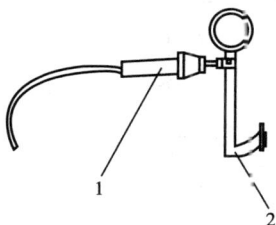

图 1

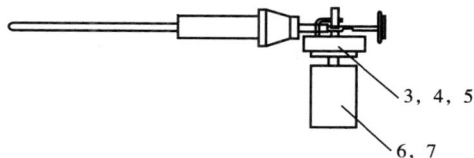

3、4、5

6、7

图 2

1—制动主缸 2—制动踏板 3—单向离合器 4—踏板转角传感器
5—踏板力转矩传感器 6—旋转伺服电机 7—控制器

一种基于模糊聚类逆模型的残余振动抑制方法

发　明　人：方建军　佟世文　闫晓宇　王松
证　书　号：第 3680907 号
专　利　号：ZL 2016 1 0836064.4
专利申请日：2016 年 09 月 20 日
专 利 权 人：北京联合大学
授权公告日：2020 年 02 月 04 日

摘要：

本发明公开一种基于模糊聚类逆模型的残余振动抑制方法，根据系统要抑制的振动模态的当前时刻的输出和当前时刻的输入数据离线构造模糊聚类逆模型，在线获得未来时刻的控制作用。再利用叠加原理，叠加到原控制作用上去，从而实时地抑制系统的残余振动。

采用本发明技术方案，有效减少多振动模态的残余振动，可以应用于果蔬采摘机器人柔性负载的振动抑制上。

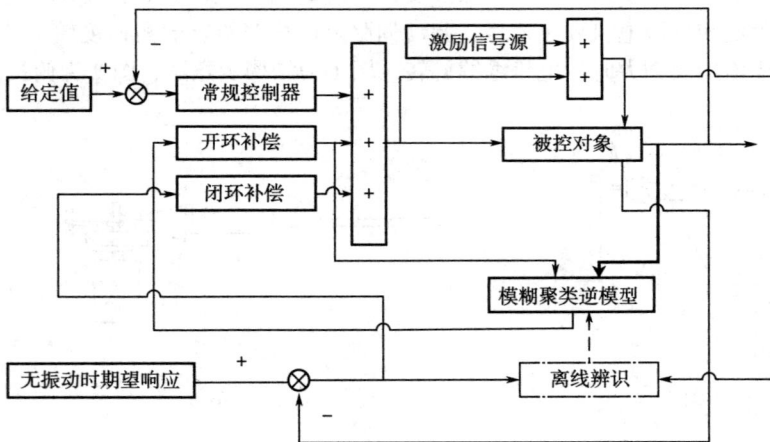

一种智能溯源电子秤评估系统

发 明 人：姜余祥　刘瑞祥　张冰峰　杨萍　王燕妮　马宁

证 书 号：第 3685597 号

专 利 号：ZL 2016 1 1177678.2

专利申请日：2016 年 12 月 19 日

专 利 权 人：北京联合大学

授权公告日：2020 年 02 月 07 日

摘要：

本发明公开一种智能溯源电子秤评估系统，包括：嵌入式控制模块、小信号检测单元模块、溯源标签信息拾取模块、本地交易信息获取模块、云端传输协议实现和管理模块。

采用本发明的技术方案，可以对智能溯源电子秤产品，完成性能评估。

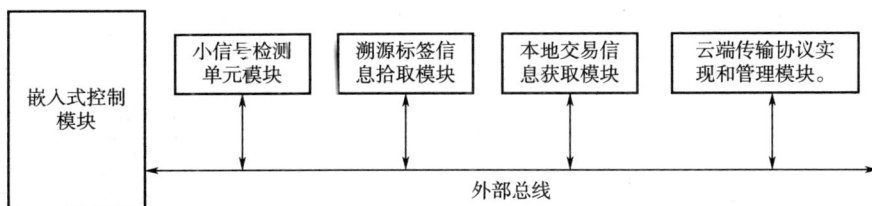

一种基于多地面标志融合的车道级定位方法

发 明 人：刘宏哲　袁家政　李超　宣寒宇　牛小宁
证 书 号：第 3684384 号
专 利 号：ZL 2016 1 1134898.7
专利申请日：2016 年 12 月 11 日
专 利 权 人：北京联合大学
授权公告日：2020 年 02 月 07 日

摘要：

本发明公开一种基于多地面标志融合的车道级定位方法，步骤包括：（1）获取车辆道路图像；（2）对所述道路图像进行灰度处理和滤波处理；（3）对步骤 2 中处理后的道路图像进行车道线检测；（4）对道路图像进行停止线检测；（5）对道路图像进行斑马线检测；（6）根据车道线、斑马线和停止线实时定位车辆在车道中的位置。

本发明融合路面多个标志线信息进行精确的道路车道线定位，不仅适用于车辆的驾驶安全预警功能，也能融入无人驾驶中的纯视觉系统进行车道线巡线和路口转弯。

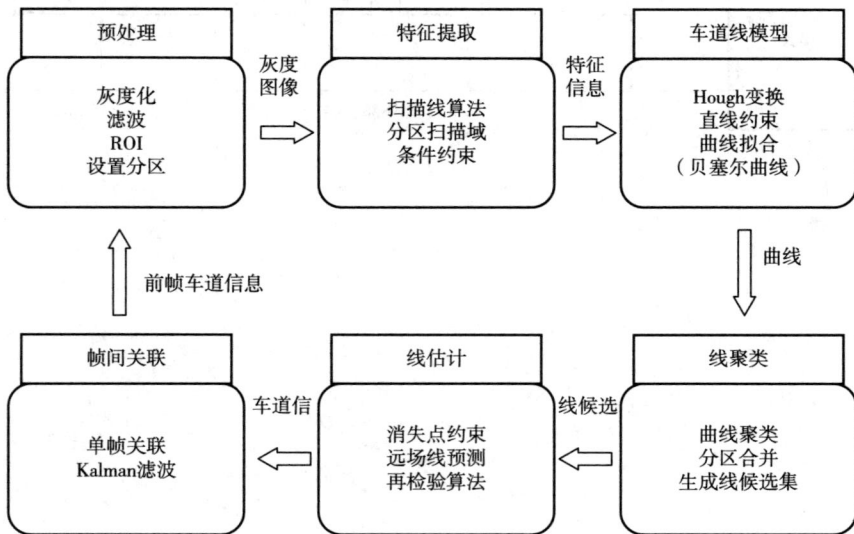

一种用于人机适配性研究的旋钮开关及测量方法

发　明　人：杨爱萍　呼慧敏　张欣
证　书　号：第 3727195 号
专　利　号：ZL 2018 1 0329842. X
专利申请日：2018 年 04 月 13 日
专 利 权 人：北京联合大学
授权公告日：2020 年 03 月 24 日

摘要：

本发明公开一种用于人机适配性研究的旋钮开关及测量方法，包括旋钮杆，所述旋钮杆外设有固定套，外壳设置在固定套外部，旋钮杆上部设有钮盖支撑，行程刻度盘通过固定套和外壳固定，旋钮杆下部设有预紧套，旋钮杆与预紧套之间设有弹性部件。可根据使用需求方便更换旋钮盖，实现对旋钮操控部位直径尺寸的调整；设有行程刻度盘，行程刻度盘位于旋钮支撑下方，当旋钮盖转动后，可通过旋钮支撑上的初始定位线在行程刻度盘上测量旋转角度行程；通过转动旋钮盖来改变旋钮杆及滚珠在外壳均分角度孔的角度位置，从而改变扭转弹簧上下扭臂的扭转变形角度，实现对旋钮开关扭矩力的调节。图 1 为结构示意图，图 2 为图 1 的 A–A 向剖视图。

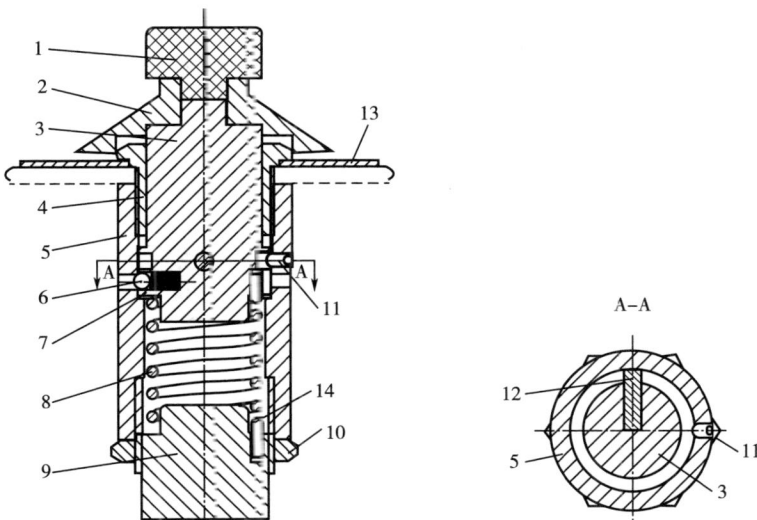

图 1　　　　　　　　　图 2

1—旋钮盖　2—钮盖支撑　3—旋钮杆　4—固定套　5—外壳　6—滚珠　7—滚珠弹簧
8—扭转弹簧　9—预紧套　10—锁紧青母　11—定位销　12—限位杆　13—行程刻度盘　14—固定孔

一种基于纤维素的地膜及其发酵制备方法

发　明　人：李映　葛喜珍　吴明思

证　书　号：第 3770012 号

专　利　号：ZL 2017 1 0966868.0

专利申请日：2017 年 10 月 17 日

专 利 权 人：北京联合大学

授权公告日：2020 年 04 月 24 日

摘要：

本发明提供一种基于纤维素的地膜的发酵制备方法及使用该方法制备的纤维素地膜。该制备方法包括如下步骤：（1）将树枝废弃物经粉碎机粉碎为长度 2~3cm，表面积 $0.2cm^2$~$2cm^2$ 的片状物 I；（2）将营养土的湿度调节为 50%~60%，pH6~8，然后将片状物 I 与营养土、复合菌剂按照片状物 I：营养土：复合菌剂 = 1000~2000：100：1 的比例混合均匀发酵，在 25~50℃ 条件下发酵 5~10 天，得地膜 I。进一步将高岭土与地膜 I 混合，质量比例为 1：1000 得到地膜 II。

采用上述方法制备的地膜用于桃树、苹果树等果树地表、城市绿地及庭园花圃裸土处及玉米、高粱等作物地表覆盖，起到防草、保墒、防尘、增肥、抗菌等目的。

循环地址式三线 SPI 通信系统

发　明　人：王郁昕　何宁　王金华　徐光美　张睿哲　张敬尊

证　书　号：第 3771660 号

专　利　号：ZL 2017 1 1032347.4

专利申请日：2017 年 10 月 29 日

专利权人：北京联合大学

授权公告日：2020 年 04 月 24 日

摘要：

本发明公开了循环地址式三线 SPI 通信系统，属于工业控制技术领域。该系统包括一个主控设备和多个外部设备。主控设备带有 CPU，外部设备是数据采集设备或数/模输出设备。主控设备和外部设备都带有标准的 SPI 接口，主控设备通过 SPI 接口的时钟线 SCLK、数据输入线 MDI 和数据输出线 MDO 并经三线 SPI 控制系统与各个外部设备相连接，每次通讯的长度在通讯数据传输之前被传输到三线 SPI 控制系统，而外设片选的地址信息不用传输。

本发明采用"从头循环片选"的方式，选择通信的外设。整个通信总线只需一根时钟线、两根数据线，通过三条线就能够和带有 SPI 协议的外设进行通讯，并且对带有 SPI 协议的外设没有特殊要求，具有很好的兼容性。

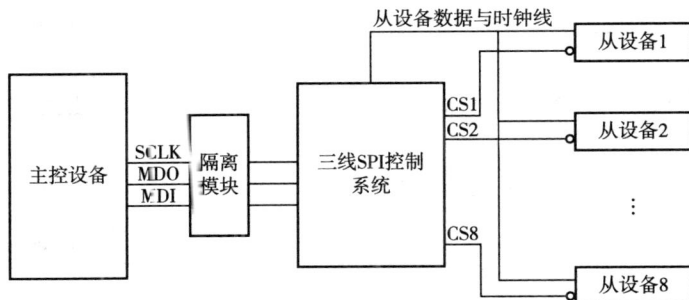

串行外设接口四线隔离系统及其控制方法

发 明 人：李红豫　王郁昕　何宁　齐华山　梁爱华　徐影　崔武子

证 书 号：第 3790722 号

专 利 号：ZL 2016 1 0363284. X

专利申请日：2016 年 05 月 26 日

专 利 权 人：北京联合大学

授权公告日：2020 年 05 月 12 日

摘要：

本发明涉及一种串行外设接口四线隔离系统及其控制方法，包括主控设备和至少两个从设备；所述主控设备和从设备之间设置有 SPI 接口模块；所述 SPI 接口模块为四线 SPI 接口模块；所述主控设备通过一条时钟线、两条数据线和一条片选信号线与四线 SPI 接口模块相连接；四线 SPI 接口模块通过时钟线和片选信号线与相应的从设备相连接；主控设备和 SPI 接口模块之间设置有隔离模块。

本发明串行外设接口四线隔离系统及其控制方法，可以灵活地适应不同应用场合下从设备片选需求，因为地址的位数与从设备的数量成正比关系。在满足需要的前提下可以尽可能地压缩地址位，这样可以提高通信的效率。

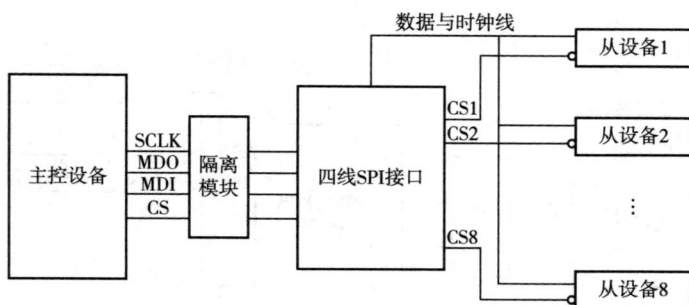

一种洁净室的自动密封门缝机械装置

发　明　人：杨志成　冯豫韬　李玉玲　陈玖玖
证　书　号：第 3827482 号
专　利　号：ZL 2019 1 0675615.7
专利申请日：2019 年 07 月 25 日
专利权人：北京联合大学
授权公告日：2020 年 06 月 05 日

摘要：

本发明提供一种洁净室的自动密封门缝机械装置，包括，设有绳索的传动装置，绳索一端与门楣连接，另一端与子门升降装置的上部连接。子门升降装置下部与子门固定连接，使得子门能够与其连动。弹性触头与限位机构一端接触，当弹性触头被触发时，限位机构对子门升降装置解除限位。优点是，通过子门装置在洁净室与缓冲室之间增加一空间，减少洁净室内空气扰动（倒灌或外泄），从而保证洁净室的洁净度。由于增设的子门而不设门槛，避免了空气通过门缝对洁净室产生扰动的问题，进一步保证了洁净室的密封性。另外，本发明的机械装置采用纯机械装置，将其设于门板上，结构简单，设计精巧，安装门槛低，适合不同洁净室需求。

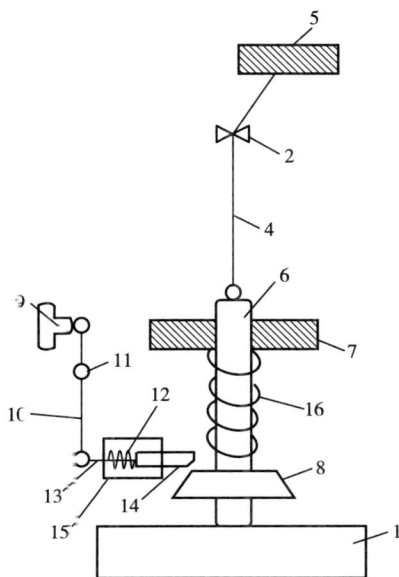

1—子门　2—定滑轮　4—绳索　5—门楣　6—提手　7—支座　8—闸板　9—弹性触头
10—杠杆　11—支点　12—弹簧　13—连杆　14—锁舌　15—锁壳　16—弹簧

以沼液为溶剂的小檗碱水剂的制备方法

发　明　人：葛喜珍　刘金蓉　李映　师建华　田平芳
证　书　号：第 3838308 号
专　利　号：ZL 2017 1 0767432.9
专利申请日：2017 年 08 月 30 日
专 利 权 人：北京联合大学
授权公告日：2020 年 06 月 12 日

摘要：

本发明公开了一种以沼液为溶剂的小檗碱水剂的制备方法。该方法包括以下工艺步骤：（1）将沼液用磁石和石膏搅拌、沉淀、过滤，然后向滤液中加入硅藻土搅拌、沉淀、过滤，得到沼液溶剂；（2）将腐殖酸与小檗碱混合、粉碎，过 200 目筛，得到腐殖酸包裹的小檗碱；（3）将腐殖酸包裹的小檗碱加入沼液溶剂，再加入防冻液、防腐剂，超声得到小檗碱水剂。本发明提供了一种绿色环保、杀菌效果好的防治苹果轮纹病和茶叶轮斑病的天然杀菌剂。

本发明中原料来源丰富，成本低廉，采用纯天然的组分，对沼液进行无害化处理，废物综合利用。

一种智能按摩设备

发　明　人：程光　李迪
证　书　号：第 3848470 号
专　利　号：ZL 2017 1 0898767.4
专 利 申 请 日：2017 年 09 月 28 日
专 利 权 人：北京联合大学
授 权 公 告 日：2020 年 06 月 19 日

摘要：

本发明涉及一种智能按摩设备，包括按摩椅，在所述按摩椅的本体上设置有椅背，在所述椅背的中段位置上设置有背部按摩装置和测量装置，所述测量装置通过线路与 MCU 控制器电性连接，所述测量装置将测得的参数数据进行解析和/或调整并将解析后和/或调整后的参数数据通过数据传输模块传递给所述 MCU 控制器，所述 MCU 控制器将接收到的参数数据进行对比分析后控制所述背部按摩装置运行。

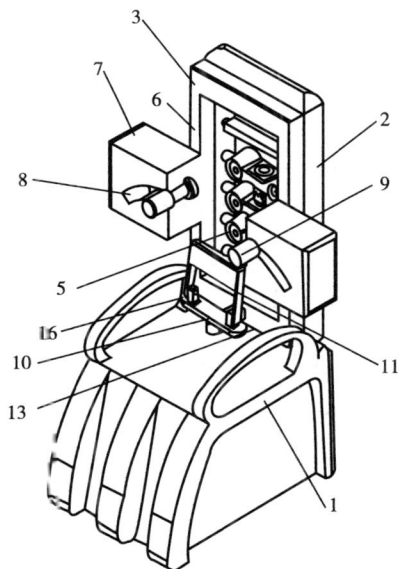

1—本体　2—椅背　3—框架　5—背部按摩装置　6—纵梁　7—安装板
8—半圆弧形凹槽　9—转动轴　10—转向架　11—支架　13—横梁　16—第二角度传感器

一种基于标签语义的显著对象提取方法

发　明　人：梁晔
证　书　号：第 3866724 号
专　利　号：ZL 2016 1 0912497.3
专利申请日：2016 年 10 月 19 日
专　利　权　人：北京联合大学
授权公告日：2020 年 06 月 30 日

摘要：

本发明提供一种基于标签语义的显著对象提取方法，包括以下步骤：进行训练，进行测试，得到最终的显著图，所述训练包括以下子步骤，输入训练集，对图像 I 进行超像素分割。本发明首先挑出标签中的对象标签，通过对象标签对应的对象检测子进行检测，得到基于标签语义的显著性特征，并将标签语义信息和基于外观的显著性特征融合起来进行显著对象的检测。由于标签语义信息是高级语义信息，更能改善传统的显著对象检测方法。

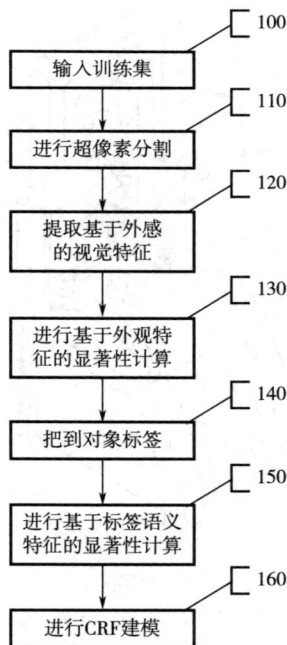

```
┌──────────────┐  ─ 100
│   输入训练集   │
└──────────────┘
       │
┌──────────────┐  ─ 110
│  进行超像素分割  │
└──────────────┘
       │
┌──────────────┐  ─ 120
│  提取基于外感    │
│  的视觉特征      │
└──────────────┘
       │
┌──────────────┐  ─ 130
│  进行基于外观特  │
│  征的显著性计算  │
└──────────────┘
       │
┌──────────────┐  ─ 140
│  把到对象标签    │
└──────────────┘
       │
┌──────────────┐  ─ 150
│  进行基于标签语义 │
│  特征的显著性计算 │
└──────────────┘
       │
┌──────────────┐  ─ 160
│  进行CRF建模    │
└──────────────┘
```

三线实现和带有
SPI 接口外设进行通讯的系统及方法

发　明　人：王郁昕　　何宁　　李红豫
证　书　号：第 3873401 号
专　利　号：ZL 2017 1 1028851.7
专利申请日：2017 年 10 月 29 日
专利权人：北京联合大学
授权公告日：2020 年 07 月 03 日

摘要：

　　三线实现和带有 SPI 接口外设进行通讯的系统及方法属于三线 SPI 通信领域。三线 SPI 通信系统包括一个主控设备和多个从设备。主控设备一般带有 CPU，从设备往往是数据采集设备或 D/A 输出设备。主控设备和从设备都带有标准的 SPI 接口，主控设备通过 SPI 接口的时钟线 SCLK、数据输入线 MDI 和数据输出线 MDO 经三线 SPI 接口控制系统与其他从设备相连接。本发明去除了 SPI 中所有片选线路，通信线路减少到 3 条，从而使主从设备之间物理连接被大大简化。由于主从之间的通信线路数量的减少使得主从设备之间的隔离与驱动的成本大为降低。

　　本发明有较好的兼容性，对从设备模块没有特殊要求，满足 SPI 接口的芯片或模块均可以接入本系统，使其成为系统的从设备。

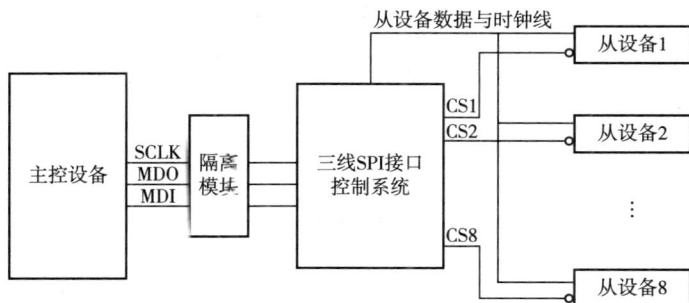

一种多人语音混合中
目标说话人估计方法及系统

发 明 人：刘宏哲　张启坤

证 书 号：第 3893326 号

专 利 号：ZL 2018 1 0610015.8

专利申请日：2018 年 06 月 13 日

专 利 权 人：北京联合大学

授权公告日：2020 年 07 月 17 日

摘要：

本发明提供一种多人语音混合中目标说话人估计方法及系统，其中方法包括使用麦克风阵列采集语音信号得到混合信号 x，还包括以下步骤：使用 FastICA 算法进行多人混合语音分离，得到 N 个分离语音 y；提取多个语音特征；进行语音特征归一化；归一化的语音特征加权融合；使用高斯混合模型进行加权参数优化；使用期望最大化算法 EM 算法进行高斯混合模型估计；输出目标语音。

本发明提出的一种多人语音混合中目标说话人估计方法及系统，解决了多人场景下语音分离的不确定性问题和语音识别率低的问题，对多人混合语音中目标说话人进行概率估计，以便增强目标说话人语音的可懂度和识别率。

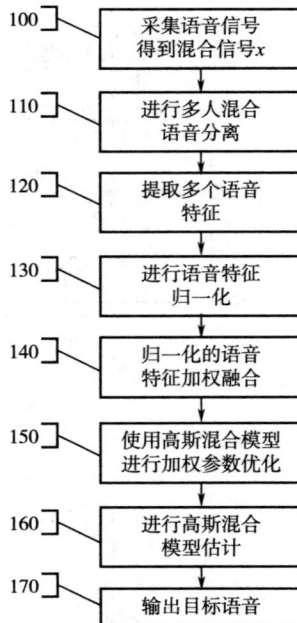

100　采集语音信号得到混合信号 x

110　进行多人混合语音分离

120　提取多个语音特征

130　进行语音特征归一化

140　归一化的语音特征加权融合

150　使用高斯混合模型进行加权参数优化

160　进行高斯混合模型估计

170　输出目标语音

一种 O 形圈动态密封性能试验设备

发　明　人：马勇杰　李磊磊　李鹏
证　书　号：第 3894729 号
专　利　号：ZL 2018 1 0206111.6
专利申请日：2018 年 03 月 13 日
专 利 权 人：北京联合大学
授权公告日：2020 年 07 月 17 日

摘要：

本发明涉及一种 O 形圈动态密封性能试验设备，包括水平的安装在控制箱顶部上的下横梁，在所述下横梁的两端部同时安装有立柱，在所述立柱的顶部水平固定地安装有上横梁，在所述上横梁的中部位置上垂直地固定安装有驱动电机，所述驱动电机上安装有减速器，在所述减速器的输出轴端设置有扭矩传感器；所述扭矩传感器将测得的信息通过安装在所述控制箱内的信号读取模块传递给单片机；所述驱动电机通过线路与设置在所述控制箱箱内驱动器连接，所述驱动器通过信号转换板与单片机电性连接。该设备自动化程度较高，检测精确。

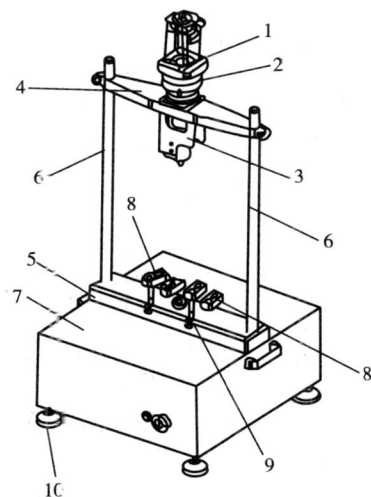

1—驱动电机　2—减速器　3—扭矩传感器　4—上横梁　5—下横梁
6—立柱　7—控制箱　8—工装压板　9—凸台　10—支撑脚

环控生保单机读取设备及控制方法

发　明　人：马勇杰　杨东升　李媛媛　李鹏

证　书　号：第 3895468 号

专　利　号：ZL 2018 1 0208799.1

专利申请日：2018 年 03 月 14 日

专 利 权 人：北京联合大学

授权公告日：2020 年 07 月 17 日

摘要：

本发明涉及一种环控生保单机读取设备，包括控制箱体，所述控制箱体设置有触摸屏和 CPU 模块，所述控制箱体设置有 A/I 模块、信号隔离器、继电器、端子、工业连接器和编程通讯电缆，控制箱体采用金属防震材料；所述控制箱体内部设有屏蔽保护层；包含压力读取功能模块、电导读取功能模块、电磁自锁阀控制模块、和控制模块。

本发明环控生保单机读取设备，环控生保单机读取设备用于进行组件性能试验时需要针对压力传感器、电导传感器、电磁阀数据读取和操作，为组件性能试验提供支撑，结构简单，操作方便。

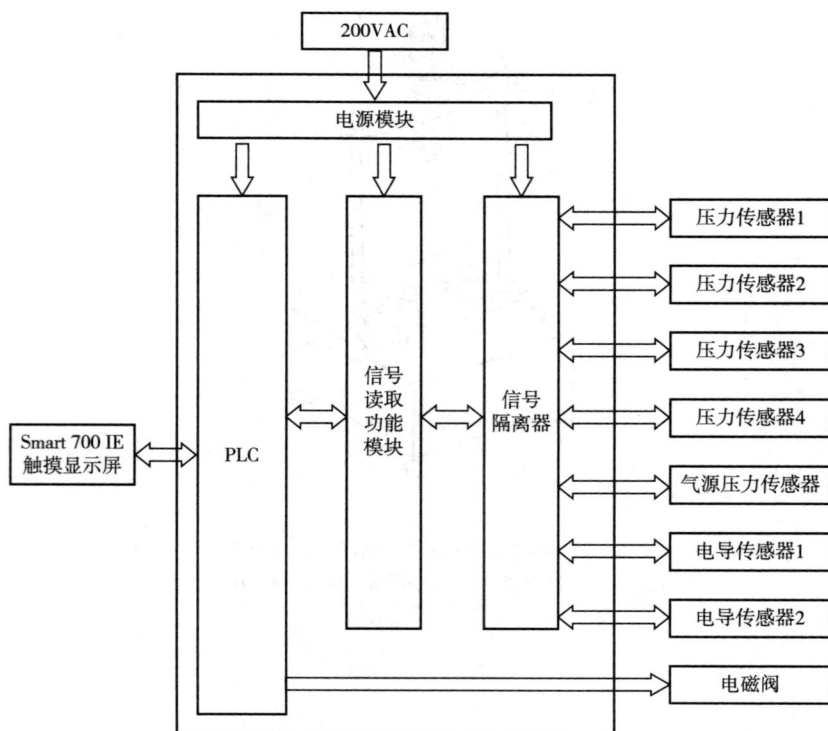

一种基于 ORB 算子的增强现实三维注册方法

发 明 人：刘宏哲　袁家政　张雪鉴
证 书 号：第 3894308 号
专 利 号：ZL 2016 1 0900612.5
专利申请日：2016 年 10 月 14 日
专 利 权 人：北京联合大学
授权公告日：2020 年 07 月 17 日

摘要：

本发明提供一种基于 ORB 算子的增强现实三维注册方法，包括使用采集设备采集特定场景中的物体的图像，还包括以下步骤：提取所述物体的图像的特征点，将所述特征点进行描述，得出描述符并进行特征的匹配，计算所述采集设备的姿态与位置，减少误差，生成点云，信息传输，在设备上显示虚拟信息。该发明可以使用的设备包括移动手机，平板电脑。这些设备更加普及，携带方便；该发明无需在场景中放置人工标记，使用方便；使用 ORB 算法进行特征的提取与匹配，不仅计算量小，而且对不同的光照强度有着很好的鲁棒性；该系统对真实场景中物体识别更加快速准确。

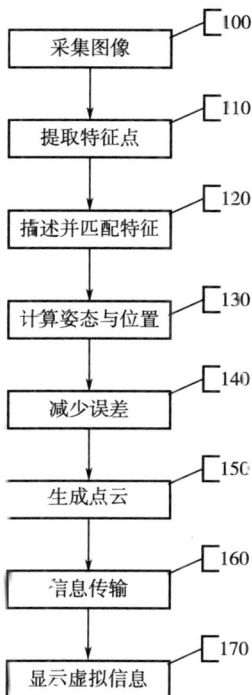

一种乐曲可变的机械八音盒

发 明 人：李月琴　王浩　王建防
证 书 号：第 3954095 号
专 利 号：ZL 2016 1 1148399.3
专利申请日：2016 年 12 月 13 日
专 利 权 人：北京联合大学
授权公告日：2020 年 08 月 25 日

摘要：

本发明涉及一种乐曲可变的机械八音盒，包括滚筒和控制装置，在滚筒外圆表面的径向上以阵列结构形式布置有若干圆柱孔，所述圆柱孔内装有可调式凸起组件，所述可调式凸起组件与所述控制装置相连接。

本发明与现有技术相比的有益效果是：本发明通过将现有八音盒滚筒上的固定式凸起结构进一步改进为可调式凸起组件，同时根据乐曲的不同通过控制装置实时调整所述可调式凸起组件中的凸起相对于滚筒表面的伸缩位置，从而使得更换乐曲更加方便快捷，更符合人们使用的初衷和习惯，还可根据个人喜好随时更换乐曲。

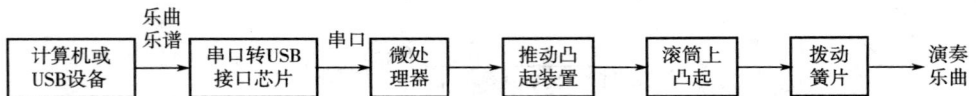

计算机或USB设备 → （乐曲乐谱）串口转USB接口芯片 → （串口）微处理器 → 推动凸起装置 → 滚筒上凸起 → 拨动簧片 → 演奏乐曲

一种功能性肉脯及其加工方法

发 明 人：闫文杰　李祁盛　李兴民

证 书 号：第 3961816 号

专 利 号：ZL 2017 1 0027838.3

专利申请日：2017 年 1 月 16 日

专 利 权 人：北京联合大学

授权公告日：2020 年 03 月 28 日

摘要：

本发明提供一种功能性肉脯及其加工方法，具体步骤包括：（1）配料；（2）枸杞子压片；（3）枸杞子杀菌；（4）小牛肉压片；（5）小牛肉杀菌；（6）压片；（7）切割、包装。其中压片时将一片枸杞子片放置于两片小牛肉片中挤压制成肉脯，该肉脯结合了枸杞子和小牛肉中功效成分的协同作用，具有提高免疫力、抗衰老和补血等功效。

一种盐酸溴己新口溶膜及其制备方法

发 明 人：霍清　陶凤云　杨晓方　程红霞

证 书 号：第 3960531 号

专 利 号：ZL 2017 1 0062968.0

专利申请日：2017 年 01 月 24 日

专 利 权 人：北京联合大学

授权公告日：2020 年 08 月 28 日

摘要：

本发明公开了一种盐酸溴己新口溶膜及其制备方法。本发明的盐酸溴己新口溶膜由以下重量份数的组分制成：盐酸溴己新 5~10 份、成膜剂 5~20 份、增塑剂 1~5 份、消泡剂 1~2 份、矫味剂 0.5~1 份、水 40~70 份。其制备方法包括以下步骤：（1）将盐酸溴己新溶于水中，并充分搅拌溶解；（2）将增塑剂，矫味剂依次加于水中，搅拌均匀，完全溶解；（3）将成膜剂、消泡剂缓慢加入（2）所得溶液中慢速搅拌，混合均匀，将所得混合溶液加热至 35~38℃，静置至完全脱泡，即得到胶液；（4）采用流延法制备薄膜，待膜完全干燥后轻轻地将膜撕下，按规格剪裁、包装即得。

本发明的盐酸溴己新口溶膜释放药物迅速、口味宜人、携带方便，无需水服，适用于儿童老年患者服用，成本低。

动态自适应压差波动控制系统及方法

发 明 人：李春旺 马晓钧 任晓耕 王浩宇 张传钊

证 书 号：第 3961979 号

专 利 号：ZL 2019 1 0303859.2

专利申请日：2019 年 04 月 16 日

专 利 权 人：北京联合大学

授权公告日：2020 年 08 月 28 日

摘要：

本发明公开了一种动态自适应压差波动控制系统及方法，应用于稳定洁净空间的压差，该控制系统包括送风量检测装置、回风量检测装置、漏风量控制装置和漏风量缝隙阀，其中，送风量检测装置，用于实时检测第一洁净空间的送风量信息；回风量检测装置，用于实时检测第一洁净空间的回风量信息；漏风量控制装置，用于根据送风量信息、回风量信息以及基础漏风波动值获取辅助漏风量，并且根据辅助漏风量获取漏风量缝隙阀的开度信息；漏风量缝隙阀安装在第一洁净空间与第二洁净空间之间并且开度可调，用以实现第一洁净空间单向地向第二洁净空间泄风。

基于上述结构可以有效稳定洁净空间内压差，实现相邻洁净空间之间压差波动的动态自适应控制。

```
┌─────────────────┐
│  送风量检测装置1 │────────┐
└─────────────────┘        │
                           │
┌─────────────────┐    ┌───────────────┐    ┌───────────────┐
│  回风量检测装置2 │────│ 漏风量控制装置4 │────│ 漏风量缝隙阀5 │
└─────────────────┘    └───────────────┘    └───────────────┘
                           │
┌─────────────────┐        │
│  压差监测装置3   │────────┘
└─────────────────┘
```

一种多传感器组合式的自动泊车车位引导方法

发 明 人：张军　张铭　刘元盛　李晨曦　靳新宇
证 书 号：第 3985668 号
专 利 号：ZL 2017 1 0179414.9
专利申请日：2017 年 03 月 23 日
专 利 权 人：北京联合大学
授权公告日：2020 年 09 月 11 日

摘要：

本发明涉及一种多传感器组合式的自动泊车车位引导方法，搭建自动泊车云台和上位机控制系统，在地面铺设磁导线，通过轨迹控制系统定位出可泊车的空车位，定位出通向泊车车位的磁导线，自动泊车云台获取多种传感器信息并通过获取的多种传感器信息对通向泊车车位的磁导线进行精确巡线，实现多传感器组合式的无人自动泊车车位引导，从而实现无人驾驶自动泊车。

采用本发明的多传感器组合式的自动泊车车位引导方法进行无人自动泊车车位引导，可降低无人自动泊车停车场的建设成本。

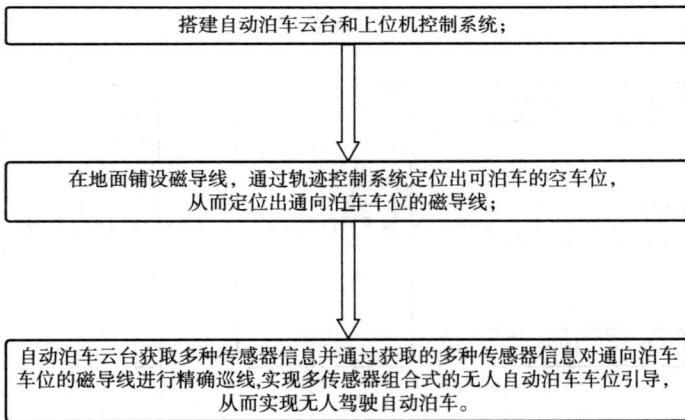

搭建自动泊车云台和上位机控制系统；

在地面铺设磁导线，通过轨迹控制系统定位出可泊车的空车位，从而定位出通向泊车车位的磁导线；

自动泊车云台获取多种传感器信息并通过获取的多种传感器信息对通向泊车车位的磁导线进行精确巡线，实现多传感器组合式的无人自动泊车车位引导，从而实现无人驾驶自动泊车。

一种基于天然高分子的
土壤重金属稳定剂及其制备方法

发　明　人：韩永萍　李海燕　陈白阳　韩佳文　段炫彤
证　书　号：第 4007981 号
专　利　号：ZL 2018 1 0420023.6
专利申请日：2018 年 05 月 04 日
专 利 权 人：北京联合大学
授权公告日：2020 年 09 月 29 日

摘要：

本发明公开了一种基于天然高分子的土壤重金属稳定剂及其制备方法。以脱乙酰度为 70%～90% 的壳聚糖及溶解于 pH 大于等于 10 水溶液中的腐殖酸和木质素为原料，通过戊二醛分步交联及分子间的互穿网络聚合制得，其中各种组分用量的质量比为壳聚糖：腐殖酸：木质素或木质素磺酸盐：戊二醛 =1～6：1～3：0～6：0.5～1.0。

该制备方法，操作简单、操作环境安全，所得天然高分子土壤重金属稳定剂在稳定土壤重金属性能方面得到了显著提高。

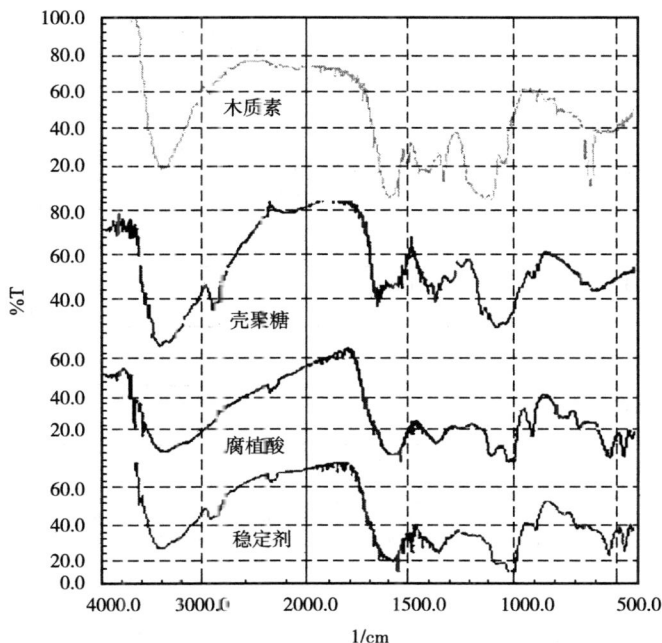

基于深度神经网络的目标检测方法及装置

发 明 人：龙浩
证 书 号：第 4036735 号
专 利 号：ZL 2019 1 0167068.1
专利申请日：2019 年 03 月 05 日
专 利 权 人：北京联合大学
授权公告日：2020 年 10 月 16 日

摘要：

本发明公开了一种基于深度神经网络的目标检测方法及装置，包括：基于特征学习网络提取待测视频中视频帧的不同尺度的深层特征；对视频帧进行超像素分割获取超像素结构图；对深层特征和超像素结构图进行特征融合获取第一融合特征；基于结构学习网络并且根据第一融合特征获取空间编码特征；基于特征融合网络对深层特征和空间编码特征进行特征融合获取第二融合特征；利用条件随机场分类器对第二融合特征进行目标分类，并且对目标分类结果进行边框回归得到目标检测结果。

基于上述方法和装置可以检测视频中背景复杂、密度高、目标小的目标，提高目标检测的精度。

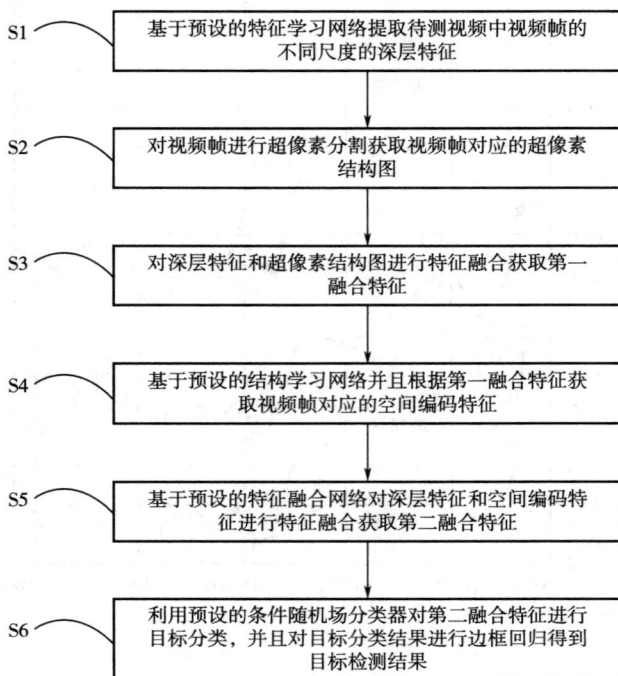

S1 基于预设的特征学习网络提取待测视频中视频帧的不同尺度的深层特征

S2 对视频帧进行超像素分割获取视频帧对应的超像素结构图

S3 对深层特征和超像素结构图进行特征融合获取第一融合特征

S4 基于预设的结构学习网络并且根据第一融合特征获取视频帧对应的空间编码特征

S5 基于预设的特征融合网络对深层特征和空间编码特征进行特征融合获取第二融合特征

S6 利用预设的条件随机场分类器对第二融合特征进行目标分类，并且对目标分类结果进行边框回归得到目标检测结果

一种可调压差的
洁净室的开门限制机械装置及方法

发 明 人：汤志成　李先庭　马晓钧　王浩宇　朱永林
证 书 号：第 4832574 号
专 利 号：ZL 2019 1 0401974.3
专利申请日：2019 年 05 月 15 日
专 利 权 人：北京联合大学
授权公告日：2020 年 10 月 16 日

摘要：

本方案提供可调压差的洁净室的开门限制机械装置，包括一杠杆其上有支点；位于支点的一端或一侧的压差机构和第一室压施力及检测机构；位于杠杆上支点的另一端或另一侧的第二室压施力及检测机构；限位装置，两端分别与支点和开合结构活动连接。以及相应方法，压差机构和第一室压施力及检测机构向杠杆施加第一压力，第二室压施力及检测机构向杠杆施加第二压力；当第一第二压力相等，杠杆基于支点静止；否则，杠杆受到限位装置限制，第一室与第二室之间的门闭合，或，杠杆基于支点转动，第一室与第二室之间的门开启。

本方案解决了当洁净室为外压差变化频繁及空气对流量大时，洁净室内空气倒灌或外泄的问题。

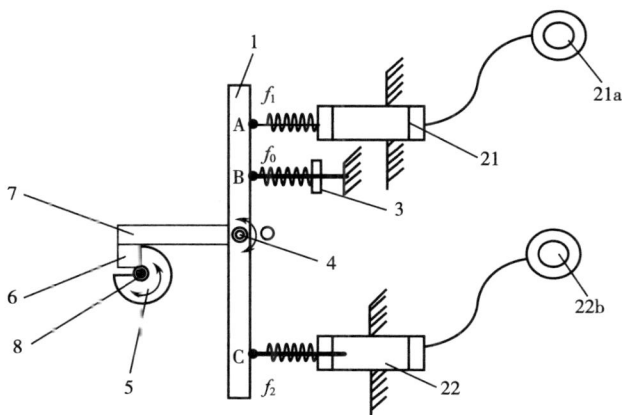

1—杠杆　3—压差设定机构　4—支点　5—限制轮　6—限制齿
7—连杆　8—输出轴　21—气压检测端　22—导管

一种肉薄脆及其加工方法

发　明　人：闫文杰　李祁盛　赵卓
证　书　号：第 4043271 号
专　利　号：ZL 2017 1 0174860.0
专利申请日：2017 年 03 月 22 日
专利权人：北京联合大学
授权公告日：2020 年 10 月 23 日

摘要：

本发明提供一种肉薄脆及其加工方法，包括原料处理、杀菌、去汁、烘烤制成，还可进行发酵获得发酵肉薄脆。该肉薄脆以畜禽瘦肉为原料，添加盐和糖等辅料，将鲜肉开发成类似海苔的薄脆，创新了肉类消费的一个新品类。

该产品营养丰富、营养价值高，是一款营养、安全、方便、时尚的消费品。

一种用户登录验证方法

发 明 人：刘宏哲 袁家政 薛建明 黄美玲
证 书 号：第 4047978 号
专 利 号：ZL 2017 1 0662268.5
专利申请日：2017 年 08 月 04 日
专 利 权 人：北京联合大学
授权公告日：2020 年 10 月 27 日

摘要：

本发明提供一种用户登录验证方法，包括输入用户名密码于，还包括以下步骤：步骤 1，进行用户名密码匹配，如果匹配成功则执行步骤 3；步骤 2，回答特定问题并匹配，如果匹配成功执行步骤 3；步骤 3，采集实时人脸图像信息并进行人脸登录认证；步骤 4，登录成功，进入相应的应用。

本发明采用用户名密钥与人脸验证相结合的登录信息验证方式，更具安全性，增加的人脸验证步骤简单地采集实时登录用户的人脸信息，在增加应用的安全性能的同时也保证了其简易性。

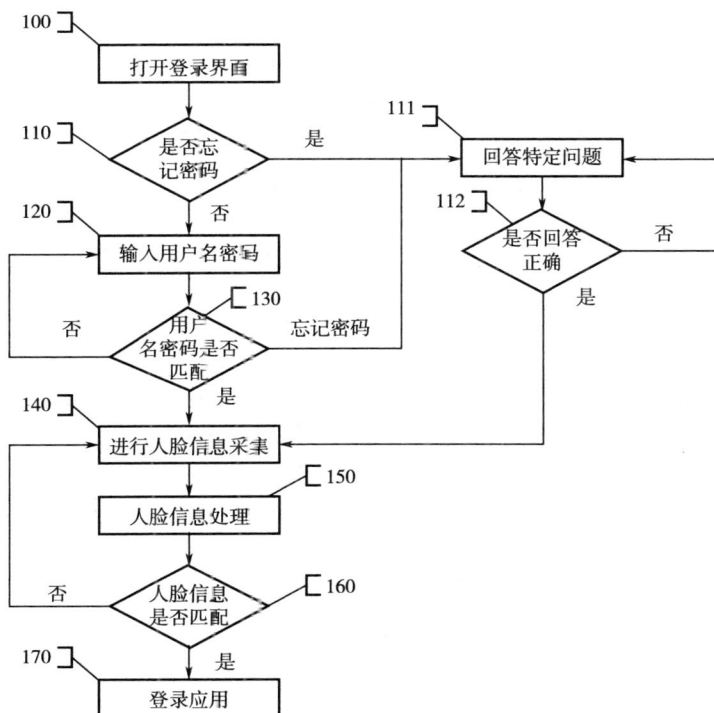

一种基于多标记学习的
浏览类业务感知指标预测方法

发 明 人：李克　徐小龙　王海
证 书 号：第 4065235 号
专 利 号：ZL 2017 1 0493097.8
专利申请日：2017 年 06 月 26 日
专 利 权 人：北京联合大学
授权公告日：2020 年 11 月 03 日

摘要：

本发明公开一种基于多标记学习的浏览类业务感知指标预测方法，要解决的问题是如何根据用户所处的场景对用户的网页浏览类业务的 KQI 指标进行及时、准确的预测；根据海量的用户业务感知历史数据，即不同场景下的业务感知指标的好坏，对用户在特定场景下的业务体验好坏做出预测和预警，有助于及早发现业务体验问题并及时采取相关措施进行改善，并有效降低投诉率和离网率。

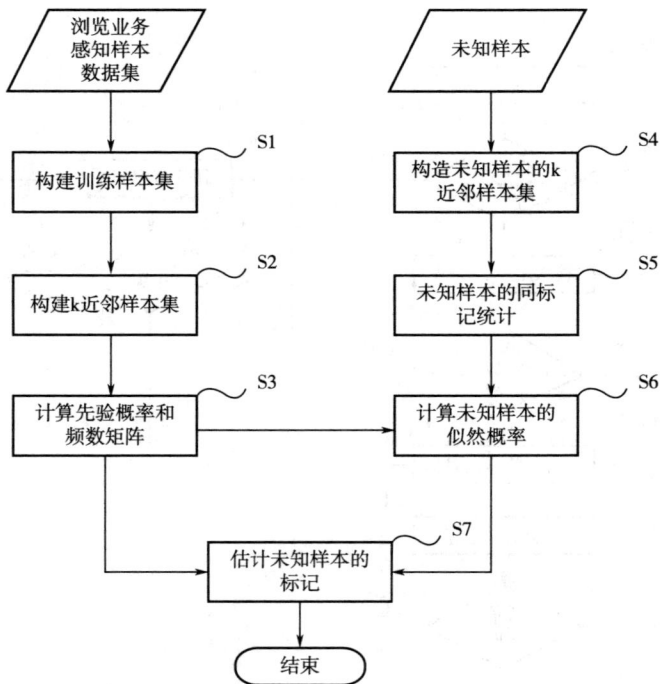

一种隐藏式密封门缝机械装置

发　明　人：杨志成　张玲　马永华

证　书　号：第 4078613 号

专　利　号：ZL 2019 1 0675633.5

专利申请日：2019 年 07 月 25 日

专利权人：北京联合大学

授权公告日：2020 年 11 月 06 日

摘要：

本发明提供一种隐藏式密封门缝机械装置。传动机构与合页同侧设置于主门和门框之间，一端与门框铰接，其涡轮蜗杆轴与子门升降装置的驱动轴轴接。子门升降装置，其下部与子门固定连接，使子门能够与其连动。第二限位机构的锁舌被触发，对子门升降装置上部解除限位，子门上升。弹性触头与第一限位机构的一端接触，弹性触头被触发，第一限位机构对子门升降装置解除限位，子门下降。本发明通过增加子门装置，减少洁净室内空气扰动，从而保证洁净室的洁净度。由于隐藏式子门装置，保证洁净室的密封性的同时还不影响外观，而且避免开关门对地面的摩擦。

本发明采用纯机械装置，结构简单，设计精巧，可靠性高，方便安装，适合不同洁净室密封门的需求。

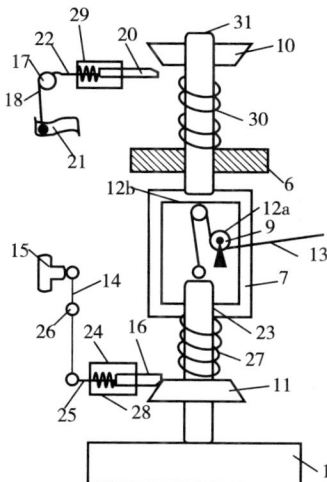

1—子门　6—孔座　7—支座　9—驱动轴　10—闸板　11—闸板　12a—滑轮
12b—定滑轮　13—绳索　14—杠杆　15—弹性触头　16—锁舌　17—定滑轮　18—绳索
20—锁舌　21—门把手　22—连杆　23—提手　24—弹簧　25—连杆　26—支点
27—弹簧　28—锁壳　29—弹簧　30—弹簧　31—提手

一种圆形动态缓冲区的机械装置及方法

发 明 人：杨志成　李先庭　马晓钧　王浩宇　朱永林
证 书 号：第 4077177 号
专 利 号：ZL 2019 1 0401960.1
专利申请日：2019 年 05 月 15 日
专 利 权 人：北京联合大学
授权公告日：2020 年 11 月 06 日

摘要：

本发明提供圆形动态缓冲区的机械装置及方法，触发电磁磁极换向，门磁与软体磁性门框同性相斥从而触发与半弧形洁净门弧度及半径相等的半弧形缓冲门开启。半弧形洁净门与半弧形缓冲门之间设有龙骨和软体磁性门框，半弧形洁净门与半弧形缓冲门同向的一端与吊设的半弧形滑轨滑接，另一端与铺设的弧形磁轨磁接。当人进入动态缓冲区后，所述半弧形缓冲门关闭，半弧形洁净门开启。优点是，在实现在洁净室与通道之间建立动态缓冲区的目的，实现对洁净室和通道进行有效隔离；能减少因开关门造成的气流扰动对洁净室层流区的影响避免了洁净门与缓冲门同时开门，还能在普通情况时将动态缓冲区作为通道，方便人员、物料通行。

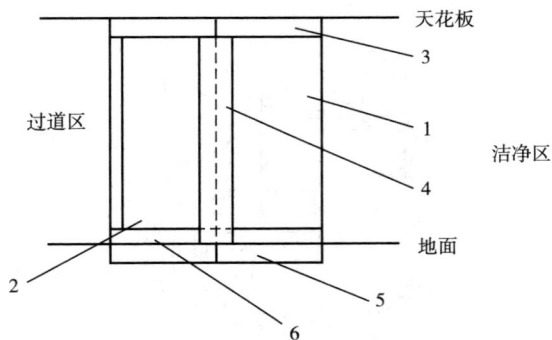

1—半弧形洁净门　2—半弧形缓冲门　3—半弧形滑轨
4—软体磁性门框　5—弧形磁轨　6—磁门底梆

基于深度神经网络的目标检测方法、系统及装置

发 明 人：龙浩
证 书 号：第 4076422 号
专 利 号：ZL 2019 1 0167067.7
专利申请日：2019 年 03 月 05 日
专 利 权 人：北京联合大学
授权公告日：2020 年 11 月 06 日

摘要：

本发明公开了一种基于深度神经网络的目标检测方法、系统及装置，包括：基于特征学习网络提取待测视频中视频帧的不同尺度的深层特征；对视频帧进行超像素分割获取超像素结构图；对深层特征和超像素结构图进行特征融合获取融合特征；基于条件随机场网络并且根据融合特征进行目标语义分类得到目标语义标签；根据目标语义标签进行边框回归得到目标检测结果。

本发明可以精确检测视频中背景复杂、密度高、目标小的目标，尤其适用于针对航拍视频的目标识别任务。

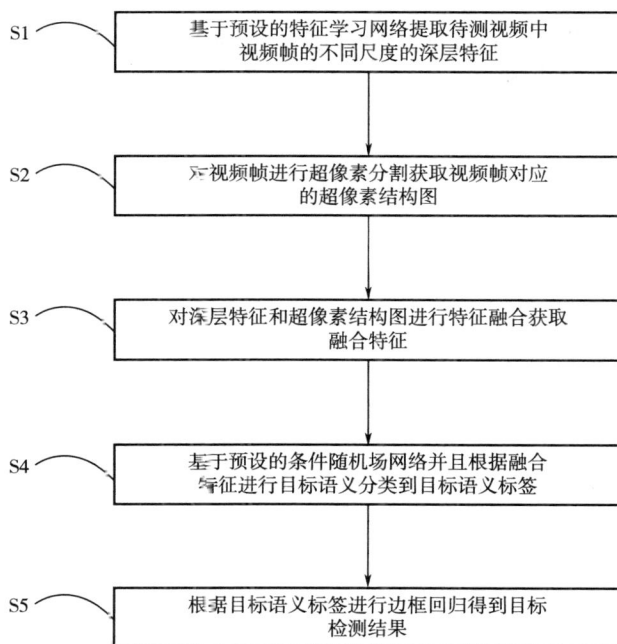

S1　基于预设的特征学习网络提取待测视频中视频帧的不同尺度的深层特征

S2　对视频帧进行超像素分割获取视频帧对应的超像素结构图

S3　对深层特征和超像素结构图进行特征融合获取融合特征

S4　基于预设的条件随机场网络并且根据融合特征进行目标语义分类到目标语义标签

S5　根据目标语义标签进行边框回归得到目标检测结果

空气中甲醛、苯、氨
和一氧化碳的交叉敏感材料

发 明 人：谷春秀　甄新　陈晓璇
证 书 号：第 4094997 号
专 利 号：ZL 2018 1 1448350.9
专利申请日：2018 年 11 月 30 日
专 利 权 人：北京联合大学
授权公告日：2020 年 11 月 13 日

摘要：

本发明涉及一种空气中甲醛、苯、氨和一氧化碳的交叉敏感材料，其特征是由石墨烯负载的 Cr_2O_3、CuO 和 Nd_2O_3 组成的催化发光敏感材料，其制备方法是：将天然石墨转化为氧化石墨烯；将铬盐溶于柠檬酸水溶液中，将铜盐和钕盐溶于盐酸水溶液中，在连续搅拌下将此两种溶液混合，升温后加入琼脂粉，冷却至室温形成凝胶，将此凝胶烘干、研磨和灼烧，得到粉体材料；在连续搅拌下，将氧化石墨烯和粉体材料加入水合肼水溶液中，升温、搅拌，自然冷却并过滤、洗涤、烘干，即得到石墨烯负载的由 Cr_2O_3、CuO 和 Nd_2O_3 组成的复合粉体材料。

使用本发明所提供的敏感材料制作的气体传感器，可以在现场快速测定空气中的微量甲醛、苯、氨和一氧化碳。

甲醛、一氧化碳
和二氧化硫的催化发光敏感材料

发　明　人：周考文　杨馥秀　侯春娟　刘白宁
证　书　号：第 4092142 号
专　利　号：ZL 2018 1 1448349.6
专利申请日：2018 年 11 月 30 日
专利权人：北京联合大学
授权公告日：2020 年 11 月 13 日

摘要：

本发明涉及一种甲醛、一氧化碳和二氧化硫的催化发光敏感材料，其特征是由 MnO_2、Nd_2O_3 和 NiO 组成的复合敏感材料，其制备方法是：将锰盐、钕盐和镍盐共溶于柠檬酸水溶液中，旋转蒸发一定水分，降至室温，连续搅拌下滴加氢氧化钠水溶液至 pH 值为 3.5~4.0，继续搅拌并滴加氨水至 pH 值为 5.2~5.5，过滤、烘干、研磨和灼烧，得到由 MnO_2、Nd_2O_3 和 NiO 组成的复合粉体材料。

使用本发明所提供的敏感材料制作的气体传感器，可以在现场快速测定空气中的微量甲醛、一氧化碳和二氧化硫。

一株富硒细菌及其分离方法

发　明　人：万鹰昕

证　书　号：第 4100798 号

专　利　号：ZL 2019 1 0383902. 0

专利申请日：2019 年 05 月 09 日

专 利 权 人：北京联合大学

授权公告日：2020 年 11 月 17 日

摘要：

本发明提供一株富硒细菌及其分离方法，该富硒细菌科学名称为丛毛单胞菌（Comamonassp.）W41，保藏单位：中国微生物菌种保藏管理委员会普通微生物中心；地址：北京市朝阳区北辰西路 1 号院 3 号中国科学院微生物研究所；保藏日期：2018 年 5 月 24 日，保藏登记号：CGMCCNO. 15803。

该菌种具有嗜硒微生物特征，可在硒的生物转化、纳米硒的微生物合成、硒污染环境修复中具有潜在的应用价值。

汞离子污染水体修复材料

发　明　人：周考文　刘白宁　王欣竹
证　书　号：第 4101741 号
专　利　号：ZL 2018 1 0270496.2
专利申请日：2018 年 03 月 29 日
专 利 权 人：北京联合大学
授权公告日：2020 年 11 月 17 日

摘要：

本发明涉及一种汞离子污染水体修复材料，其特征是石墨烯负载的由铂原子掺杂的 Al_2O_3 和 ZnO 组成的颗粒材料。其制备方法是：将铝盐和锌盐共溶于硝酸和异柠檬酸水溶液中，然后加入葡萄糖和氯铂酸，升高温度加入琼脂粉搅拌至溶解，冷却形成凝胶，将此凝胶烘干、焙烧、冷却即得到 Pt 原子掺杂的 Al_2O_3 和 ZnO 组成的粉体材料；在连续搅拌下，将此粉体材料加入质量分数为 20% 的水合肼水溶液中，再加入由天然石墨制成氧化石墨烯，经过滤、洗涤后挤压成颗粒，烘干后即得到具有很好的机械强度和化学稳定性的水体修复材料。

用此修复材料填装过滤柱，待处理水体通过过滤柱，即可将水体中的铅离子有效转移至此修复材料中。

一种乙醇的催化发光敏感材料

发　明　人：周考文　杨馥秀　彭兆快　谷春秀
证　书　号：第 4098136 号
专　利　号：ZL 2018 1 1448348.1
专利申请日：2018 年 11 月 30 日
专　利　权　人：北京联合大学
授权公告日：2020 年 11 月 17 日

摘要：

一种乙醇的催化发光敏感材料，其特征是石墨烯负载的由 Au 原子掺杂的 CeO_2 和 In_2O_3 组成的复合粉体材料，其中各组分的质量百分数范围为 1%～3% Au、15%～22% CeO_2、11%～17% In_2O_3 和 60%～70% C，其制备方法是：将铈盐和铟盐溶于盐酸水溶液中，升温并在连续搅拌下加入琼脂粉至完全溶解，冷却至室温形成凝胶，将此凝胶烘干焙烧，自然冷却得到粉体材料；在连续搅拌下，将氯金酸加入水合肼水溶液中，然后将氧化石墨和粉体材料加入其中，恒温搅拌，过滤、洗涤、烘干，即得到石墨烯负载的由 Au 原子掺杂的 CeO_2 和 In_2O_3 组成的复合粉体材料。

使用此敏感材料制作的气体传感器，可以在不超过 200℃ 的温度下快速测定空气中的乙醇。

智能加湿器系统及其控制方法

发 明 人：李春亚　杨志成　马晓钧　张传钊
证 书 号：第 4122652 号
专 利 号：ZL 2019 1 0359281.2
专利申请日：2019 年 04 月 30 日
专 利 权 人：北京联合大学
授权公告日：2020 年 12 月 01 日

摘要：

本发明公开了一种智能加湿器系统及其控制方法，系统包括人机交互子系统、加湿器子系统和云服务器；智能加湿器系统的控制方法包括：确定需要加湿区域内是否存在人；在需要加湿区域存在人的情况下，根据当前需要加湿区域的温度值和湿度值，获取最佳加湿距离；在移动至最佳加湿距离所在位置后，根据其与人的空间位置关系，获取加湿方向角；根据当前需要加湿区域的温度值和湿度值，获取加湿强度；按加湿方向角调整其加湿方向，并根据加湿强度对需要加湿区域进行空气加湿操作；重复上述步骤，直至满足预设的停止条件。

本发明根据需要加湿区域的加湿需求，自动调节最佳加湿距离、加湿角度和加湿强度，实现了更大限度的有效加湿，增加用户体验。

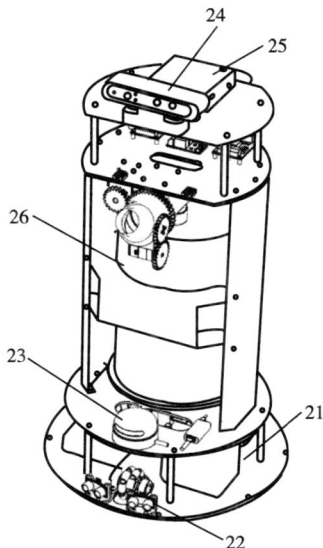

21—可移动底盘　22—激光雷达模块　23—温湿度传感器
24—人体识别模块　25—处理器模块　26—定向加湿器模块

一种加速农作物残留农药降解的组合发酵物

发 明 人：葛喜珍　张晏辅　李映　高睿　田平芳　杨涛　李可意
证 书 号：第 4127133 号
专 利 号：ZL 2017 1 1186740.9
专利申请日：2017 年 11 月 23 日
专 利 权 人：北京联合大学
授权公告日：2020 年 12 月 01 日

摘要：

本发明公开了一种加速农作物残留农药降解的组合发酵物，由银杏叶、玉米面和红糖的混合原料经乳酸菌厌氧发酵后，再经枯草芽孢杆菌有氧发酵而成，发酵过程为：混合原料接种乳酸菌后置于密闭容器，加水，于 25~35℃ 发酵 20~25 天，每 7 天振荡一次；发酵结束后接种枯草芽孢杆菌，28~30℃ 下继续有氧发酵 20 天，过滤，滤液在 60℃下灭菌 30min，即得到组合发酵物。

本发明的组合发酵物是一种新的功能性银杏叶产品，能在作物生长过程中分解残留农药，同时不降低农药防效，与传统方法相比，本发明的组合发酵物使用成本低、有效、方便、对环境安全，值得大力推广应用。

甲醛和苯的低温敏感材料

发 明 人：周考文　杨馥秀　刘白宁　侯春娟
证 书 号：第 4151720 号
专 利 号：ZL 2018 1 1448415.4
专利申请日：2018 年 11 月 30 日
专 利 权 人：北京联合大学
授权公告日：2020 年 12 月 15 日

摘要：

　　本发明涉及一种甲醛和苯的低温敏感材料，其特征是 Pt 掺杂的由 Bi_2O_3、NiO 和 Dy_2O_3 组成的复合粉体材料，其中各组分的质量分数为 $1.0\% \sim 2.0\%$ Pt、$35\% \sim 45\%$ Bi_2O_3、$38\% \sim 45\%$ NiO 和 $15\% \sim 20\%$ Dy_2O_3。其制备方法是：将氯铂酸加入葡萄糖水溶液中，将铋盐、镍盐和镝盐溶于盐酸水溶液中并滴加到前述溶液中，保持 90℃ 以上温度搅拌并加入琼脂粉搅拌至澄清，冷却形成凝胶，将此凝胶烘干后在箱式电阻炉中焙烧，自然冷却至室温得到 Pt 原子掺杂的由 Bi_2O_3、NiO 和 Dy_2O_3 组成的复合粉体材料。

　　使用本发明所提供的敏感材料制作的气体传感器，可以在较低温度下现场快速测定空气中的微量甲醛和苯而不受其他常见共存物的干扰。

一种基于先验条件约束的图像场景多对象标记方法

发 明 人：李青　袁家政　梁爱华
证 书 号：第 4157858 号
专 利 号：ZL 2017 1 0098991.5
专利申请日：2017 年 02 月 23 日
专 利 权 人：北京联合大学
授权公告日：2020 年 12 月 18 日

摘要：

本发明公开一种基于先验条件约束的图像场景多对象标记方法，包括：确定语义对象群的感兴趣区域；计算测试图像的多维度特征，作为先验外观约束，将像素级多维度特征转化为超像素级多维度特征；构建测试图像感兴趣区域的图模型结构，以感兴趣区域中超像素作为图结构节点，以超像素的邻接关系作为图结构的边，将先验外观约束的对应特征转化为边权重值，计算初始测地线距离，作为节点权重值；进行测地线传播，每一步传播中，确定当前种子点的对象标记，更新它周围相邻点的测地线距离，为下一步传播做准备，直至传播过程结束，得到每个超像素的对象标记。

采用本发明的技术方案，将对象的丰富特征作为先验约束来提高对象标记的准确率。

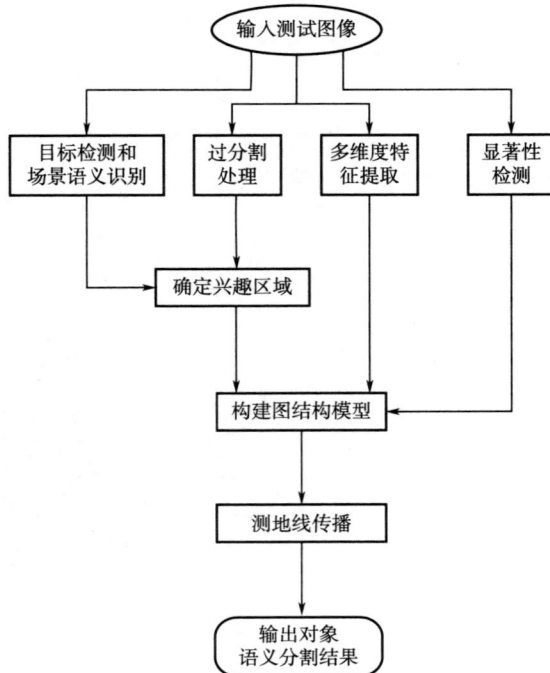

一种基于模糊
最近邻算法的语音情感识别方法

发　明　人：袁家政　刘宏哲　龚灵杰
证　书　号：第4171747号
专　利　号：ZL 2017 1 0577204.5
专利申请日：2017年07月14日
专利权人：北京联合大学
授权公告日：2020年12月25日

摘要：

本发明提供一种基于模糊最近邻算法的语音情感识别方法，包括以下步骤：按照定义提取每一个样本的短时能量特征、基音频率特征、过零率特征和短时平均幅值特征，组成四维的特征向量；计算每一种情感特征对于区分不同情感的贡献度；以步骤1所述的方法提取测试样本的四个相同的特征，组成四维的特征向量；根据欧式距离和步骤2中所计算出来的贡献度加权，计算训练样本的特征向量和测试样本的特征向量间的距离；对距离排序，并确定k个最近邻的样本的情感，根据个数多少分类；对于步骤5中的k个情感样本，用FKNN方法进行再分类。本发明能够提高语音情感识别的准确性。

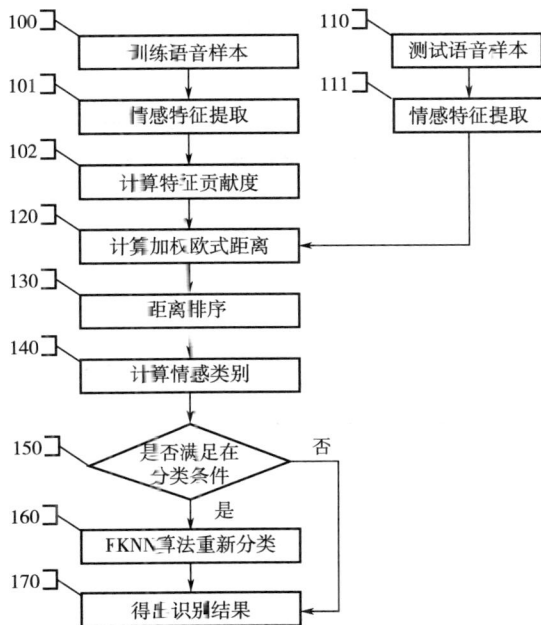

一种自主反向调优的
超限学习算法在磁罗盘误差补偿中的应用方法

发 明 人：刘艳霞　张福贵　张津

证 书 号：第 4175191 号

专 利 号：ZL 2017 1 0113294.2

专利申请日：2017 年 02 月 28 日

专 利 权 人：北京联合大学

授权公告日：2020 年 12 月 29 日

摘要：

本发明提出一种自主反向调优的超限学习算法，用于磁罗盘复杂误差补偿。首先建立基于超限学习机的磁罗盘隐式误差模型，然后利用超限学习算法确定网络参数，借鉴深度学习反向调优机制，利用网络残差对上述网络参数进行反向微调，最后利用训练好的误差模型（神经网络）对磁罗盘误差进行补偿。超限学习算法实现的是输入层和隐藏层连接权值随机选取，这在提高训练速度的同时，也在一定程度上降低了网络性能。

针对这一情况，本发明提出一种自主反向调优的超限学习算法，该算法利用网络残差对随机初始化的连接权值进行反向微调，并实现了隐藏层神经元数自主寻优，保障学习效率的同时大大提高了磁罗盘误差补偿精度。

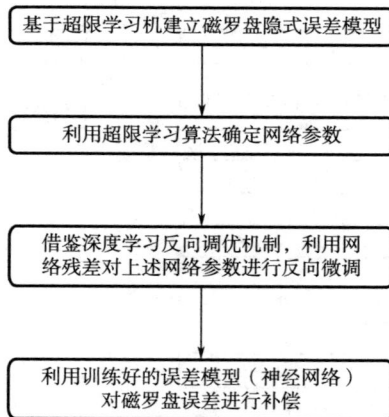

```
┌─────────────────────────────────┐
│  基于超限学习机建立磁罗盘隐式误差模型  │
└─────────────────────────────────┘
                 │
                 ▼
┌─────────────────────────────────┐
│      利用超限学习算法确定网络参数       │
└─────────────────────────────────┘
                 │
                 ▼
┌─────────────────────────────────┐
│ 借鉴深度学习反向调优机制，利用网     │
│ 络残差对上述网络参数进行反向微调     │
└─────────────────────────────────┘
                 │
                 ▼
┌─────────────────────────────────┐
│   利用训练好的误差模型（神经网络）     │
│     对磁罗盘误差进行补偿            │
└─────────────────────────────────┘
```

实用新型专利

一种高效制冰的外融冰式蓄冷冰槽

发 明 人：王浩宇 杨志诚 李春旺 任晓耕 陈福祥
证 书 号：第 9983797 号
专 利 号：ZL 2019 2 0828234.3
专利申请日：2019 年 06 月 03 日
专 利 权 人：北京联合大学
授权公告日：2020 年 01 月 31 日

摘要：

本实用新型技术方案提供了一种高效制冰的外融冰式蓄冷冰槽，温水进口设于蓄冷冰槽侧面底部与其内部空间连通，蛇形盘管置于蓄冷冰槽内，由多个盘管单体和柔性波纹管依次蛇形连接而成，盘管单体间设有弹性件组和/或有流通口的隔板，盘管单体上设有换热肋片。伸缩杆一端与蛇形盘管靠近蓄冷冰槽顶部的一侧连接且另一端置于蓄冷冰槽外，冷水出口设于与温水进口所在蓄冷冰槽侧面相对面的上部与其内部空间连通。优点是通过增加伸缩杆和弹性件组，使得蛇形盘管在伸缩杆运动时能够将外壁薄冰抖动清理，通过加设若干换热肋片增加了蛇形盘管的有效制冷面积，通过增加隔板提高水流的流动性，提升蓄冷效率和蓄冷容量。

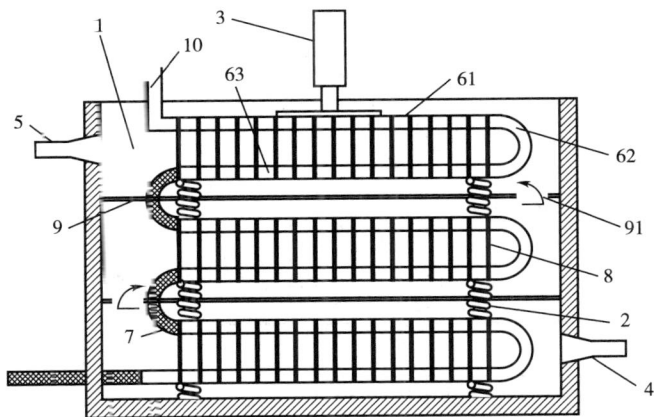

1—蓄冷冰槽 2—支撑弹簧 3—伸缩杆 4—温水进口 5—冷水出口 7—柔性波纹管
8—换热肋片 9—隔板 10—蛇形盘管 61—上直管 62—弯管 63—下直管 91—流通口

一种基于指静脉身份认证的智能柜控制器装置

发 明 人：梁爱华　李青　王雪峤
证 书 号：第 10127168 号
专 利 号：ZL 2019 2 1197100.2
专利申请日：2019 年 07 月 26 日
专 利 权 人：北京联合大学
授权公告日：2020 年 03 月 13 日

摘要：

一种基于指静脉身份认证的智能柜控制器装置属于生物特征识别技术领域，是由电源模块、RS485 总线、OLED 显示屏、指静脉模块、触摸数字键盘、SOC 单片机、RJ45/Wi-Fi 网络透传模块和控制盒组成；位置连接关系、信号走向是：RS485 总线通过 UART 与 SOC 单片机连接，SOC 单片机通过 UART 发送开锁指令并通过 RS485 总线发送给指定地址的锁，OLED 显示屏通过 SPI 与 SOC 单片机连接，指静脉模块通过 UART 与 SOC 单片机相连，SOC 单片机通过 UART 接收指静脉模块采集的指静脉特征数据，触摸数字键盘通过 IIC 总线与 SOC 单片机相连，SOC 单片机通过 IIC 读取触摸键盘输入，RJ45/Wi-Fi 网络透传模块通过 UART 与 SOC 单片机连接。

本装置解决现有智能柜身份认证安全性较差、操作烦琐和用户体验不佳等问题。

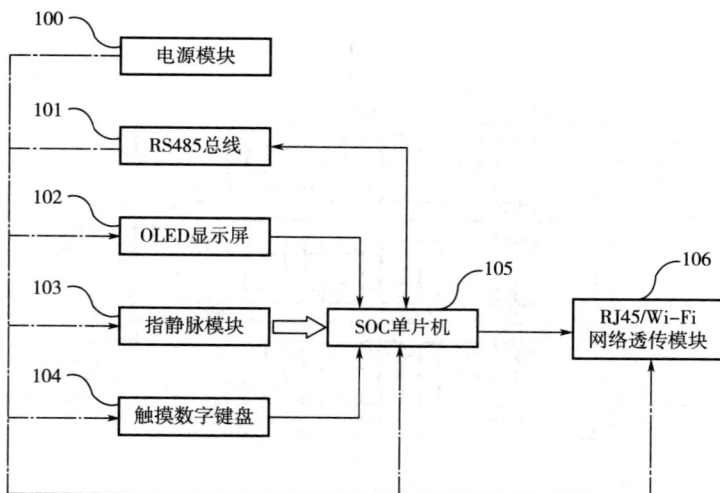

一种外融冰式蓄冷冰槽

发 明 人：王浩宇　李春旺　陈福祥　任晓耕　杨志诚
证 书 号：第 10134370 号
专 利 号：ZL 2019 2 0828185.3
专利申请日：2019 年 06 月 03 日
专 利 权 人：北京联合大学
授权公告日：2020 年 03 月 27 日

摘要：

本实用新型提供一种外融冰式蓄冷冰槽，由多组直管组、弯管和若干肋片组成的蛇形盘管置于有水的蓄冷冰槽内，蓄冰球置于由直管组和肋片组成的间隔内；其中，肋片垂直于直管。蓄冰球上有导柱组，其与肋片上的导槽滑接，能够移动。蓄冰球包括铝壳和弹性橡胶封口；所述铝壳顶部设有开口，所述开口通过弹性橡胶封口封住；所述铝壳和弹性橡胶封口构成封闭空间，且该封闭空间内充满水介质。

当蓄冰球开始蓄冰时，受到的浮力减小，开始上浮，利用低温水或冰密度低的原理，将冷量带到远离当前难蓄冷的位置，增加了蓄冷接触面积，提高了蓄冷效率从而增加了蓄冷容量，解决了现有技术中蓄冷冰槽的蓄冷效率低、蓄冷容量利用率低而引起蓄冷容量不足的问题。

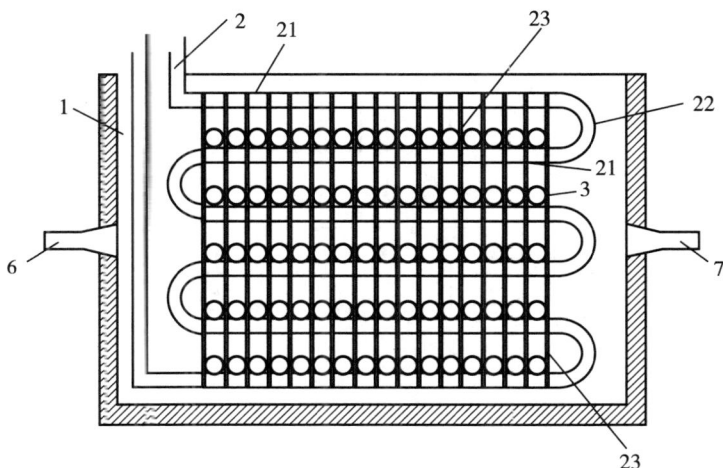

1—蓄冷冰槽　2—蛇形盘管　3—蓄冰球　6—温水进口
7—冷水出口　21—直管　22—弯管　23—肋片

一种物品提示器

发　明　人：田景文
证　书　号：第 10310984 号
专　利　号：ZL 2018 2 2075731.9
专利申请日：2018 年 12 月 11 日
专 利 权 人：北京联合大学
授权公告日：2020 年 04 月 14 日

摘要：

本实用新型提供一种物品提示器，其包括电源和外壳，至少还包括语音接收识别单元、存储单元和提示单元，所述语音接收识别单元与所述存储单元、所述提示单元连接，本实用新型的物品提示器采用一体式结构，解决了分体式物品提示器中的一部分不易区分或者不易找到的问题，使用时，将本实用新型的物品提示器安装在物品上，使用者通过呼喊正在寻找的物品的方式即可找到相应的物品，简单易用。

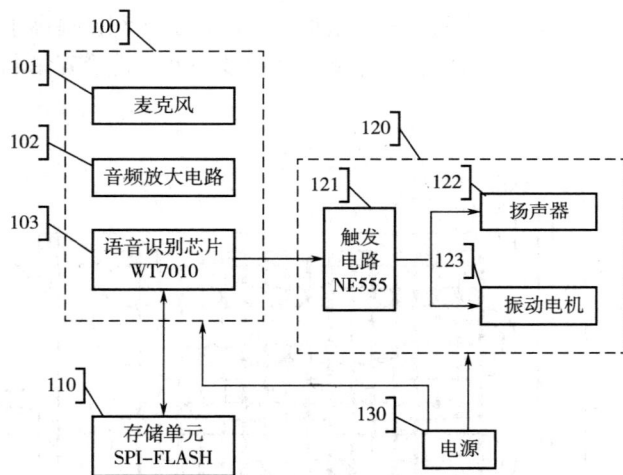

一种多功能座椅

发 明 人：姜喜龙

证 书 号：第 10333270 号

专 利 号：ZL 2017 2 0813934.6

专利申请日：2017 年 07 月 05 日

专 利 权 人：北京联合大学

授权公告日：2020 年 04 月 17 日

摘要：

本实用新型公开了一种多功能座椅，椅面下部设有支撑装置和固定基座，椅面能够通过支撑装置相对于固定基座滑动；所述支撑装置包括支撑板，支撑板设置在椅面下部，支撑板下部设有支撑腿Ⅰ；所述固定基座包括固定框，充电宝和置物板进一步设置在固定框内，固定框的一侧设有支撑腿Ⅱ，固定框的另一侧设有支撑腿Ⅲ，所述支撑板和固定框上设有相互匹配的滑轨。

本实用新型提供一种多功能座椅，充电宝和置物板设置在固定框内，通过充电宝的嵌入满足人对手机临时充电的需求，置物板使人在坐下的时候，可以把手里的包或其他物品有临时放置的地方，功能多样，结构简单、紧凑，使用方便，实用性较强。

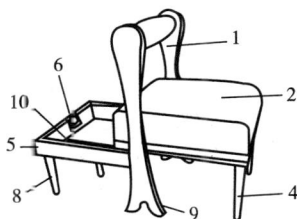

1—椅背　2—椅面　4—支撑腿Ⅰ　5—固定框　6—充电宝　8—支撑腿Ⅱ　9—支撑腿Ⅲ　10—滑轨

一种快速鞋码测算提示装置

发 明 人：邹莹　梁其盈
证 书 号：第 10365813 号
专 利 号：ZL 2019 2 0515134.5
专利申请日：2019 年 04 月 16 日
专 利 权 人：北京联合大学
授权公告日：2020 年 04 月 21 日

摘要：

本实用新型提供一种快速鞋码测算提示装置，包括盒体，还包括单板机单元、红外收发传感器模块阵列、人体感应传感器和紫外线照射消毒单元；所述红外收发传感器模块阵列通过 I/O 口与所述单板机单元连接；所述人体感应传感器通过 I/O 口与所述单板机单元连接；所述紫外线照射消毒单元通过 I/O 口与所述单板机单元连接。

本实用新型测定鞋码快速方便，安全卫生，无须试鞋即可获知参考鞋码，结构简单，使用方便。

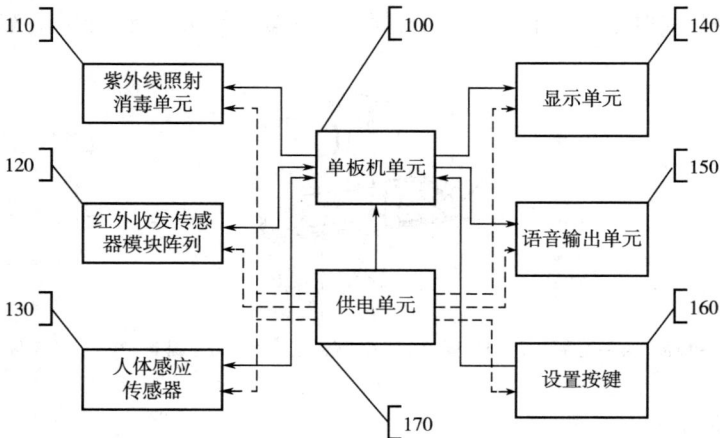

一种节能环保型去皮护色装置

发 明 人：劳凤学 商迎辉 章丽娜 李梦洁 耿树香
证 书 号：第 10847811 号
专 利 号：ZL 2019 2 0933017.0
专利申请日：2019 年 06 月 20 日
专 利 权 人：北京联合大学
授权公告日：2020 年 06 月 26 日

摘要：

本实用新型提供了一种节能环保型去皮护色装置，本设备属于一种绿色节能装置，其包括：制冷单元、冷冻单元和高压冲洗去皮机构和护色子系统；所述制冷单元用于将氮气制冷至设定温度；所述冷冻单元包括用于容纳坚果仁的冷冻容器，所述冷冻容器包括入气口和排气口，由所述制冷单元制冷后获得的低温氮气经管路和入气口通入冷冻容器内，用于对坚果仁进行冷冻处理；所述护色子系统用于对脱去内皮的坚果仁进行护色处理。

经本申请处理后的坚果仁添加剂使用量大大降低，坚果仁更健康，生产过程更加节能环保。

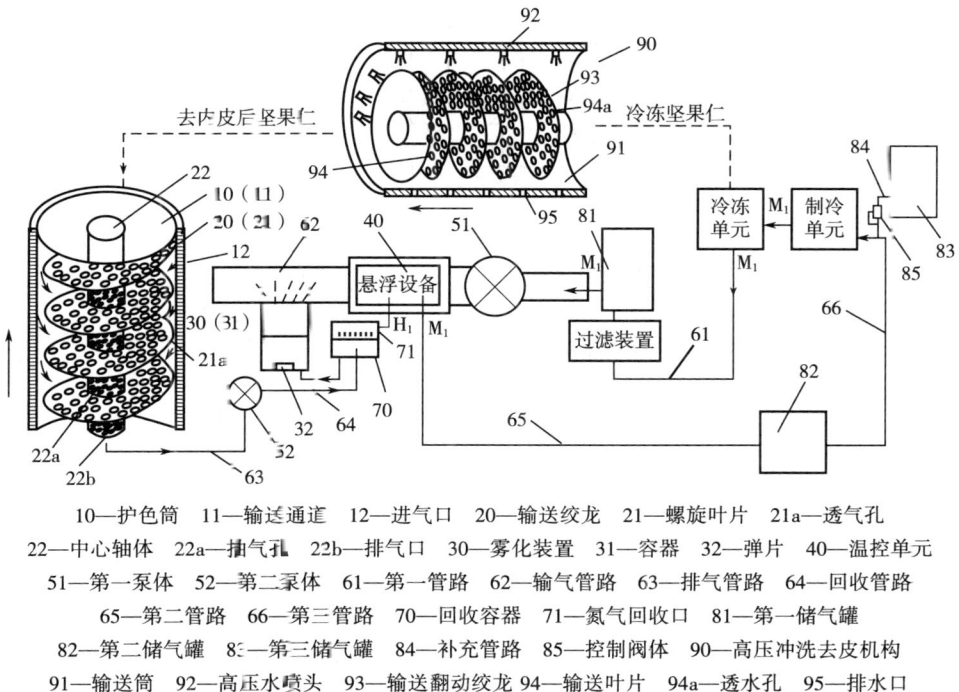

10—护色筒 11—输送通道 12—进气口 20—输送绞龙 21—螺旋叶片 21a—透气孔
22—中心轴体 22a—抽气孔 22b—排气口 30—雾化装置 31—容器 32—弹片 40—温控单元
51—第一泵体 52—第二泵体 61—第一管路 62—输气管路 63—排气管路 64—回收管路
65—第二管路 66—第三管路 70—回收容器 71—氮气回收口 81—第一储气罐
82—第二储气罐 83—第三储气罐 84—补充管路 85—控制阀体 90—高压冲洗去皮机构
91—输送筒 92—高压水喷头 93—输送翻动绞龙 94—输送叶片 94a—透水孔 95—排水口

一种开放实验室智能管理系统

发 明 人：薛鹏　杨鹏　邱中梅
证 书 号：第 10915778 号
专 利 号：ZL 2019 2 1138622.5
专利申请日：2019 年 07 月 19 日
专 利 权 人：北京联合大学
授权公告日：2020 年 07 月 07 日

摘要：

本实用新型提供一种开放实验室智能管理系统，其包括移动终端和服务器还包括集中控制器、智能控制终端和门禁系统，所述门禁系统包括摄像头，所述移动终端与所述服务器连接，所述服务器与所述集中控制器连接，所述集中控制器与至少一个智能控制终端连接，至少一个所述智能控制终端与所述门禁系统连接。

本实用新型可以不依赖于人员的门禁卡进行开门控制，同时可以对实验室内设备的使用进行控制及管理，实现开放实验室的全面科学管理。

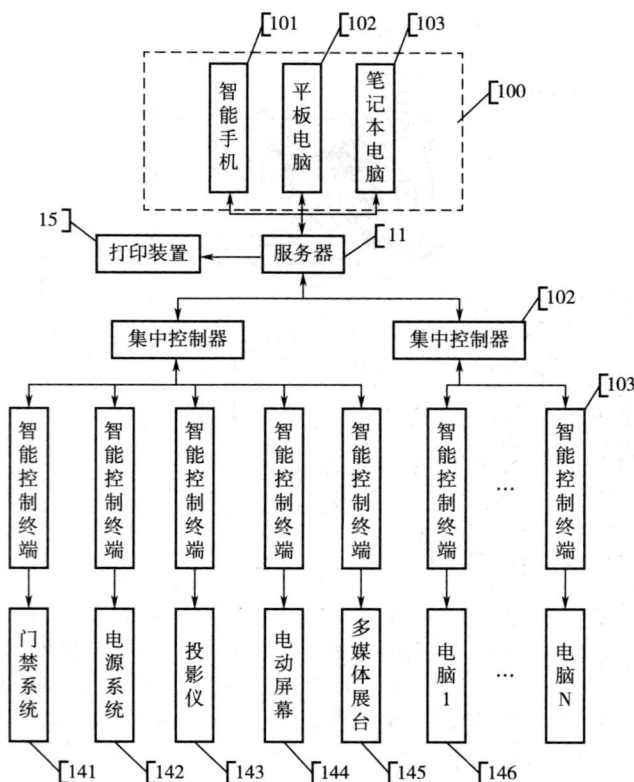

一种非现场实验指导装置

发 明 人：杨鹏　薛鹏鹏　殷守军
证 书 号：第 11032357 号
专 利 号：ZL 2019 2 1139222.6
专利申请日：2019 年 07 月 19 日
专 利 权 人：北京联合大学
授权公告日：2020 年 07 月 17 日

摘要：

本实用新型提供一种非现场实验指导装置，其包括电源单元和通信单元，还包括控制单元和沟通单元，所述沟通单元包括摄像头，所述摄像头与滑块连接，所述滑块置于固定设置的导轨上，所述控制单元与所述沟通单元、所述电源单元、所述通信单元连接。采用本实用新型的非现场实验指导装置可以使教师在有限的时间和精力下，在办公室、家甚至路上对学生实验进行非现场指导及远程监控，必要时接收学生的提问并进行语音解答，对学生的课外实验指导更便利和多样化，同时可以对学生在实验时的违规操作及时发现并制止，避免学生操作过失造成的实验安全隐患。

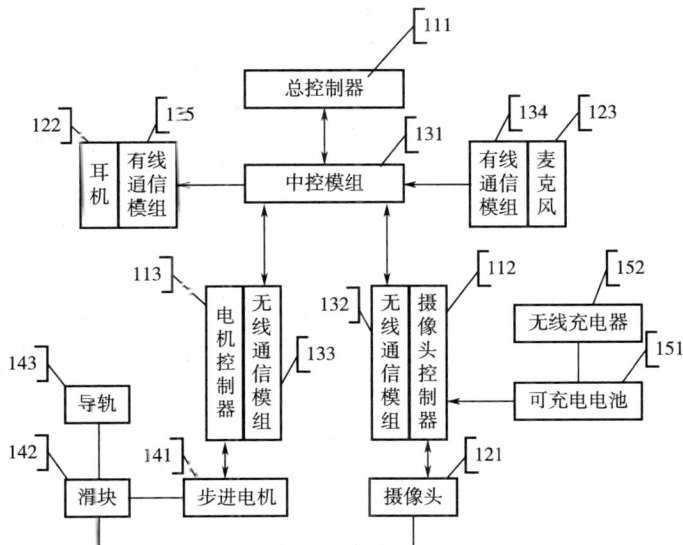

一种用于机械臂的扩展板

发　明　人：梁晔　马楠　李文法　李大伟　孙晨昊

证　书　号：第 11084885 号
专　利　号：ZL 2019 2 1679121.8
专利申请日：2019 年 10 月 09 日
专 利 权 人：北京联合大学
授权公告日：2020 年 07 月 28 日

摘要：

本实用新型提供一种用于机械臂的扩展板，其包括基板，还包括动作开关和定位器，所述动作开关和所述定位器分别设置于所述基板上。本实用新型可以有效减少机械臂控制编程量，同时增加机械臂的灵活性，采用硬件代替软件的思路，降低机械臂控制软件编程难度，减少编程工作量，非常新颖实用，实现及操作方式更加灵活。

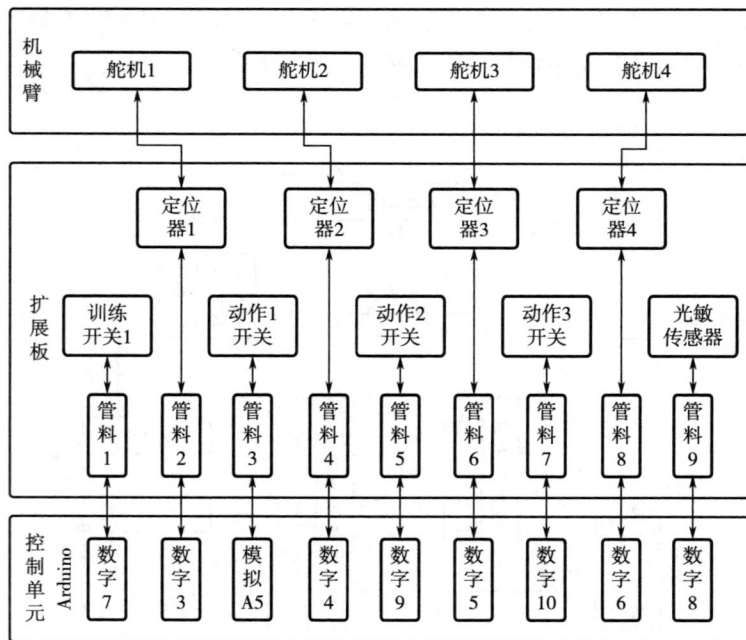

一种电烙铁

发　明　人：李媛　姬宇飞
证　书　号：第 11331793 号
专　利　号：ZL 2019 2 2054519.9
专利申请日：2019 年 11 月 25 日
专 利 权 人：北京联合大学
授权公告日：2020 年 09 月 01 日

摘要：

本实用新型涉及一种电烙铁，包括电烙铁主体，该电烙铁主体为尖头烙铁头或者平头烙铁头，所述电烙铁主体的端部开有多个槽体。在电烙铁主体的顶端开设凹槽，蘸锡涂锡更牢靠，而且具有毛细现象，锡液自动爬进凹槽，使用后无需专门上锡防氧化；另外，预热时间减少，能够更快投入使用。

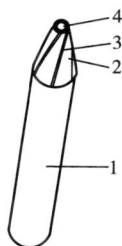

1—电烙铁主体　2—椎台曲面　3—螺旋槽　4—凹槽

一种新型刑法讲解教学用教具

发 明 人：张一红

证 书 号：第 11683401 号

专 利 号：ZL 2020 2 0255244.5

专利申请日：2020 年 03 月 04 日

专 利 权 人：北京联合大学

授权公告日：2020 年 10 月 16 日

摘要：

本实用新型公开了一种新型刑法讲解教学用教具，包括磁力板和支撑架，该磁力板安装在该支撑架上，所述磁力板的下方设有第一存放槽和第二存放槽，其中一个用于存放犯罪工具磁贴片，另一用于存放相关人关系指示磁贴片；在所述磁力板一侧设有存放白板笔的第三存放槽。

本实用新型的一种新型刑法讲解教学用教具，可根据教学中案例需要将磁力贴片和人物关系等进行组合，来实现现案例案情的展示，并在展示的过程中，还可用白板笔将重点部分进行标注。内容简洁、操作方便，可大大降低讲解实践，丰富教学内容，提升教学质量，使学生更容易理解案情，从而进行更加深入的分析。

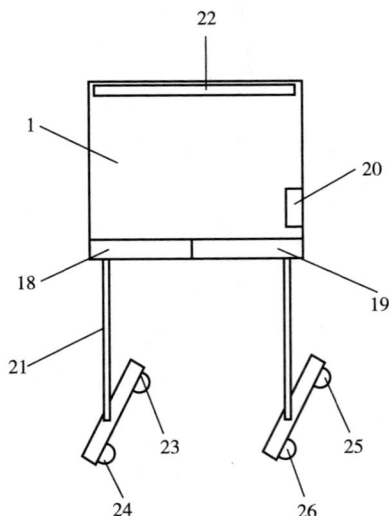

1—磁力板　18—第一存放槽　19—第二存放槽　20—第三存放槽
21—支撑架　22—LED 灯　23—滚轮　24—滚轮　25—滚轮　26—滚轮

电气路收纳整理装置

发 明 人：谷春秀 王宏 董岩
证 书 号：第 11803941 号
专 利 号：ZL 2019 2 2390311.8
专利申请日：2019 年 12 月 27 日
专 利 权 人：北京联合大学
授权公告日：2020 年 10 月 30 日

摘要：

本实用新型涉及一种电气路收纳整理装置，该装置由盖板、边板、底板、隔离块和卡扣组成；其中隔离块设置于底板的中央，将收纳装置自然分隔成气路室和电路室，卡扣设置于底板上并均匀分布在气路室和电路室内。其中盖板、边板、底板和隔离块是由金属、橡胶、塑料和木材等材料制成，本装置不怕踩踏并能避免仪器搬移时误伤电气路。

使用本实用新型的装置可以使电路和气路分室布线不交叉、不缠绕，实验室线路布置整洁、美观。

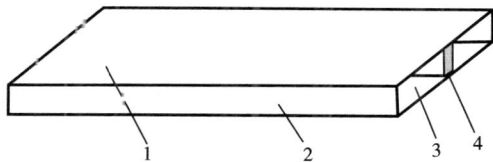

1—盖板　2—边板　3—底板　4—隔离块

一种减少草莓白粉病的栽培支架

发 明 人：葛喜珍　田平芳　李映　王馨锐　师建华
证 书 号：第 11839603 号
专 利 号：ZL 2020 2 0271397.9
专利申请日：2020 年 03 月 06 日
专 利 权 人：北京联合大学
授权公告日：2020 年 11 月 03 日

摘要：

本实用新型公开了一种减少草莓白粉病的栽培支架，包括数个间隔布置的插腿和一漏斗架；各该插腿的下端插入草莓种植穴的周围，该插腿的下端呈尖状以便于插入土壤中，该漏斗架包括由下往上直径由小变大的数个间隔的撑圈，在各撑圈外圈间隔连接数个竖向撑杆，各该插腿的上方连接在底部的撑圈上，所述漏斗架的下端环设有沾有小檗碱的网状无纺布层。其结构简单、成本低，不仅可以使草莓生长过程中减少匍匐茎与地面接触，增加茎叶（尤其是匍匐茎）向上生长空间，增加植株通风换气性能；便于在叶片背面施药，叶片与地面接触少，减少病虫害发生。

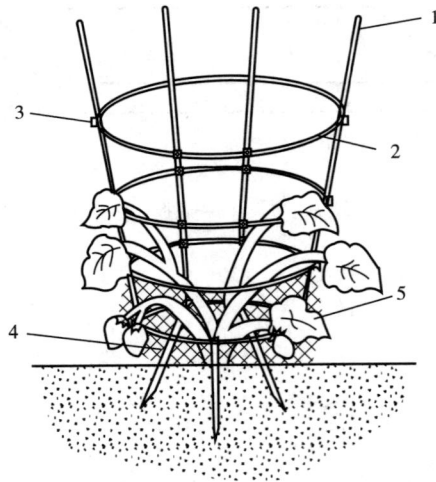

1—竖向撑杆　2—撑圈　3—塑料卡　4—插腿　5—网状无纺布

可降解锌合金管
与矿化胶原复合骨缺损修复体的模型

发 明 人：杨静馨　王程越　刘桂欣　滕睿　李昱豪　赵远　孙宝斋

沈媛欣　聂晓菁

证 书 号：第 11927833 号

专 利 号：ZL 2019 2 0995341.5

专利申请日：2019 年 06 月 28 日

专 利 权 人：北京联合大学

授权公告日：2020 年 11 月 17 日

摘要：

本实用新型公开了一种可降解锌合金管与矿化胶原复合骨缺损修复体的模型，包括模具本体、可降解锌合金管和矿化胶原，所述模具本体与所述可降解锌合金管均为圆柱管体，圆柱管体的可降解锌合金管设置于圆柱管体的模具本体内，矿化胶原充满具有分布排布孔且内外有微弧氧化涂层的圆柱管体可降解锌合金管的内外，冷冻干燥成型一可降解锌合金管与矿化胶原复合骨缺损修复体的模型，结构简单，性能可靠，使用便捷。针对目前的临床医疗发展趋势，可降解锌合金管与矿化胶原复合骨缺损修复体的模型将可降解锌合金管与矿化胶原两者结的应用，应用前景广阔。

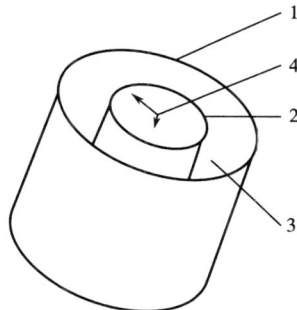

1—模具本体　2—可降解锌合金管　3—矿化胶原　4—轴心

一种机械臂

发　明　人：梁晔　马楠　李文法　李大伟　孙晨昊
证　书　号：第 12202741 号
专　利　号：ZL 2019 2 1680143.6
专利申请日：2019 年 10 月 09 日
专利权人：北京联合大学
授权公告日：2020 年 12 月 25 日

摘要：

本实用新型提供一种机械臂，其包括舵机和控制单元，还包括扩展板，所述舵机和所述控制单元通过所述扩展板连接，所述扩展板包括定位器，所述定位器与所述控制单元连接，且所述定位器与所述舵机角度相关联。本实用新型机械臂采用硬件代替软件的思路，将定位器与舵机角度相关联，可以有效减少机械臂控制所需的编程量，同时增加机械臂的灵活性，降低机械臂控制软件编程难度，减少编程工作量，非常新颖实用，实现及操作方式更加灵活。

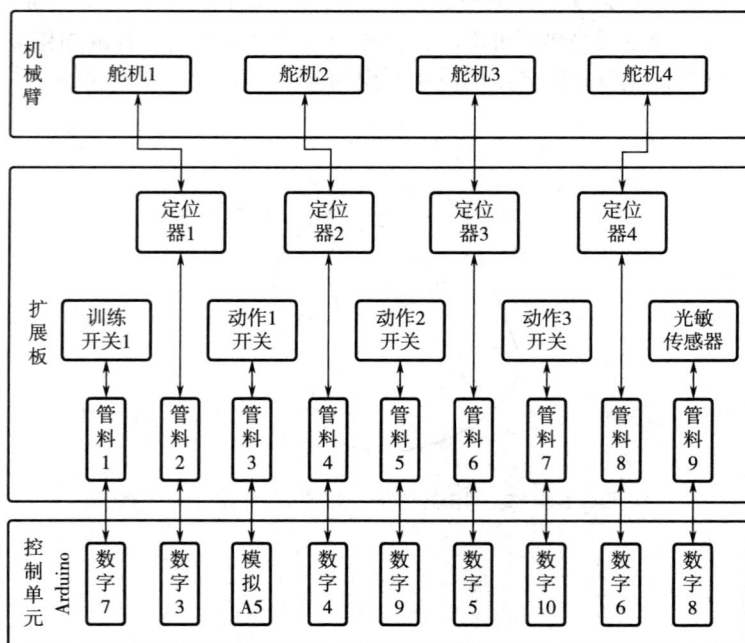

一种轨道交通接触轨绝缘支撑装置

发　明　人：饶志强　常惠
证　书　号：第 1220449? 号
专　利　号：ZL 2020 2 0164425.7
专 利 申 请 日：2020 年 02 月 12 日
专 利 权 人：北京联合大学
授 权 公 告 日：2020 年 12 月 25 日

摘要：

本实用新型提供一种轨道交通接触轨绝缘支撑装置，支撑架的内部开设有空腔，支撑架的顶部贯穿有螺纹杆，螺纹杆的底端延伸至空腔的内部，螺纹杆的底端固定连接有圆台，空腔的两侧均连通有第一滑槽和第二滑槽，第一滑槽与第二滑槽之间连通有第三滑槽，第一滑槽内腔的一侧固定连接有第一弹簧，第二滑槽内腔的一侧固定连接有第二弹簧，第三滑槽的内部滑动连接有滑板，滑板的一侧均与第一弹簧和第二弹簧的一端固定连接，滑板的另一侧固定连接有接触棒和卡棒，通过转动转动块使得圆台运动，间接推动滑板，滑板压缩第一弹簧和第二弹簧，使得卡棒向第二滑槽中运动，使得两个卡棒失去对接触轨的固定卡紧，进而在安装和维修方面比较方便，提高了便捷性。图 1 为内部结构主视图，图 2 为图 1 中 A 处的局部结构放大图。

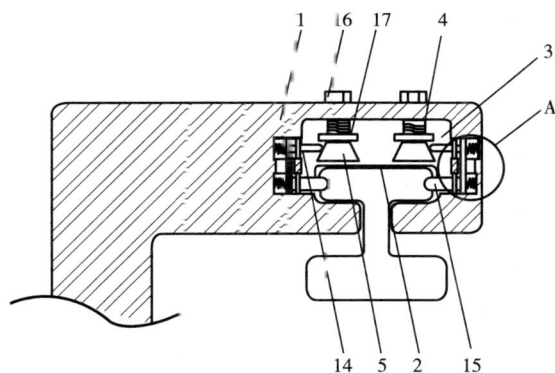

图 1

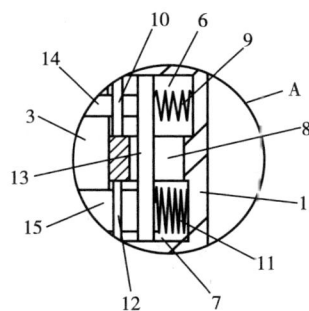

图 2

1—支撑架　2—放置槽　3—空腔　4—螺纹杆　5—圆台　6—第一滑槽
7—第二滑槽　8—第三滑槽　9—第一弹性部件　10—第一支撑板　11—第二弹性部件
12—第二支撑板　13—滑板　14—接触棒　15—卡棒　16—转动块　17—限位块

一种用于列车车载设备的通风加热器装置

发 明 人：饶志强　赵玉林
证 书 号：第 12228357 号
专 利 号：ZL 2020 2 0160972. 8
专利申请日：2020 年 02 月 11 日
专 利 权 人：北京联合大学
授权公告日：2020 年 12 月 29 日

摘要：

本实用新型公开了一种用于列车车载设备的通风加热器装置，包括箱体和风扇，所述箱体的内腔与风扇的外表面固定连接，所述箱体内腔的底部从左至右依次固定连接有水箱和过滤箱，所述过滤箱的内腔固定连接有除尘过滤网。图 1 为整体内部结构图，图 2 为图 1 的 A 处局部放大图。

该列车车载设备通风加热器装置，设置水箱和防尘过滤网保障对空气中的灰尘杂质可以进行有效过滤，通过多个曲板和挡板增加空气的流动距离，提高空气与加热丝的接触时间，保障空气的加热效果。

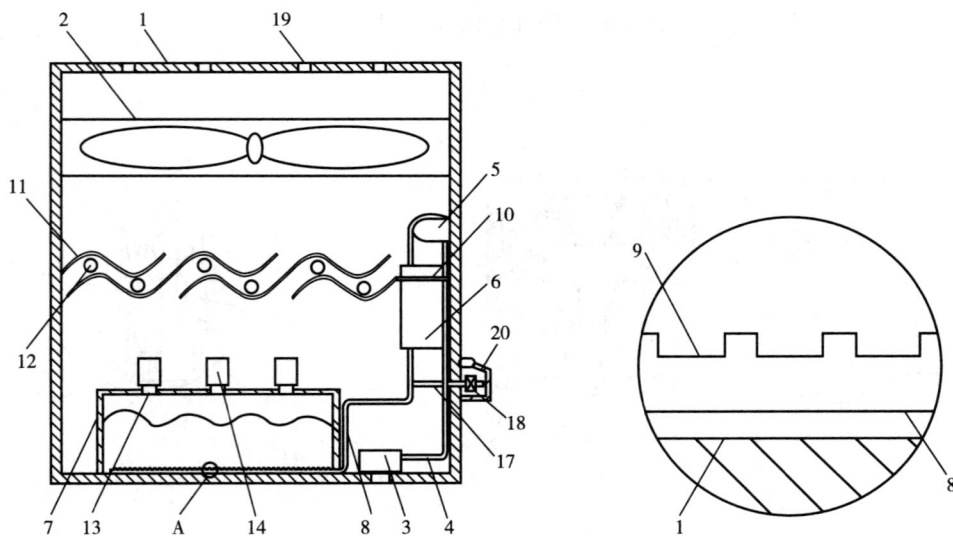

图 1

图 2

1—箱体　2—风扇　3—过滤箱　4—第一连接管　5—定位环　6—限流箱

7—水箱　8—第二连接管　9—第一通孔　10—挡板　11—曲板　12—加热丝　13—螺纹筒

14—螺纹套　17—换水管　18—控制阀　19—第三通孔　20—保护罩

一种盲文拼音对照键盘

发 明 人：阎嘉 孙岩 郝传萍 肖阳梅 钟经华
证 书 号：第 12232366 号
专 利 号：ZL 2020 2 0703247.0
专利申请日：2020 年 04 月 30 日
专 利 权 人：北京联合大学
授权公告日：2020 年 12 月 29 日

摘要：

本实用新型提供一种盲文拼音对照键盘，包括与计算机相连的键盘本体和按键，所述键盘本体上共有 5 排按键，所述按键上印有明眼人能够认知的文字标识，在所述文字标识上覆盖有透明的可触摸的盲文点。本实用新型提出的盲文拼音对照键盘，针对目前盲人教育领域内的这个痛点，只需要更换电脑硬件的键盘，即可实现盲文文档的快速输入，提高工作效率。

!	1	2	3	4	5	6	7	8	9	0	.	(	)	…	—	_	着
b	d	sh	ch	zh	e	a	o e	ong ueng	ou	ai	ei	ao	an	en	ang	eng	黑
p	t	h x	k q	g j		ia	ie	iong	iu	?	:	iao	ian	in	iang	ing	前删
m	n	s	c	z	u	ua	uo	,	。	uai	ui	"	uan	un	uang	回车	
f	l	r	空方		、	üe	去	上	阳	阴	;	üan	ün	《	》	后删	

外观设计专利

包装盒（怡东有机蔬菜包装盒）

设　计　人：葛喜珍　孔超杰　李映　王振军
证　书　号：第 5873128 号
专　利　号：ZL 2020 3 0063725.1
专利申请日：2020 年 02 月 28 日
专利权人：北京联合大学
授权公告日：2020 年 06 月 16 日

摘要：

1. 本外观设计产品的名称：包装盒（怡东有机蔬菜包装盒）。
2. 本外观设计产品的用途：本外观设计产品用于产品外包装。
3. 本外观设计产品的设计要点：在于形状、图案与色彩的结合。
4. 最能表明设计要点的图片或照片：立体图。
5. 请求保护的外观设计包含色彩。

主视图

俯视图

后视图

仰视图

立体图

立体图

左视图

右视图

后 记

科学的本质是创新。习近平总书记指出："当今世界，科技创新已经成为提高综合国力的关键支撑，成为社会生产方式和生活方式变革进步的强大引领，谁牵住了科技创新这个牛鼻子，谁走好了科技创新这步先手棋，谁就能占领先机、赢得优势。"专利作为知识产权的三大组成部分之一，是科技创新的重要成果，在推动技术创新和经济发展方面发挥着重要的作用。现今，在国家创新成果持续增长的大环境下，各高校的专利数量也在不断攀升。于高校而言，专利产出是科技创新的重要表现，体现了高校的科技创新能力。《北京联合大学科研专利集锦 2015—2020》的出版是对学校"十二五"末至"十三五"时期科技创新成果的集中展示，也是对学校秉承科技立校理念、践行服务北京宗旨的有力诠释。

校党委高度重视档案资源挖掘工作，党委书记楚国清在学校档案工作会上指出，档案工作要适应新时代需求，创新资源利用的方式和手段，在编研上出成果，在服务广大师生和社会各界上求突破，要深入挖掘档案资源，努力建设学校科学决策的"资料库"、师生查找信息的"数据库"和服务三全育人的"思想库"。在校长郭福的大力支持下，在主管档案、史志工作的副校长周彤的具体指导下，《北京联合大学科研专利集锦 2015—2020》的编撰工作由档案（校史）馆牵头并主要承担完成。为保证内容的科学性和价值性，编撰人员查阅了大量档案和文献资料，阅遍了相关网络信息，咨询了有关出版和知识产权界专家，确定了收录内容和展现形式。本书最终收录以学校教职工为主要完成人获得授权的专利 363 项，其中，发明专利 252 项、实用新型专利 100 项、外观设计专利 11 项。因篇幅有限，对专利的叙述采用最精简方案，以原有专利描述中的摘要部分为基础，进行了必要的增补或删减；在不影响内容完整和叙述清楚的前提下，仅选取了专利描述中的部分图示，以期以最简短篇幅呈现更丰富内容，书中偶见说明图序号不连续，为遵照原文而非编印疏漏，所附说明图以随文图的形式呈现，未全书排序。

由于编撰时间相对紧张，编辑人员水平有限，书中难免有疏漏之处，在此恳请广大读者不吝批评指正。

编者
2023 年 1 月